# 主要国家和地区农业生物技术发展2016

中国农业生物技术学会
中国农业科学院生物技术研究所 编译

中国农业出版社
农村读物出版社
北 京

# 序　言

现代农业生物技术及其产品经过多年的应用和实践，在保障食品供给、保护生态环境、缓解资源约束的矛盾、拓展农业功能等方面显现出巨大潜力，成为世界主要农产品种植和出口国的农业科技竞争焦点。从1996年转基因作物在全球大规模商业化种植以来，全球转基因作物的种植面积由1996年的170万公顷扩展至2016年的1.85亿公顷，增长110倍。种植转基因作物的国家由1996年的6个增加到2016年的26个，此外还有39个国家批准了转基因产品的进口。

2016年，生物技术领域发生了几件有广泛影响的事情。一是美国国会参议院和政议院投票通过了《国家生物工程食品披露标准》法案，并获时任美国总统贝拉克·奥巴马签署颁发。至此，美国对转基因食品实施强制标识政策，结束了多年以来的自愿标识状态。二是108名诺贝尔奖获得者第一次联合发表公开声明，支持生物技术，谴责以吹毛求疵的姿态反对生物技术的行为。三是美国国家科学院、美国国家工程院和美国国家医学院发布《转基因作物：经验与前景》报告，综合研究了近30年发表的有关转基因作物的900篇论文，特别比较了美国转基因食品上市20多年与欧洲国家历来回避这类食品各自累积的数据，得出以下结论：没有证据表明转基因作物与传统作物有健康风险差别，没有发现转基因食品与任何疾病有关联。

为了追踪世界各主要国家和地区生物技术发展情况、政策变化等，我们从美国农业部的全球农业信息网（Global Agriculture Information Network，GAIN）选取欧盟、澳大利亚、加拿大、巴西、阿根廷、日本、韩国、印度、南非、俄罗斯这10个全球最具代表性和影响力国家和地区2016年的生物技术年报进行了翻译和整理，便于我国公众持续了解这些国家和地区的农业经济动向、生产状况、对转基因技术的态度、政策和研究应用等情况，公正、客观、全面了解转基因技术在全球的发展趋势，科学、理性地认识转基因技术及产品的安全性。对于书中提到的正式决议或法案等内容，感兴趣的读者可查阅相应国家发布的原文，为避免因翻译造成理解不同，本书内容仅作为参考。

寇建平

2020年5月

# 编译人员名单

**主　　编：**唐巧玲
**副 主 编：**徐琳杰　王玉英　寇秋雯
**编译人员：**王友华　薛爱红　康宇立
于大伟　赖婧滢　尚　辰
蔡晶晶　周加加　崔　艳
马　媛　爨　玮　段　伟
王志兴　王旭静　梅英婷
王　东　岳荣生　程兴茹

# 全球农业信息网介绍

全球农业信息网（Global Agriculture Information Network，GAIN）隶属于美国农业部，从1995年开始，该平台持续发布全球大部分国家的农业经济动向、生产状况和可能存在的问题的报告，并分析这些信息对美国未来农业生产和贸易可能产生的影响。

美国外事服务局驻130多个国家的外交官员负责收集各国的农业信息，并将报告提交给美国农业部对外农业服务署，由农业服务署负责报告的发布和维护。

全球农业信息网（GAIN）报告中提供的有关各国的生产、供应和分布（PSD）数据并不是美国农业部官方数据，只代表了外事服务局官员收集的信息和据此进行的分析和预测。美国农业部通过分析所有海外报告和特殊渠道获得的信息，包括从世界各地私人和公共来源获得的1 500多份报告、全球天气信息和卫星图像等，才能正式确定全球当年或者来年的农业及农业生物技术的生产、供应和分布（PSD）的官方数据。而后将这些数据通过美国农业部的报告“世界农业供给和需求预测”和外事服务局的“世界生产、市场和贸易报告”进行发布。

# 目 录

# 第一章

# 欧盟28国农业生物技术年报

对外农业局欧盟生物技术专家组，David G. Salmon

**摘要**：欧盟各成员国对农业生物技术应用的接受程度存在明显差异，各国政府、媒体、非政府组织、消费者和行业协会之间存在冲突。在反生物技术激进分子施压下，欧盟制定了复杂的管理框架，这限制了整个欧盟境内转基因作物的研发和生产。2015年3月，欧盟通过了一项指令，允许成员国出于非科学原因限制或禁止种植已经欧盟批准的转基因作物。欧盟正在研究和制定针对新育种技术及其产品的管理办法，少数几个成员国积极开展研讨，但大多数成员国国内还没有讨论此问题。英国脱欧问题在短期内不太可能影响欧盟的政策或贸易。

**关键词**：欧盟；农业生物技术；新育种技术；政策；贸易

直到20世纪90年代，欧盟都是转基因植物研发领域的领导者。在反生物技术人士施加的压力下，欧盟和成员国政府制定了复杂的管理政策，减缓和限制了转基因产品的研发和商业化。由于反生物技术激进分子一再破坏试验田，项目往往仅限于实验室内的基础研究。在过去几年中，一些主要的私人研发商已将其研究业务转移到北美，对研发适合欧盟种植的转基因作物的兴趣逐渐减弱。

欧盟的转基因作物商业化程度非常有限，唯一批准种植作物是转基因玉米，2016年种植面积约为13万公顷，主要位于西班牙。此外，还有11个成员国进行了多种转基因作物的田间试验。2015年3月，欧盟通过了一项指令，允许成员国出于非科学原因限制或禁止在其境内种植已经欧盟批准的转基因作物。有19个国家决定其全部或部分领土“选择退出”转基因作物种植。此项指令的实施并不会导致欧盟转基因作物种植情况发生显著变化，因为援引这项禁令的国家本来就没有种植转基因作物。

欧盟不出口任何转基因产品，但却是全球主要的大豆、玉米和油菜籽进口地区，这些进口产品主要用作畜禽业饲料，其中进口大豆中转基因产品含量高达90%，玉米含量接近25%，油菜籽约为20%。美国是欧盟的第二大大豆供应国和最大的玉米酒糟（DDGS）、玉米麸和玉米粉（CGFM）供应国。

欧盟批准转基因植物的监管程序要比出口国复杂得多，因此许多境外生产的转基因产品迟迟没有获得欧盟商业化批准。加上欧盟对转基因作物低水平混杂问题采取零容忍政策，这就是说即将出口到欧盟的产品中，如果发现含有任何未经欧盟批准的转基因成份，这些货物将无法进入欧盟境内。欧洲饲料生产商一再批评欧盟此项政策，因为这将导致饲料价格上涨，使得欧盟养殖业丧失竞争力。

2015 年 4 月，欧盟委员会发布了一项提案，允许成员国出于非科学原因选择退出使用欧盟批准的转化体（这项提案与 2015 年 3 月通过的“退出种植指令”是分开的）。然而，该提案受到了广泛批评，被认为不符合欧盟的单一市场原则和国际义务。欧盟委员会搁置了这项提案，并指出在没有达成一致的情况下，欧洲议会和成员国将继续执行原有的相关规则。

对转基因作物的接受程度在欧盟各国之间差别很大，按照接受程度可分为三类：第一类是持支持态度的国家和地区，包括西班牙、葡萄牙等 9 个成员国，以及英国的英格兰和比利时北部，这些国家和地区正在生产或有可能生产转基因作物，如果欧盟批准种植更多的转基因作物，这些国家的政府和产业大多会支持和接受；第二类是相对中立的国家和地区，包括丹麦、荷兰、卢森堡等 7 个成员国以及比利时南部、北爱尔兰、苏格兰和威尔士，这些国家和地区中支持生物技术的力量（主要是农业领域的科学家和专业人士）和反对生物技术的力量（受反生物技术激进分子影响的消费者和政府）基本平衡；第三类是持反对态度的国家，包括法国、德国、意大利、奥地利等剩下的 10 个成员国，这些国家中大多数利益相关者拒绝采纳生物技术。

就转基因作物市场而言，欧盟的发展趋势如下：①欧盟同时存在差异很大的各种农业形式，但是总体而言，大多数农民和饲料供应商都支持生物技术；②由于欧洲消费者受到反生物技术激进人士持续负面宣传的影响，他们的看法大多是消极的；③食品零售商必须让他们的产品满足消费者的需求，因此也基本不支持应用生物技术产品。然而，这只是非常粗略的描述，各个国家的具体情况差异很大。

欧盟机构正在制定针对新育种技术及其产品的管理办法。从法律上讲，欧洲法院有权对欧盟法律的解释提出有约束力的意见，即是否应将新育种技术按照转基因加以监管。在政治上，关于此问题的辩论仍处于初级阶段，一些成员国对这个问题的研讨表现积极，但大多数成员国还没有讨论此问题。荷兰、西班牙和英国最有可能使用这一技术，但法国和德国等成员国国内，不同利益相关方冲突的观点引起越来越多的争论。在大多数欧盟国家，公众并不了解新育种技术在农业中的应用。

在动物生物技术方面，欧盟积极开展医药和育种改良研究。由于伦理和动物福利问题，转基因动物在欧洲并未商业化，市场接受度很低。欧盟委员会于 2013 年 12 月发布了有关动物克隆的立法建议，其目的是在动物福利问题没有解决之前，禁止以饲养为目的的动物克隆。

欧盟目前的情况是很少种植转基因作物但进口量很大，这种情况预计在相当一段时间内不会改变。欧盟养殖业需要进口转基因产品来提高竞争力，决策者不可能允许在公众反对的国家种植转基因作物。欧盟对新育种技术监管的决定将对欧洲的研究人员和企业（尤其是中小型企业）跟上全球技术的快速发展起到十分关键的作用。英国脱欧短期内不太可能影响欧盟生物技术政策或贸易。

# 第一部分　植物生物技术

## 一、生产与贸易

### （一）产品研发

欧盟积极从事植物生物技术研究，但是短期内不太可能有新的转基因植物商业化。

相当一部分国际知名的植物生物技术研究人员来自欧洲，多个跨国公司如巴斯夫股份公司、拜耳作物科学公司、利马格兰公司和先正达公司等都起源于欧洲。然而，私营企业对研发适合欧盟种植的转基因作物品种的兴趣有所减弱。激进分子反复破坏试验田，加上欧盟审批程序的不确定性，使得对基因工程领域的投资毫无吸引力。因此，跨国公司把精力集中在欧洲以外的市场上，将主要的研发中心移出了欧洲，如拜耳作物科学公司和巴斯夫股份公司分别于2004年和2012年在美国设立了新的研究中心。生物技术产业正在经历一个广泛的整合过程，这可能导致数据科学、生物技术、化学和精准农业之间学科交叉和协同发展，但这不会改变欧盟私营企业对转基因作物商业化的态度。

公共研究机构和大学进行基础研究和少量的产品研发，但鉴于目前欧盟对转基因植物商业化的监管态度，他们没有把重点放在产品研发上，并且大多数公共研究机构无法负担欧盟监管审批所需的高昂费用。公私合作是目前欧盟生物技术产业发展的另一种趋势。2013年，欧盟委员会联合研究中心（JRC）发布了一份研究报告，评估欧盟植物育种行业满足“生物经济”需求的潜力。报告认为私营育种企业集中在经济作物上，对新品种，包括落实欧盟生物经济战略2020年要求的新性状品种，没有足够投资，而目前的公共资源太少，无法完全填补私营企业未充分覆盖的领域。因此，公私合作研究新模式是一个积极的发展方向，能覆盖所有研发阶段（从基因组到品种释放），有助于小作物育种和商机尚未完全建立的新经济特性研发。生物领域的公私合作模式于2014年开始出现，目标是研发新的生物技术和产品，将生物质转化为生物相关产品、材料和燃料。

欧盟计划在2014—2020年投资37亿欧元（其中25%是公共资金）用于研发工作，目标是到2030年用生物材料和生物降解材料至少替换30%的石化产品。2000—2010年，欧盟资助植物生物技术领域研究项目的金额超过2亿欧元，重点研究转基因植物的环境影响、食品安全、生物材料和生物燃料以及风险评估和管理。在植物生物技术的医学应用方面，欧盟正在进行一些实验室研究，主要是将转基因植物和植物细胞用于实验室内研发有药用价值的蛋白。一些结构简单的蛋白质，如胰岛素和生长激素，可以通过转基因微生物生产，但转基因植物和植物细胞可以用来生产结构更复杂的分子，如疫苗、抗体、酶等。

## （二）商业化生产

**1. 4个成员国种植转基因玉米**

欧盟唯一批准种植的转基因作物是MON810玉米，具有抗欧洲玉米螟特性（简称Bt玉米）。2016年欧盟共有4个成员国种植Bt玉米，其中西班牙种植面积占欧盟转基因玉米总面积的95%。而在西班牙国内，转基因玉米占玉米总种植面积的35%以上（图1-1）。

欧盟生产的Bt玉米在当地用于生产动物饲料和沼气。西班牙的饲料谷物仓库并未建立转基因玉米专用生产线，加上市场上销售的用于饲料的大豆蛋白都含有转基因成分，因此所有饲料都默认标识“含有转基因产品”。玉米加工行业只有生产进入食品链的产品才使用通过身份保护程序溯源的非转基因玉米。

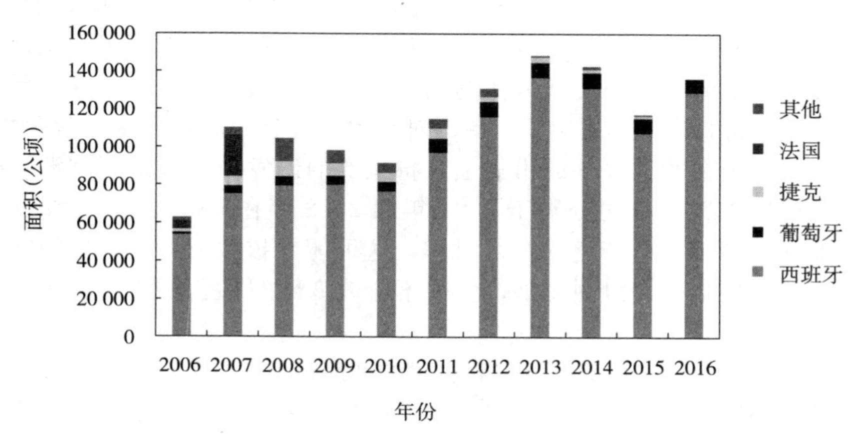


图 1-1 欧盟各成员国 Bt 玉米种植情况

数据来源：美国农业部对外农业局。

2016 年欧盟 Bt 玉米的种植面积增加了 16%，达到 13.6 万公顷，而 2015 年种植面积比 2014 年下降了 18%。2015 年夏季西班牙的异常高温致使玉米螟虫害特别严重，导致 2016 年转基因 Bt 玉米种植比例增长。而捷克由于玉米商业化销售困难（农民用其生产沼气和养牛），Bt 玉米种植逐渐减少。罗马尼亚过去种植转基因玉米，但复杂的可追溯性规则使农民望而却步，同时饲料生产商和牲畜养殖户也不愿意在仓库中使用隔离措施，以便减少与使用转基因玉米相关的文书工作。此外，1998 年首次批准在欧盟使用的 MON810 玉米是一个很老的品种，提供给农民的品种在不断更新，通常新品种具有更好的利益（表 1-1）。

**表 1-1 欧盟部分成员国 Bt 玉米种植情况** 单位：公顷

| | 2012 年 | 2013 年 | 2014 年 | 2015 年 | 2016 年 |
|---|---|---|---|---|---|
| 西班牙 | 116 307 | 136 962 | 131 538 | 107 749 | 129 081 |
| 葡萄牙 | 7 700 | 8 202 | 8 542 | 8 017 | 7 069 |
| 捷克 | 3 050 | 2 560 | 1 754 | 997 | 75 |
| 罗马尼亚 | 217 | 834 | 771 | 2.5 | 0 |
| 斯洛伐克 | 189 | 100 | 411 | 400 | 112 |
| 波兰 | 4 000 | 0 | 0 | 0 | 0 |
| 欧盟 Bt 玉米面积 | 131 463 | 148 658 | 143 016 | 117 166 | 136 337 |
| 欧盟玉米总面积 | 9 720 000 | 9 660 000 | 9 564 000 | 9 470 000 | 8 800 000 |
| 欧盟 Bt 玉米在玉米总面积中的占比 | 1.35% | 1.54% | 1.50% | 1.24% | 1.55% |

数据来源：美国农业部对外农业局。

**2. 19 个成员国退出转基因作物种植**

2015 年 3 月，欧盟委员会正式发布了第 2015/412 号指令，允许成员国因非科学原因限制或禁止在其境内种植已经欧盟批准的转基因作物，并制订了两种提出“退出种植”的方案。此外，该指令要求已经种植转基因作物的成员国采取适当措施，避免与禁止种植转基因作物的相邻成员国发生跨境“污染”。

方案1：在欧盟审批过程中，成员国要求申请者修改申请批准种植的地理范围，将其全部或部分领土排除在外。转基因作物生产者有30天的时间来调整或确认申请范围。如果生产者没有给出答复，则按照成员国的要求来调整申请范围。在获得欧盟批准后，允许成员国申请将其领土重新纳入批准地理范围。

方案2：在欧盟批准种植某一转基因品种后，成员国可以援引环境或农业政策目标、城乡规划、土地利用、共存、社会经济影响或公共政策等原因，采取国家退出措施。这些退出措施可能限制或禁止种植某些转基因品种或多种转基因品种。

17个国家和2个国家的4个地区（比利时的瓦隆地区；英国的北爱尔兰、苏格兰和威尔士地区）采用方案1，禁止种植MON810玉米及7种正在研发的玉米品种，其中丹麦和卢森堡仅禁止种植MON810玉米及3种正在研发的玉米品种①（表1-2）。

**表1-2 欧盟各成员国和地区对转基因作物实施禁令情况**

| 情　况 | 国家和地区 |
| --- | --- |
| 在根据新指令决定退出转基因玉米种植之前未实施种植禁令的8个国家和4个地区。这一决定不会导致任何实际变化，因为这些国家的农民由于种种原因并未种植转基因玉米，包括当地不适宜的种植条件、抗议威胁和行政管理约束 | 8个国家：克罗地亚、塞浦路斯、丹麦*、拉脱维亚、立陶宛、马耳他、荷兰**、斯洛文尼亚<br>2个国家的4个地区：比利时的瓦隆地区；英国的北爱尔兰、苏格兰和威尔士地区 |
| 在根据新指令决定退出转基因玉米种植之前已经采取各种程序实施了种植禁令的9个国家 | 奥地利、保加利亚、法国、德国、希腊、匈牙利、意大利、卢森堡*、波兰 |
| 2016年种植转基因玉米的4个国家 | 西班牙、葡萄牙、斯洛伐克和捷克 |
| 仍然允许种植但却由于各种原因而实际并未种植转基因玉米的国家和地区，原因包括当地不适宜种植、民众的抗议威胁和行政管理负担 | 5个国家：爱尔兰、罗马尼亚、瑞典、芬兰、爱沙尼亚<br>2个地区：比利时的法兰德斯地区；英国的英格兰地区 |

*丹麦和卢森堡仅决定退出种植MON810玉米及3种其他正在研发的玉米品种。

**荷兰政府正在制定自己的转基因作物种植评估框架。根据评估结果，如果允许在荷兰种植某一作物，那么荷兰政府将不再设置地理限制。

此外，2016年11月2日，德国内阁批准了禁止在德国境内种植转基因作物的立法草案。由于存在全国统一执行还是各州单独决定的分歧，该法案到目前为止还未生效。

### （三）出口

欧盟不出口任何转基因作物产品，生产的转基因玉米主要用于生产动物饲料及沼气。

① 正在研发当中的品种包括：陶氏益农公司的1507×59122、先锋公司的1507和59122、先正达公司的BT11、BT11×MIR604×GA21、GA21和MIR604。2015年10月8日，先正达公司撤销了其BT11×MIR604×GA21和MIR604的申请。

## （四）进口

欧盟是转基因大豆、玉米及其产品的主要进口地区，这些产品主要用于生产饲料。欧盟用于生产蛋白质的农产品缺口很大，虽然自产的非转基因大豆产量预计在未来几年会有所增加，但相对于缺口而言仍然微不足道。欧盟每年还进口超过 250 万吨的油菜籽产品。

欧盟的贸易数据并没有区分常规品种和转基因品种。因此，本节中的图表涵盖这两类产品。表 1-3 给出了欧盟主要进口国转基因大豆、玉米和油菜籽作物在总产量中的占比。转基因大豆产品占总进口量的 90%，转基因玉米和油菜籽产品占比分别接近 25%和 20%。

**表 1-3　2015 年欧盟主要进口国转基因产品在总产品中的占比**

| 大豆 | | 油菜籽 | | 玉米 | |
|---|---|---|---|---|---|
| 国家 | 比例 | 国家 | 比例 | 国家 | 比例 |
| 阿根廷 | 99% | 澳大利亚 | 17% | 阿根廷 | 95% |
| 巴　西 | 93% | 加拿大 | 95% | 巴　西 | 83% |
| 加拿大 | 62% | 俄罗斯 | 0 | 加拿大 | 86% |
| 巴拉圭 | 96% | 乌克兰 | 0 | 俄罗斯 | 0 |
| 美国 | 94% | | | 塞尔维亚 | 0 |
| | | | | 乌克兰 | >30% |
| | | | | 美国 | 93% |

数据来源：美国农业部对外农业局全球农业信息网报告。

### 1. 大豆及其产品

（1）大豆产品年进口量超 3 000 万吨。欧盟每年消费大约 3 200 万吨大豆产品，主要用作动物饲料，其中 65%为直接进口的大豆粕，35%的产品由欧盟境内的大豆加工厂生产，这些加工厂所使用的大豆 85%以上来自进口。

2011—2015 年，欧盟的年均大豆粕进口量达 1 900 万吨（图 1-2），大豆进口量达 1 300万吨（图 1-3）。欧盟大豆粕的主要进口国为巴西、阿根廷和美国。成员国中大豆粕的主要消费国是德国、西班牙、法国、比利时、荷兰、卢森堡和意大利，他们同时也是畜

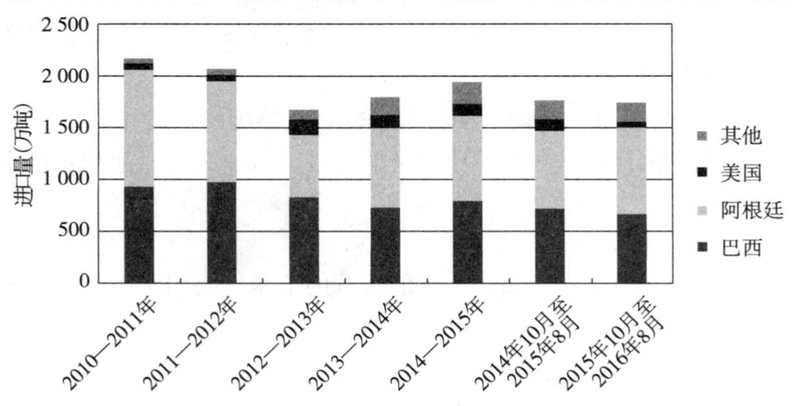


图 1-2　欧盟 28 国大豆粕进口量

数据来源：全球贸易数据库。

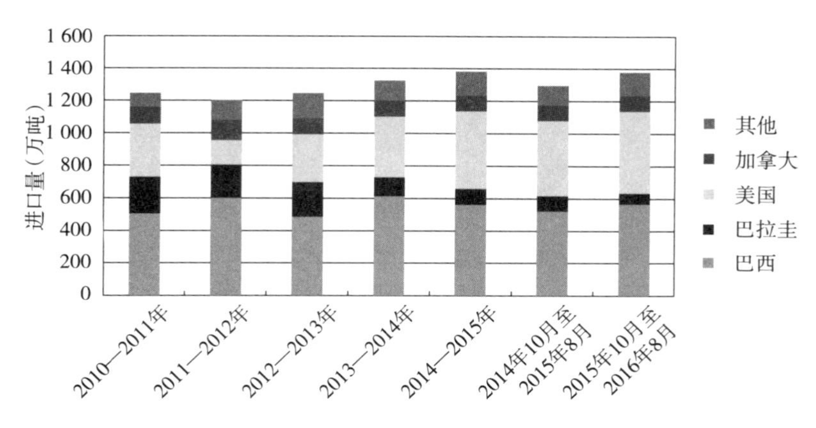


图 1-3　欧盟 28 国大豆进口量

数据来源：全球贸易数据库。

禽产品的主要生产国，占欧盟总消费量的 65%。

（2）非转基因大豆采购越来越难。随着全球转基因作物种植面积不断扩大，欧洲进口商越来越难采购到非转基因大豆产品，而且非转基因大豆价格呈现上涨趋势。欧盟对非转基因大豆粕的需求量约占总大豆产品消费量的 20%，主要用于满足有机行业、地理标志产品和非转基因标识产品的生产需求，主要来源于本地出产的大豆以及巴西和印度出口的大豆。

（3）多项倡议旨在降低对进口大豆的依赖性。欧盟对大豆和大豆粕进口的依赖性一直颇受争议。总体而言，欧盟本地大豆和其他非转基因蛋白质作物生产能力远远不能满足市场对动物饲料的总需求量。欧盟每年进口3 200万吨的大豆产品，2014—2015 年本地生产大豆 180 万吨，2016—2017 年增加 220 万吨，但这个增量相对于总需求量来说是微乎其微的。多个国家正采取各种举措增加本地生产非转基因蛋白质饲料的生产潜力。

①多瑙河黄豆协会（奥地利政府支持的一家民间协会）致力于促进在多瑙河地区（奥地利、波斯尼亚和黑塞哥维那、保加利亚、克罗地亚、德国、匈牙利、罗马尼亚、塞尔维亚、斯洛伐克、斯洛文尼亚、瑞士）生产非转基因大豆。该协会指出，多瑙河地区的大豆生产潜力将达到 400 万吨（占欧盟大豆产品总消费量的 13%）。

②法国和德国制定了全国蛋白质作物战略，旨在降低其对进口的依赖性。

③根据“2014—2020 年共同农业政策”，多个国家选择支持农民种植大豆作物。

2014 年，欧洲蛋白质作物焦点小组[①]发布了一份最终报告。目的是就以下问题做出答复：饲料部门需要哪种类型的蛋白质？欧盟的蛋白质作物部门为何不具竞争力？如何改变这一现状？报告得出了以下结论：①欧盟当前的蛋白质作物竞争力低下，如果收益无法实现显著增长，则蛋白质作物产量将不会增加；②大多数的收益差距可通过养殖活动予以克服；③整体的革新过程需要花费多年的时间，且由于财务资源有限，有必要聚焦少数几

① 该焦点小组是欧洲创新伙伴关系（EIP）——“农业生产力和可持续性”的一部分，这是欧盟委员会发起的旨在加快创新行动的五个欧洲创新伙伴关系之一。该焦点小组的目标之一是提出潜在项目建议，确定创新行动的优先顺序。

种作物。

**2. 玉米及其产品**

（1）玉米产品年进口量达 700 万吨。欧盟的年均玉米消费量约为 6 200 万吨，其中约 10%来自进口，转基因产品在玉米总进口量中的占比不超过 25%（图 1-4）。相关数据表明乌克兰出口到欧盟的玉米量增长显著。2014—2015 年，乌克兰出口到欧盟的玉米量占欧盟玉米进口总量的 65%以上。

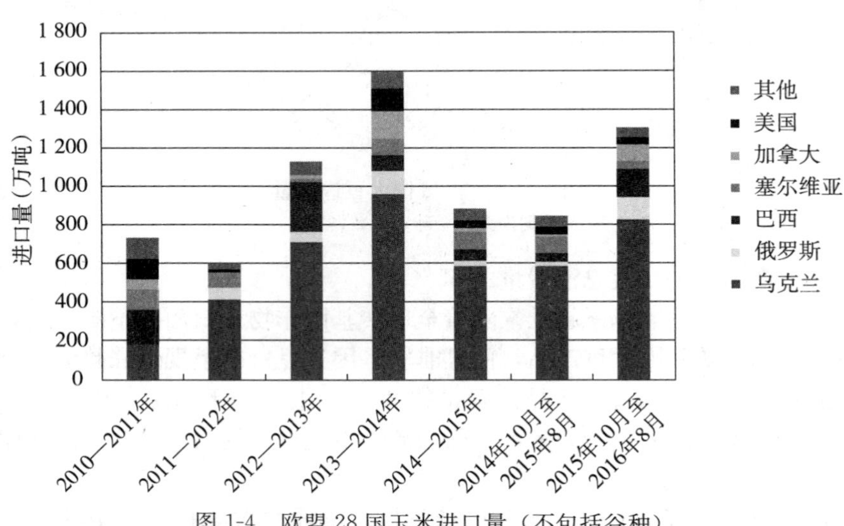


图 1-4　欧盟 28 国玉米进口量（不包括谷种）

数据来源：全球贸易数据库。

（2）美国是欧盟玉米产品的主要供应国。1997 年之前，美国每年对欧盟的玉米出口量在 200 万～400 万吨，但之后，美国的玉米出口量急剧下降，仅 2010—2011 年和 2013—2014 年分别达到 94.6 万吨和 130 万吨的峰值。美国开始种植转基因玉米是导致对欧盟玉米出口量急剧下降的主要原因，欧盟对转基因作物审批的严重滞后，以及出台的低水平混杂政策都限制了转基因玉米的进口。从美国进口的玉米主要用于生产动物饲料及生物乙醇（图 1-5）。

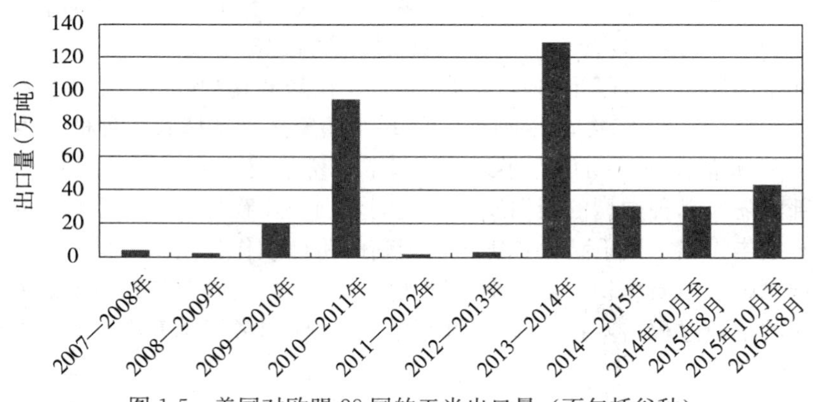


图 1-5　美国对欧盟 28 国的玉米出口量（不包括谷种）

数据来源：全球贸易数据库。

欧盟每年进口 20 万～90 万吨的玉米酒糟、玉米麸和玉米粉，其中转基因产品约占 80%。美国是欧盟玉米酒糟、玉米麸和玉米粉产品的主要供应国，2011—2015 年的平均市场份额达到 72%。每年的进口量会根据价格和欧盟的转基因玉米新品种审批速度而变化（图 1-6）。

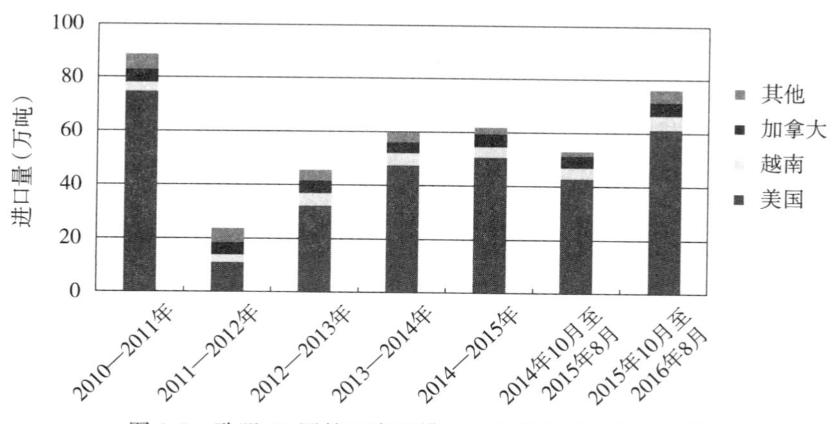


图 1-6　欧盟 28 国的玉米酒糟、玉米麸和玉米粉进口量
数据来源：全球贸易数据库。

### 3. 油菜籽及其产品

2010—2015 年，欧盟每年进口 230 万～380 万吨油菜籽（图 1-7）及 23 万～46 万吨菜籽粕（图 1-8）。2015—2016 年，欧盟 12%油菜籽和 11%菜籽粕从加拿大进口，其中 95%油菜籽为转基因产品；45%油菜籽从澳大利亚进口，其中 17%油菜籽为转基因产品。

尽管欧盟是世界上最大的油菜籽生产地区，但需求量超过了本地区供应量，欧盟进口油菜籽大部分用于加工，特别是生物柴油工业是菜籽油需求的主要驱动力，菜籽粕用作生产饲料。在加拿大执行欧洲《可再生能源指令》的国际可持续发展和碳认证（ISCC）制度后，加拿大对欧盟的出口量得以恢复。

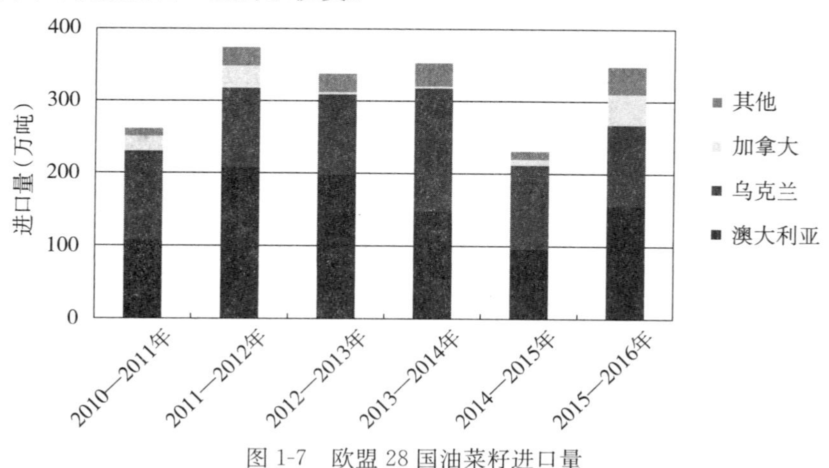


图 1-7　欧盟 28 国油菜籽进口量
数据来源：全球贸易数据库。

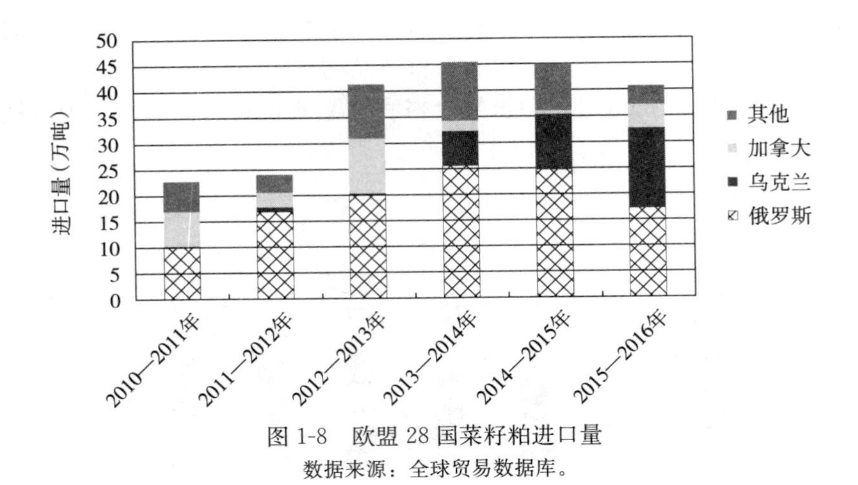


图 1-8　欧盟 28 国菜籽粕进口量
数据来源：全球贸易数据库。

### （五）粮食援助

欧盟提供食物、金钱、代金券、设备、种子或兽医服务等形式的粮食援助，由欧洲公民保护和人道主义援助行动组织（ECHO）负责管理。2014 年，该组织为 54 个合作伙伴组织提供了总计 3.49 亿欧元的人道主义粮食援助项目。此类援助并不包括转基因产品，欧盟不是粮食援助的受助方。

### （六）贸易壁垒

**1. 非同步审批**

新的转基因作物正以更快的速度进入全球市场。欧盟转基因植物的审批监管程序用时明显长于出口国。审批速度差异导致欧盟境外批准的商业化转基因产品不能及时得到欧盟的销售许可。出口到欧盟的农产品因为检测到微量的未经批准的转基因成分而被拒绝入境，欧盟的低水平混杂零容忍政策进一步加剧了不同步审批的负面影响，这也加剧了富含蛋白质的产品贸易中断以及价格上涨，无法满足动物饲料行业对这些产品的旺盛需求。

**2. 种植禁令**

19 个成员国根据欧盟委员会第 2015/412 号指令，援引健康或环境风险以外的其他原因，禁止在其全部或部分领土上种植转基因作物。

**3. 环境风险评估任务更为繁重**

2016 年 10 月，欧盟委员会向世贸组织技术性贸易壁垒委员会通告了修订欧盟委员会第 2001/18 号指令《关于转基因生物环境风险评估的决议草案》。该草案将 2010 年欧洲食品安全局（EFSA）《环境风险评估指南》主要要素纳入指令附录当中。该草案的通过可能进一步加重转基因审批流程的负担。

## 二、政策

### （一）监管框架

欧盟关于转基因产品商业化应用法规的三个指导原则是安全性（人类、动物健康和环境安全），消费者、农民和企业自由选择权（共存性、标识和可追溯性规则）及个案审批。

**1. 主管部门**

在欧盟范围内，用作食品或饲料的转基因植物的进口、销售、加工和种植必须完成特定的审批程序。欧盟委员会第1829/2003号条例《转基因食品及饲料管理条例》中规定了获得转基因植物进口、销售或加工批准的必要程序，而第2001/18号指令中则规定了获得转基因植物种植批准的必要程序。

对上述两类申请的审批，欧洲食品安全局均负责风险评估，必须确定申请的产品与相应的常规产品是否同等安全，只有欧洲食品安全局给出了肯定答案后，欧盟成员国才就是否批准相关产品做出决定。欧盟委员会卫生和食品安全总司（DG SANTE）负责后期的风险管理，他们将向欧盟动植物、食品和饲料常务委员会（SCoPAFF）转基因产品处，或《GMO有意环境释放条例》执行和技术进步适应管理委员会（以下简称为"监管委员会"）的成员国专家提交决定草案文件。

欧盟成员国的转基因政府主管部门一般包括农业和食品部、环境部、卫生部和经济部。

**2. 职能与组成**

欧洲食品安全局的核心任务是独立评估转基因植物对人体和动物健康，以及环境安全的潜在风险，但其只提供科学建议，不负责转基因产品的批准许可。欧洲食品安全局成立了转基因生物专家组，其主要工作如下。

（1）转基因食品与饲料应用风险评估。基于科学信息和数据，对转基因植物的安全性（根据欧盟委员会第2001/18/EC号指令）和衍生食品或饲料的安全性进行评估（根据欧盟委员会第1829/2003号条例），提供独立科学建议。

（2）编制指导文件。这些指导性文件是为了说明欧洲食品安全局风险评估方法，确保工作透明度，为企业提供申请书编写指导。

（3）针对管理人部门的专门请求和咨询提供科学建议。比如针对欧盟未批准的转基因植物，专家组提出安全性相关的科学建议。

（4）其他工作。专家组可以主动提出与转基因植物风险评估有关的需要进一步加以重视的科学问题，如专家组编制了有关转基因产品风险评估中的动物饲养试验的科学报告。

欧洲食品安全局专家组由来自欧洲各国的具有相关领域专业技能的20位风险评估专家构成，包括食品和饲料安全评估专家（食品与遗传毒理学、免疫学、食品过敏等）、环境风险评估专家（昆虫生态和种群动态学、植物生态学、分子生态学、土壤学、目标害虫生物体的抗性演变、农业对生物多样性的影响、农业经济学等）以及分子鉴定和植物学专家（基因组结构和演变、基因调节、基因组稳定性、生物化学和新陈代谢等）。他们的简历和利益声明可登录欧洲食品安全局网站查询。

**3. 食品、饲料、加工和环境释放审批**

欧盟条例详细规定了转基因产品的审批流程，按照转基因产品的进口、加工和销售，转基因产品的种植两大类型来具体要求。

欧盟委员会第1829/2003号条例，即《转基因食品及饲料管理条例》中规定了获得转基因植物进口、销售或加工批准的必要步骤。欧盟委员会第 2001/18 号指令则列明了获得转基因植物种植批准的必要程序。欧盟委员会第 2015/412 号指令允许成员国出于非科学原因限制或禁止在其境内种植经欧盟批准的转基因植物。为了简化申请流程，欧盟委员会在第 1829/2003 号条例中规定了独特的申请程序，允许企业为某一产品及其所有用途提交单一申请。根据这一简化程序，种植、进口和加工成食品、饲料或工业产品等用途只进行一次风险评估和一次批准。然而，相关转基因作物的种植批准仍必须满足欧盟委员会第 2001/18 号指令下确立的标准。

**4. 用于食品或饲料的转化体上市批准**

按照第 1829/2003 号条例规定，转基因植物及其产品为了获得进口、销售或加工许可，需要经过如下流程。

(1) 申请人向成员国主管部门提交申请①，主管部门在 14 天内向申请人书面确认收到申请，并将申请转发给欧洲食品安全局。

(2) 欧洲食品安全局收到申请后立即通知其他成员国和欧盟委员会，并负责通过互联网公布申请文件等材料。

(3) 欧洲食品安全局在收到有效申请后的 6 个月内给出受理意见，如果欧洲食品安全局或者成员国国家主管部门要求申请人提供补充信息，那么 6 个月的时限顺延。

(4) 欧洲食品安全局将受理意见提交给欧盟委员会，并转发给成员国和申请人，同时在网站上公布受理意见，在 30 天内接受公众评议。

(5) 在收到欧洲食品安全局受理意见后的 3 个月内，欧盟委员会形成决定草案并提交给欧盟动植物、食品和饲料常务委员会，后者对决定草案进行投票表决。

(6) 2011 年 3 月 1 日后提交给欧盟动植物、食品和饲料常务委员会的决定草案应遵守《里斯本条约》中列明的规则。根据这些规则，如果草案没有获得多数投票通过，欧盟委员会可以将修订草案或原始草案提交给上诉委员会（由成员国的高级官员组成），后者在收到草案后的 2 个月内进行投票表决。如果上诉委员会以特定多数方式投票通过，则欧盟委员会可以采纳决定草案。如果上诉委员会没有通过，则欧盟委员会不能采纳该决定草案。如果上诉委员会没有获得有意义的结果，则由欧盟委员会决定。这些规则赋予欧盟委员会更大的自由裁量权。里斯本会议之前，欧盟委员会有义务采纳决定草案。根据新规则，欧盟委员会可选择采纳或拒绝采纳决定草案。

批准在整个欧盟境内有效，有效期为 10 年。在批准到期日前一年，批准持有人可以向欧盟委员会提出续期 10 年的申请。批准续期申请必须提供批准以来消费者或环境风险评估的新信息。如果在批准到期日之前没有对批准续期申请做出决定，批准期将自动延长，直到做出决定。

**5. 转化体的种植批准**

在商业化释放某一转基因产品之前，必须获得成员国相关主管部门的书面许可。依据

① 申请必须包含如下内容：申请人的姓名和地址；产品名称及其规格，包括使用的转化体；开展的研究及任何证明不会对人类、动物健康或环境造成负面影响的可用材料的副本；转化体检测、取样和鉴定方法；产品样本；如果获得批准，提出上市后监测方案；标准格式的申请摘要。

欧盟委员会第 1829/2003 号条例第 5（3）条和第 17（3）条中分别给出了食品和饲料用途申请的完整信息清单。

欧盟委员会第2001/18号指令，商业化释放的标准批准程序如下。

（1）申请人向即将释放（种植）转基因产品的成员国相关主管部门提交申请[①]。

（2）该成员国主管部门在30天内通过信息交换系统将申请总结发送给欧盟委员会。

（3）欧盟委员会必须在收到申请总结后的30天内将其转交给其他成员国。

（4）其他成员国在30天内通过欧盟委员会提交观察结果或者直接提交观察结果。

（5）该成员国主管部门在45天内评估其他成员国的意见。如果这些评价不符合该国主管部门的科学意见，则将分歧提交给欧洲食品安全局，后者在收到文件后的3个月内给出意见。

（6）欧盟委员会将反映欧洲食品安全局意见的决定草案提交给监管委员会进行投票表决。

（7）与转化体上市批准流程一样，2011年3月1日后提交给监管委员会的决定草案应遵守《里斯本条约》中列明的规则。根据这些规则，如果草案没有获得多数投票通过，欧盟委员会可以将修订草案或原始草案提交给上诉委员会（由成员国的高级官员组成），上诉委员会在收到草案后的2个月内进行投票表决。如果上诉委员会没有以特定多数方式投票通过决定草案，欧盟委员会可以采纳决定草案。如果上诉委员会没有通过，则欧盟委员会不能采纳该决定草案。如果上诉委员会没有获得有意义的结果，则由欧盟委员会决定。

此外，欧盟委员会第2015/412号指令允许成员国出于非科学原因限制或禁止在其境内种植经欧盟批准的转基因植物。

**6. 审批时间**

图1-9和图1-10中给出了根据欧盟条例所需遵循的审批流程和时间。虽然依据法律规定，欧盟的审批流程耗时大约12个月，但是欧盟转基因产品通常需要47个月才能获得批准。欧洲食品安全局给出最初意见后，通常需要4个月以上的时间，欧盟委员会将最初意见纳入决定草案中供成员国投票表决，平均需要等待10个月，而不是规定的3个月时间。相比之下，巴西和美国的审批平均用时为25个月，韩国用时35个月。

每年向欧洲食品安全局和欧盟委员会提交的申请数量远超过做出审批决定的数量，这导致越来越多的申请被积压。过去一年，行业团体十分活跃，这对欧盟委员会和成员国采纳法律规定的审批程序施加了很大压力。2014年9月欧盟粮食商会（COCERAL）、欧洲饲料生产商协会（FEFAC）及欧洲生物技术工业协会（EuropaBio）三大欧盟行业团体向欧盟监察专员（EU Ombudsman）申诉相关批准存在重大延误。欧盟监察专员是负责调查欧盟机构和团体管理不善投诉的实体。2016年1月，欧盟监察专员做出裁定，欧盟委员会确实存在管理不善问题，批准延误无正当理由。

---

① 申请应包含如下内容：为环境风险评估提供必要信息的技术文件；环境风险评估及结论，任何参考资料及使用的方法说明。

欧盟委员会第2001/18号指令第6（2）条中给出了完整信息。

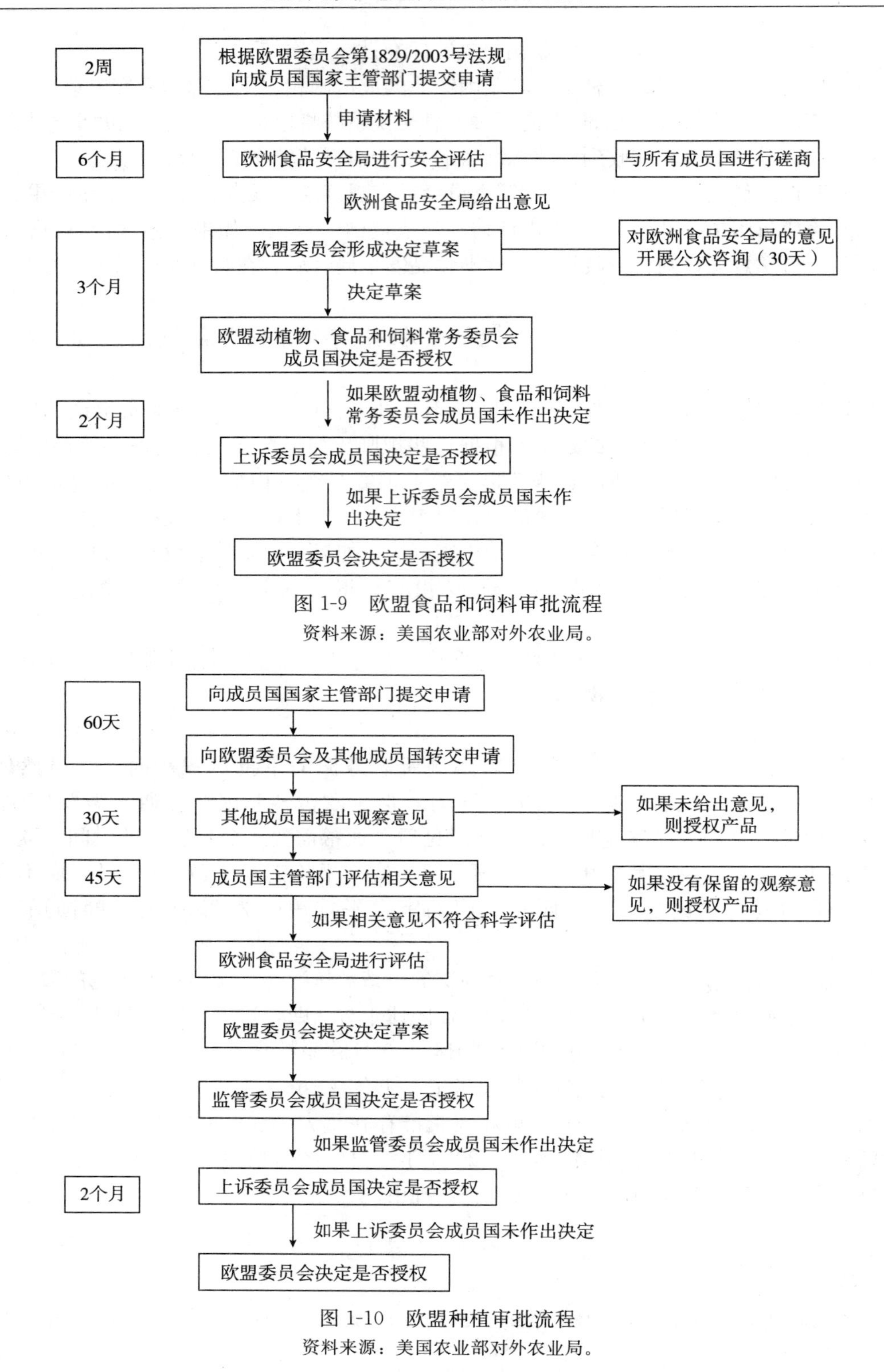


图 1-9 欧盟食品和饲料审批流程

资料来源：美国农业部对外农业局。



图 1-10 欧盟种植审批流程

资料来源：美国农业部对外农业局。

## （二）审批

转基因抗虫MON810是欧盟唯一批准种植的转基因作物。但欧盟批准了多种用作食品或饲料的转基因产品，包括多种玉米、棉花、大豆、油菜籽、甜菜和微生物品种等。

2016年，欧盟委员会批准了14种新的用作食品或饲料的转基因作物。

（1）2016年9月16日，欧盟委员会批准了11种玉米品种①，这些玉米品种均为已获得批准的单一性状品种的复合性状品种。

（2）2016年7月22日，欧盟批准了3种抗草甘膦大豆品种②。它们原本预计于2015年12月获得批准。然而，非政府组织将这些品种与草甘膦的再批准进行了联系。根据总部位于法国里昂的世界卫生组织国际癌症研究机构（IARC）2015年3月发布的一份报告，草甘膦被归为“可能致癌”类别。然而，欧盟食品安全局于2015年11月发布的风险评估报告指出，草甘膦“不太可能对人类构成致癌威胁”。联合国粮农组织（FAO）和世界卫生组织2016年5月联合发布的关于农药残留问题的会议报告得出结论，草甘膦“不太可能通过饮食对人类造成致癌风险”，这与国际癌症研究机构此前的报告结果明显不一致。2016年6月29日，经过多次辩论和公开曝光后，欧盟委员会同意暂时延长草甘膦批准18个月，等待欧洲化学品管理局（ECHA）的审查结果。欧洲议会提议延长7年的时间，欧盟委员会则支持较短地延期。随着草甘膦问题的暂时解决，欧盟委员会批准了3种转基因大豆品种。

此外，2016年11月23日，欧盟委员会批准转基因切花（康乃馨品种SHD 4-27531-4）上市。这一批准决定不包括转基因切花种植，且该转基因切花品种仅限于某一特定花色。

2016年批准的所有转化体都经过了全面的批准程序，包括欧洲食品安全局开展的科学评估。常务委员会和上诉委员会的成员国均未提出“异议”，为此欧盟委员会决定通过批准，有效期为10年，这些转化体生产的所有产品都将受到欧盟严格的标识和可追溯性规则的约束。

## （三）复合性状的审批

复合性状的审批流程与单一性状的审批流程相同。

风险评估遵循欧盟委员会第503/2013号条例附录二的规定。申请人应提供所有单一性状的风险评估结果或者已经提交的申请。复合性状的风险评估还应包括：性状稳定性评估；性状表达评估；性状之间是否存在相互作用的评估。

① GE corn Bt11×MIR162×MIR604×GA21；整合三种不同的单一转化体的四种转基因玉米品种（Bt11×MIR162×MIR604、Bt11×MIR162×GA21、Bt11×MIR604×GA21、MIR162×MIR604×GA21）；整合两种不同的单一转化体的六种转基因玉米品种（Bt11×MIR162、Bt11×MIR604、Bt11×GA21、MIR162×MIR604、MIR162×GA21和MIR604×GA21）。

② MON87705×MON89788、MON87708×MON89788和拜耳公司的FG72。

## （四）田间试验

2016年共有11个成员国进行了开放性的田间试验，即比利时、捷克、丹麦、芬兰、爱尔兰、荷兰、波兰、罗马尼亚、西班牙、瑞典和英国。试验植物包括苹果、大麦、玉米、棉花、亚麻、豇豆、抗李树痘病毒的李树、杨树、甜菜、土豆、烟草、番茄和小麦。

2016年，西班牙申请人提交的所有有意释放申请均被撤销，这是自2003年以来西班牙首次未开展新的转基因田间试验。葡萄牙曾经批准过开放性的田间试验，但是2010年以后没有进行过开放性田间试验。法国和德国也曾经批准过田间试验，但是2014年后没有进行过田间试验，原因是反生物技术激进人士在过去几年里反复破坏试验田。一些从事实验室研究的公共机构与私营企业合作，把田间试验转移到美国等其他国家。

有关田间试验的申请清单可登录欧盟委员会联合研究中心网站查看。实际开展的试验数量可能低于申请数量。

## （五）新育种技术①

自20世纪初以来，多种新技术促进了植物新品种的培育，包括诱变和杂交育种技术。从20世纪80年代开始，遗传工程技术掀起了植物育种新浪潮。20世纪90年代中期，转基因作物实现商业化种植，目前全球的转基因作物种植面积约达到1.8亿公顷。

随着生物技术和分子生物学的广泛应用，涌现了一些新的植物育种技术，也称为新育种技术（NBTs），将使作物改良更快、更准确，是遗传工程的重要补充。

欧盟科学家、植物育种家、生物技术行业和成员国管理部门呼吁欧盟委员会明确新育种技术的监管法律法规，受关注的核心问题是新育种技术的产品与传统产品完全无法区分，即使相关产品中不含有外源DNA，这些技术及其产品也需要通过成本高昂且冗长的批准程序。

2016年10月3日，法国最高行政法院（Conseil d'Etat）向欧洲法院提出了有关新育种技术和诱变的四个问题。在这些问题中，“诱变”一词包括寡核苷酸定向突变（ODM）和位点定向核酸酶（SDN）。

（1）通过诱变产生的生物体是否属于欧盟委员会第2001/18号指令下的转基因生物？哪些通过诱变产生的生物体需要按照欧盟委员会第2001/18号指令作为转基因生物进行监管？

（2）通过诱变产生的生物体是否属于欧盟委员会第2002/53号指令下的转基因生物？

（3）如果通过诱变产生的生物体无须按照欧盟委员会第2001/18号指令作为转基因生物进行监管，那么这是否意味着不允许成员国为这些生物体制定自己的法规条例？

（4）将诱变排除在欧盟委员会第2001/18号指令之外是否符合谨慎原则？

欧洲法院平均需要花费一年半到两年的时间来回答成员国提出的问题。根据欧洲法院给出的答案，欧盟委员会可能重新讨论和修改第2001/18号指令。

① “基因工程”指的是转基因，新育种技术不包括转基因。

## （六）共存

欧盟没有制定转基因植物与常规作物和有机作物的共存法规，而是由成员国主管部门自行制定。欧洲共存局（ECB）为成员国举办有关共存方面的最佳农业管理实践科学技术信息交流会。在此基础上，欧洲共存局针对具体作物制定共存措施的指导准则。

欧盟大多数成员国都采纳了或者正在制定共存法规。除西班牙外的其他种植转基因作物的国家都已经颁布了共存法规，西班牙则按照国家育种协会（NASB）制定的“优良农业实践”管理共存事宜。欧盟有些地区（比如比利时南部和匈牙利）的共存法规限制性很强，严重影响转基因作物的种植。

## （七）标识

### 1. 转基因产品强制标识和可追溯性

欧盟委员会第1829/2003号和第1830/2003号条例要求采用转基因材料生产的食品和饲料，或包含转基因成分的食品和饲料必须加贴转基因标识。这些条例适用于欧盟境内生产的产品和进口产品。散货、原料、包装食品和饲料都必须加贴标识。

实际上，消费者很少在食品上看到转基因标识，因为许多生产商改变了其产品的构成，以避免对销售产生不利影响。事实上，尽管产品接受了安全评估，而加贴标识也仅仅是为了确保消费者的知情权，但转基因标识往往被解读为警示标志，生产商担心产品加贴转基因标识后无法得到市场认可。

（1）以下产品无须履行加贴转基因标识的义务。

①转基因饲料饲养的动物产品（肉类、乳制品、蛋类）。

②转基因成分含量不超过0.9%的产品，前提是此种转基因成分是意外混入到产品中或者技术上无法避免。

③不属于欧盟委员会第2000/13号指令第6（4）条中定义的配料产品，如加工助剂（转基因微生物生产的食品酶等）。

（2）欧盟委员会第1829/2003号条例第12～13条规定了食品标识要求。

①如果食品由一种以上的成分构成，“转基因”或者“由转基因（成分名称）加工而成”等字样必须显示在相关成分后面紧挨的括号里。含有转基因成分的混合成分应标明“包含由转基因（生物体名称）加工而成的（成分名称）”。例如，含有由转基因大豆加工而成的饼干必须在成分列表中标明“包含由转基因大豆加工而成的大豆油”。

②如果成分以类别名称（如植物油）指定，则必须使用“包含转基因（生物体名称）”或“包含由转基因（生物体名称）加工而成的（成分名称）”等字样。例如，含有由转基因油菜籽加工而成的植物油必须在成分列表中标明“包含由转基因油菜籽加工而成的菜籽油”。

③上述标识可以出现在成分列表的脚注中。在这种情况下，标识至少应该以与成分列表中相同的字体进行印刷。

④如果没有成分列表，“转基因”或者“由转基因（成分名称）加工而成”等字样必须清楚地显示在标识上。例如，对于没有成分列表的某一产品，标识上应标明“转基因甜

玉米”或“包含由转基因玉米加工而成的焦糖”。

⑤如果食品为无包装产品，那么必须靠近产品清晰地展示标识（如超市货架上的注条）。

(3) 欧盟委员会第 1829/2003 号条例第 24～25 条规定了饲料标识要求。

①如果饲料包含转基因成分，“转基因”或者“由转基因（生物体名称）加工而成”等字样必须显示在饲料名称后面的括号里。

②如果饲料通过转基因材料加工而成，“由转基因（生物体名称）加工而成”等字样必须显示在饲料名称后面的括号里。

③以上字样也可以出现在饲料列表的脚注中，应以与饲料列表中相同的字体进行印刷。

(4) 欧盟委员会第 1829/2003 号条例中规定的可追溯性要求。所有从事转基因相关的企业经营者必须保留转基因产品供应商和买方信息 5 年，为客户提供以下书面信息。

①指明产品或特定成分包含转基因生物或由转基因生物加工而成。

②相关转基因生物唯一识别码信息。

③如果产品包含仅用作食品、饲料或用于加工目的的转基因生物成分，则经营者可通过使用声明来替代上述信息，同时提供所有相关转基因生物的唯一识别码列表。

**2. “非转基因”自愿标识体系**

欧盟没有非转基因标识的统一立法。只要不误导消费者，便允许在自愿基础上采用非转基因标识。这些标识主要贴在动物产品（肉类、乳制品和蛋类）、甜玉米罐头和大豆产品上。2015 年，欧盟委员会发布了一份采用统一方法进行非转基因标识的可行性研究报告，该研究报告分析了 7 个欧盟成员国及包括美国在内的多个第三国的非转基因标识和认证计划。

奥地利、法国、德国、匈牙利（自 2016 年起）和荷兰制定了相关立法和指南文件来促进非转基因标识的使用。瑞典通过了相关立法明确禁止使用此类标识。英国政府对这一问题未给出正式的立场，但英国和意大利有许多私人经营者正在主导该计划。

## （八）监测与测试

**1. 针对食品或饲料用途转基因生物环境影响的强制监测计划**

欧盟委员会第 2001/18 号指令与欧盟委员会第 1829/2003 号条例做出如下规定。

(1) 提交转基因生物①上市申请时必须包含环境影响监测计划②，监测时间可以不同于获得许可的建议期。

(2) 上市后，申请方应确保按照主管部门颁发的书面许可中规定的条件实施监测和报告。监测报告应提交给欧盟委员会和成员国的主管部门。收到报告的主管部门可以根据监测报告在首个监测期后修改监测计划③。

---

① “生物”指的是“任何能够繁殖的生物体”。对于不包含转基因生物的食品和饲料，不需要包含环境影响监测计划。

② 欧盟委员会第 2001/18 号指令第 5 条、第 13 条、附录三、附录七。

③ 欧盟委员会第 2001/18 号指令第 20 条。

(3) 监测结果必须公开发布①。

(4) 续申请必须包括监测结果报告等内容②。

**2. 欧盟食品和饲料快速预警系统**

欧盟建立了欧盟食品和饲料快速预警系统(RASFF),用于报告食品安全问题。图1-11给出了欧盟食品和饲料快速预警系统的总体运行流程。

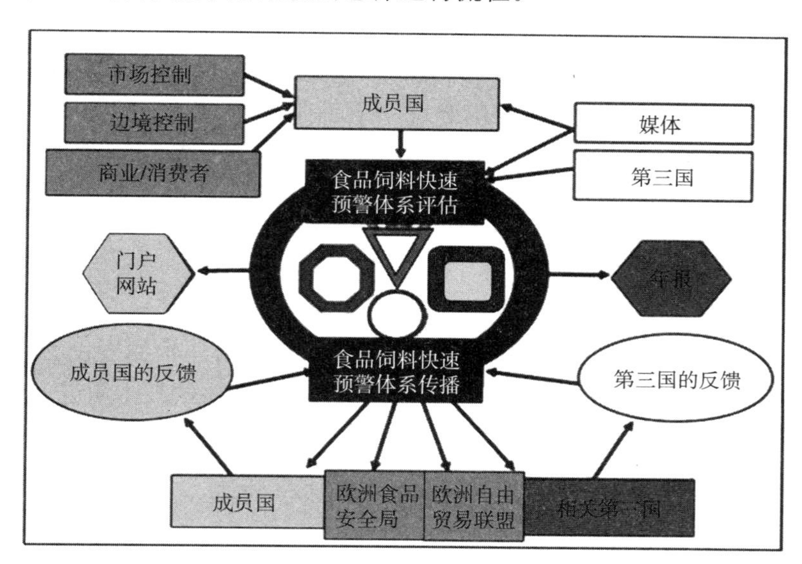


图1-11 欧盟食品和饲料快速预警系统信息流

资料来源:欧盟食品和饲料快速预警系统2013年度报告。

欧盟食品和饲料快速预警系统的成员包括欧盟委员会、欧洲食品安全局、各成员国、挪威、列支敦士登和冰岛。根据欧盟食品和饲料快速预警系统的流程,成员一旦获得有关食品或饲料对人体健康风险的任何信息,应立即将该信息发送给其他成员。成员国应立即通告,以便及时采取限制饲料或食品上市的相应措施,边防检查站也同时采取防止与人体健康有关风险的入境,因为大多数通告都涉及入境点或边境检查点对拒绝入境货物的控制措施。通告发布在欧盟食品和饲料快速预警系统的门户网站上。

## (九)低水平混杂政策

自1996年以来,全球转基因作物种植面积的稳步增长导致了频繁发生微量转基因作物意外混入食品和饲料事件,造成贸易中断,甚至货物被进口国销毁或者退回。

意外混入情况有以下两种。

(1) 低水平混杂(LLP)。低水平混杂是指检测到了已经在至少一个国家获得批准的但是在进口国没有获得批准的转基因作物的低水平含量。大多数此类事件与非同步审批有关。

① 欧盟委员会第2001/18号指令第20条,欧盟委员会第1829/2003号条例第9条。

② 欧盟委员会第2001/18号指令第17条,欧盟委员会第1829/2003号条例第11条和第23条。

（2）意外混入（AP）。意外混入是指没有在任何国家获得批准的转基因作物的意外混入（在这种情况下，混入作物可能来自田间试验或非法种植）。

2009年，美国出口欧盟的大约18万吨大豆因为低水平混杂问题被拒绝入境，为此，欧盟委员会在2011年发布了一项法规，允许饲料中含有微量未经欧盟批准的转基因成分，其含量不超过0.1%的阈值，但前提是向欧洲食品安全局提交申请。与此同时，欧盟委员会承诺评估为食品引入类似阈值的必要性。

2016年7月，欧盟动植物、食品和饲料常务委员会还未成功设定食品转基因成分低水平混杂阈值。为此，出口到欧盟的食品中含有的未经欧盟批准的转基因成分含量仍采取绝对零容忍政策，这导致许多食品难以出口到欧盟市场，因为几乎无法保证这些产品中不含有微量的转基因成分。许多食品生产商随即调整了其食品成分以避免这一情况。

## （十）其他监管要求

几乎所有的成员国（西班牙除外）都规定，种植转基因作物的农民必须进行农田登记。在一些国家，登记制度阻碍农民种植转基因作物，因为生物技术激进人士可能利用这些登记信息来定位种植转基因作物的农田，进而进行大肆破坏。

## （十一）知识产权

### 1. 植物品种权利和专利之间的比较

欧盟建立了多个适用于植物相关发明的知识产权体系。表1-4比较了植物品种权利（也称为“植物种植者权利”）和专利之间的差别。

**表1-4　植物品种权利与专利的区别**

| | 植物品种权利 | 专利 |
|---|---|---|
| 批准对象 | 植物种植者权利批准对象为某一植物品种，以其全基因组或基因复合体来界定 | 专利批准对象为技术发明，可授权的要素包括：<br>植物，但不是品种，可用来培育特定植物品种；<br>从自然环境中分离或采用技术方法形成的生物材料（比如基因序列）等，即便其可能此前就存在；<br>生物生产过程及产物；<br>技术工艺。<br>植物品种和用于生产动植物的生物过程不可申请专利 |
| 应满足的条件 | 植物品种获得品种权利的前提是该品种与其他品种有明显区别，而且特征统一和稳定 | 专利只能授予新的、涉及发明步骤、可以工业应用的发明[①] |

① 欧洲专利局指出，对于“新”这一词的具体法律定义多年来不断演变，这里的“新”指的是“向公众公开”。这意味着，以前存在但未向公众公开的基因（即公众并未意识到其存在）可申请获得专利，前提是与环境分离，或者采用技术过程生成。

（续）

| | 植物品种权利 | 专利 |
|---|---|---|
| 保护范围 | 单一品种及其衍生品种在欧盟境内受到保护 | 具有发明专利的所有植物在欧盟境内都受保护[1] |
| 豁免 | 育种者豁免规定允许自由使用受保护品种进一步育种及商业化新品种（衍生品种除外）；<br>生产商在特定条件下可以使用农场保存的种子 | 根据欧盟专利局（EPO）的说法，欧盟境内的植物的所有用途都受到保护[1] |
| 保护时间 | 自发布之日起25年，但有些植物保护期为30年，如树木、藤类植物、土豆和豆类等 | 申请之日后的20年 |
| 负责机构 | 欧盟植物品种局（CPVO）负责管理植物品种权利体系 | 欧洲专利局负责审查欧洲专利申请 |
| 申请数量 | 2013年，欧盟植物品种局收到了大约3 300项申请，其中198项申请（6%）由美国公司提交。超过80%的申请被批准。该局没有给出转基因品种的具体数据 | 欧洲专利局每年收到500～800份有关植物生物技术的申请；<br>授予的植物专利中95%与生物技术有关，其中39%来自美国，42%来自欧洲（主要是德国、英国、比利时和法国）。发明包括改良的植物（营养、耐旱、高产、抗虫害和耐除草剂），作为生物工厂的植物（疫苗、抗体）以及培育新植物的方法；<br>总的来说，授予的生物技术专利不到1/3[2]。欧洲专利局授予的专利中有5%以上遭到反对，主要是专利持有人的竞争者反对，但也有个人、非政府组织或特殊利益团体提出反对的情况 |
| 法律依据 | 欧盟植物品种局网站上公布了所有现行立法，包括有关植物品种权的欧盟委员会第2100/94号条例<br>《国际植物新品种保护公约》（UPOV）网站上公布了该公约文本，以及欧盟成员国根据公约制定的立法 | 欧盟授予生物技术发明专利的法律依据包括：<br>《欧洲专利公约》（EPC），获得所有成员国的批准，为欧洲专利局授予专利提供了法律框架；<br>欧洲专利局申诉委员会的判例法，可用于解释法律；<br>欧盟委员会有关生物技术发明保护的第98/44号指令，自1999年以来纳入《欧洲专利公约》，可作为解释公约的补充工具；<br>2007年以来各成员国出台的实施《欧洲专利公约》和欧盟委员会第98/44号指令的法律，参见美国农业部对外农业局国别报告 |

**2. 国际组织对植物品种权利和专利的立场**

国际种子联盟（ISF）认为，最有效的知识产权体系应该平衡保护与准入，以激励创新和便于其他竞争者能够进一步改良植物品种。

代表欧洲种子行业的欧洲种子协会（ESA）支持专利和植物品种权利共存。欧洲种子协会还支持将植物品种和实质生物过程排除在可批准专利范围外。此外，欧洲种子协会认为，必须保证为了进一步育种目的，所有植物基因材料都可以自由获得，法国和德国专利

① 一些成员国对此有争议。

② 所有生物技术申请（而不仅仅是植物生物技术申请）。

法通过扩展研究豁免权的方式实现了这一目标。

2015 年 3 月，欧洲专利局上诉委员会扩大会议裁定，通过常规育种方法获得的植物或种子可获得专利①。欧洲种子协会对这一决定持反对态度。他们认为："我们希望实行育种者免除条款，这意味着不仅可以将植物品种和实质生物过程排除在专利批准范围外，还可以将这些过程获得的植物排除在外。"

2016 年 11 月 3 日，欧盟委员会发布了对第 98/44 号指令某些条款进行说明的通知。通知中指出，根据欧盟法律，通过"实质生物过程"（植物选择和杂交繁殖）获得的植物不可批准专利。

## （十二）《卡塔赫纳生物安全议定书》批准

《生物多样性公约》（CBD）是一项多边条约，于 1992 年在里约全球首脑会议上签署。它有三个主要目标：保护生物多样性；生物多样性组成成分的可持续利用；以公平合理的方式共享遗传资源的商业利益和其他形式的利用。

此后，又通过了《生物多样性公约》的两项补充协议：《卡塔赫纳生物安全议定书》（2000 年）和《名古屋遗传资源议定书》（2010 年）。

**1. 《卡塔赫纳生物安全议定书》**

《卡塔赫纳生物安全议定书》旨在确保转基因活生物体（LMOs）的安全处理、运输和使用。欧盟于 2000 年签署了该议定书，并于 2002 年批准实施，主管部门是欧盟委员会联合研究中心、欧洲食品安全局转基因生物专家组、欧盟委员会环境总司和欧盟委员会健康与消费者保护总司（DG SANCO）。

欧盟委员会第 1946/2003 号条例管辖转基因产品的越境转移，是落实《卡塔赫纳生物安全议定书》的欧盟法律。转基因活生物体的越境转移程序包括：向进口方发送通知；向生物安全信息交换所提供信息；识别相应的文件编制要求。可登录《卡塔赫纳生物安全议定书》网站获得欧盟的相关资料。

**2. 《名古屋遗传资源议定书》**

《名古屋遗传资源议定书》旨在以公平的方式共享利用遗传资源产生的利益，包括适当获得遗传资源以及适当转移相关技术。欧盟于 2011 年签署了该议定书。

欧盟制定了第 511/2014 号条例来实施该议定书的强制要求，并于 2014 年 10 月生效。根据该条例，遗传资源的使用者必须确保该遗传资源的获得和使用符合规定，要求保存和传递获得该遗传资源的信息。

欧洲种子协会认为，创制植物品种中使用的遗传资源数量非常多，这将会造成沉重的行政管理负担，使大多数的小企业无法执行该条例。

## （十三）国际公约/论坛

欧盟各成员国在国际论坛上基本表达了相似的生物技术立场。欧盟及 28 个成员国都是国际食品法典委员会的成员。欧盟委员会在国际食品法典委员会中代表欧盟；欧盟委员

① 欧洲专利局的决定。

会健康与消费者保护总司为联系单位。欧盟所有成员国都签署了《国际植物保护公约》（IPPC），欧盟委员会健康与消费者保护总司为官方联系单位，欧盟近期在《国际植物保护公约》对植物生物技术有关的议题上没有采取任何立场。

### （十四）相关问题

欧盟委员会资助了为期3年、耗资776万欧元的“转基因生物风险评估与证据交流”项目（GRACE），旨在全面审查转基因植物对健康、环境和社会经济的影响。此外，该项目还测试了各种类型的动物饲养试验和体外可替代的方法，评估衡量它们对转基因食品和饲料的健康风险评估提供了哪些有用的科学信息。项目最终结论和建议于2015年底发布。主要项目成果如下。

（1）采用全食品或饲料进行为期90天的喂养研究（遵循经济合作与发展组织或欧洲食品安全局指南及现行做法）不能为MON810玉米安全性提供更多信息。

（2）体外替代方法非常有前景，但不能替代动物饲养试验。

该项目还建立了系统收集和评估现有的转基因植物对环境、健康和社会经济影响（风险和效益）的科学证据的新方法，包括系统审查和证据图等。更多信息可登录项目网站及欧盟委员会网站查询。

## 三、销售

### （一）公共/私营部门意见

自20世纪90年代首次引入农业生物技术以来，欧盟不同类型的社会组织一直反对农业生物技术。这些社会组织普遍反对经济增长和全球化，他们从技术进步及广泛应用的活动中看到的更多是风险而非机遇。其中一些组织捍卫理想科学，只注重理解现象，而不是发展有用的和有益的应用；另外一些组织则遵循汉斯·约纳斯（Hans Jonas）和布鲁诺·拉图尔（Bruno Latour）等哲学家的思想，拒绝或强烈批判科学和进步。他们对一般的新技术持怀疑态度，认为生物技术很危险，公共利益价值很小，而且研发公司是以共同利益为代价谋取私利。这些组织致力于游说公共主管部门，蓄意破坏试验田和种植转基因作物的农田，并通过宣传来加深公众的担忧。目前世界上种植的大多数转基因植物均为抗虫害或耐除草剂植物，将为农民而非消费者带来直接益处，这一事实使得反生物技术团体的宣传更容易为公众所接受。这些团体通过直接游说或间接影响公众舆论，在限制欧盟采用生物技术的法规条例的通过中发挥了重要作用。

支持欧盟采用转基因植物的包括农业领域的科学家、专业人士、农民、种子公司，以及饲料生产和经营者。公众对他们的知悉度低于反生物技术团体。

公众舆论普遍表示不信任生物技术企业。尽管开展了一些公共研究，但知悉度较低，即便公共研究较之非政府组织和私营公司开展的研究更为可信和中立。提供消费者受益和环境友好的转基因作物在一定程度上改变了争论的趋势；生产纤维和能源为目的的转基因作物受到争议小于食用的转基因作物，用于医疗的转基因植物则基本不受争议。

## （二）市场接受度研究

**1. 欧盟各国接受度存在显著差异**

欧盟各成员国对转基因作物的接受度存在显著差异，可以分为三大类。

（1）接受农业生物技术的国家，包括 Bt 玉米生产国（西班牙、葡萄牙、斯洛伐克和捷克），以及如果欧盟批准种植更多转基因作物的情况下有可能生产转基因作物的成员国（丹麦、爱沙尼亚、芬兰、比利时北部的佛兰德斯、荷兰、罗马尼亚及英国的英格兰）。这些国家政府和行业通常对农业生物技术采取开放的态度。例如，英国政府自 2012 年起采取开放立场，支持采用农业生物技术。

（2）对农业生物技术态度矛盾的国家，这些国家科学界、农民和饲料行业愿意采用农业生物技术，但是消费者和政府（受到反生物技术团体的影响）拒绝采用农业生物技术。其中，法国、德国和波兰过去曾种植过 Bt 玉米，但是此后实施了种植禁令。比利时南部地区（瓦隆）、保加利亚、爱尔兰和立陶宛受法国和波兰等周边国家的影响较大。瑞典曾经也为接受国，但自 2015 年起进入态度矛盾国家之列。北爱尔兰、苏格兰和威尔士自 2016 年（在决定退出转基因作物种植之后）起也进入态度矛盾国家之列。而德国对农业生物技术的反对呼声也越来越大。

（3）反对农业生物技术的国家的大多数利益相关者和政策制定者都拒绝采用农业生物技术，包括中欧和南欧的一些国家（奥地利、克罗地亚、塞浦路斯、希腊、匈牙利、意大利、马耳他和斯洛文尼亚）。拉脱维亚和卢森堡也反对农业生物技术。这些国家的政府通常支持有机农业和地理标志农业，仅少数农民支持种植转基因作物。

**2. 总体趋势**

我们可以从对农业生物技术有较大兴趣的三大群体——农民、消费者和零售商，来讨论对转基因植物的接受度，欧盟层面的总体趋势如下。

（1）欧盟的大多数农民和饲料生产经营者支持农业生物技术。欧盟是主要的转基因产品进口国，进口的转基因产品主要用作畜禽养殖的饲料，因此他们对转基因产品的接受程度比较高。由于转基因品种的粮食产量高、投入相减少，欧盟的大多数农民都支持种植转基因品种，如果有新作物、新品种获得许可，其中许多农民也会种植转基因作物。目前阻碍农民种植转基因作物的主要因素包括：①欧盟仅批准种植一种转基因作物，并且 19 个成员国对转基因作物实施了全国禁令；②大多数成员国都规定必须进行公共农田登记（阐明商业化种植转基因作物的地点），导致很容易被生物技术激进人士破坏，或面临抗议威胁。

（2）消费者认知基本上是负面的。自转基因作物大规模商业化种植以来，欧洲消费者一直受到非政府组织的负面宣传影响，对转基因产品的态度基本上是负面的，他们担心种植和食用这些转基因作物可能存在潜在风险。在种植转基因作物的欧洲国家（比如西班牙），消费者对转基因作物的认知要好一些。

（3）食品零售商根据消费者认知调整其产品供应。欧盟批准了用于食品用途的 50 多种转基因植物。然而，由于消费者的负面认知，大多数食品零售商（尤其是大型超市）只好将这些产品作为非转基因产品销售。他们还担心反对转基因的激进分子破坏贴有转基因标识的产品。各国的情况存在差异，比如英国有越来越多贴有转基因标识的产品实现了成功销售。

欧盟开展了一项“消费者选择”调查研究项目，旨在研究个人购买意图与实际行为的比较，结果表明，消费者个人购买意图（根据转基因食品调查问卷提示给出的答复）与实际购买行为并不一致。实际上，大多数消费者在购物时并不回避购买贴有转基因标识的产品。

**3. 一些欧盟国家就新育种技术展开了争论**

根据其对新育种技术的态度，欧盟成员国可分为三大类。

（1）西班牙和英国支持新育种技术，对新育种技术持开放态度。荷兰政府将新育种技术视为国内植物育种部门的一种重要育种工具。然而，这些国家的反生物技术团体仍有一些反对之声。

（2）多个成员国对新育种技术的态度矛盾，他们的立场尚不明确，但国内的支持和反对力量均很活跃。捷克、法国、德国和意大利就属于这种情况，主要农场组织支持新育种技术，公众意识较低，政府没有表达官方立场或态度矛盾。反生物技术团体向政府提出了反对意见，他们希望新育种技术培育的植物都按照“转基因生物”进行管理。

（3）在大多数欧盟国家，广大公众并不了解新育种技术的农业应用。没有围绕这一问题展开争论。政府没有表达官方立场，而是等待欧盟机构做出结论。奥地利、比利时、保加利亚、克罗地亚、塞浦路斯、丹麦、爱沙尼亚、芬兰、希腊、匈牙利、爱尔兰、意大利、拉脱维亚、立陶宛、卢森堡、马耳他、波兰、罗马尼亚、斯洛文尼亚、斯洛伐克和瑞典就属于这种情况。表1-5列举了有关欧盟转基因植物及植物产品认知度的相关研究。

**表1-5　欧盟转基因植物及植物产品认知度的相关研究**

| 报告 | 备注 |
| --- | --- |
| 欧洲晴雨表生物技术调查 | 欧盟委员会进行的最新调查是2010年 |
| 2010年欧洲人与生物技术，变革之风 | 向欧盟委员会研究总司提交的报告 |
| 欧洲晴雨表食品相关风险调查 | 欧盟委员会进行的最新调查是2010年 |
| 新鲜和加工食品中生物技术的认知比较 | 佛罗里达大学食品与资源经济系2013年开展的一项跨文化研究 |

# 第二部分　动物生物技术

## 一、生产与贸易

### （一）产品研发

进行动物转基因技术研究的成员国包括奥地利、比利时、捷克、丹麦、法国、德国、匈牙利、意大利、荷兰、波兰、斯洛伐克、西班牙和英国，其中大多数国家都研发用于医疗和医药研究目的的转基因动物。

（1）用于疾病治疗研究。通过基因组编辑和基因工程等生物技术研制人类疾病动物模型。

（2）利用转基因猪来制成组织或器官（异种移植）。

（3）利用哺乳动物的乳汁或鸡蛋清生产具有药用价值的蛋白质（血液因子、抗体、疫苗）。此外，蛋白质也可以通过实验室的动物细胞制成。

还有一些国家利用动物生物技术来改良动物品种，如培育高产绵羊和奶牛等。英国的一家公司（Oxitec）正在研发转基因昆虫来解决人类健康和农业问题，如研发转基因橄榄蝇，保护橄榄树免受虫害；研发转基因蚊子，减少作为登革热和寨卡热等疾病传播媒介的蚊子数量；研发转基因小菜蛾。

英国爱丁堡罗斯林研究所的研究人员于1996年研发了克隆羊多莉，并通过基因编辑技术创造了一种抗非洲猪瘟的转基因小猪。

### （二）商业化生产

欧盟没有批准任何转基因动物的商业化应用，一家法国公司与意大利企业合作克隆了运动良种马匹。

### （三）出口

欧盟不出口任何通过生物技术生产的动物及其产品，法国出口克隆运动马匹。

### （四）贸易壁垒

由于伦理和动物福利问题，贸易壁垒主要是公众和政界反对采用动物生物技术改良动物育种。

## 二、政策

### （一）监管框架

#### 1. 政府主管部门

欧洲动物生物技术监管机构有三家：欧盟委员会卫生和食品安全总司；欧盟理事会；欧洲议会，尤其是其下环境委员会、公共卫生与食品安全委员会（ENVI）、农业与农村发展委员会（AGRI）和国际贸易委员会（INTA）。

欧盟转基因动物的监管框架与转基因植物的监管框架相同。2012年，欧洲食品安全局发布了转基因动物食品和饲料风险评估和动物健康与福利方面的指南。2013年，欧洲食品安全局发布了转基因动物风险评估指南。

#### 2. 影响监管决策的政治因素

影响动物生物技术监管决策的利益相关者包括动物福利非政府组织、食品团体、生物多样性倡导者和消费者协会。

#### 3. 可能影响美国贸易的法律法规

欧盟新资源食品条例（欧盟委员会第2015/2283号条例）于2015年11月通过，并于

2015 年 12 月发布。该条例的大部分规定将于 2018 年 1 月 1 日起施行。该条例将废止欧盟委员会第 258/97 号条例和第 1852/2001 号条例。

### （二）新育种技术

欧盟没有制定采用新育种技术生产的动物方面的法律法规。

### （三）标识与可追溯性

与植物生物技术产品一样，欧盟委员会第 1829/2003 号和第 1830/2003 号条例要求对转基因动物食品和饲料加贴转基因标识。

对于克隆动物，欧盟委员会第 2015/2283 号条例第 9 条明确了对新资源食品的标识要求，包括向消费者告知具体的食品特性，如组成、营养价值或营养影响，以及食品的预期用途，以便区分新资源食品与现有食品，或告知消费者对特定人群健康的影响。

### （四）知识产权

转基因动物专利立法框架与转基因植物相同。以下对象不授予欧洲专利。

（1）动物品种。

（2）动物诊断和治疗方法。

（3）改变动物遗传特性的过程，以及通过这些过程产生的动物。

### （五）国际公约/论坛

欧盟及其 28 个成员国是食品法典委员会的成员，下设多个工作组，并且制定了转基因动物指南文件，如转基因动物食品安全评估实施指南。欧盟及其成员国对食品法典委员会讨论的议题拟定欧盟立场声明书。

世界动物卫生组织（OIE）颁布了一些克隆动物使用指南，但尚未制定转基因动物指南。欧盟委员会积极参与世界动物卫生组织的工作，组织欧盟成员国提供意见和建议。

欧盟 28 个成员国中有 21 个成员国都是经济合作与发展组织的成员，下设多个工作组，并制定了生物技术政策指南文件。

欧盟是《卡塔赫纳生物安全议定书》的缔约方，该议定书旨在确保转基因活生物体的安全处理、运输和使用（参见植物生物技术部分《卡塔赫纳生物安全议定书》章节）。

## 三、市场接受度

欧盟公众对动物生物技术的认知度很低，且由于伦理方面的担忧，人们对动物生物技术的敌对态度普遍比植物生物技术更强烈。研发有利于动物福利的性状（如研发无角种牛，这样它们就不必经历切除牛角的痛苦），并提高公众认知水平，有助于提高对动物生物技术的接受度。然而，仍有一部分人会以“不自然”为由而拒绝动物生物技术。人们对动物生物技术的看法随预期用途而异。用于生产食品目的的动物生物技术用途遭到普遍反对，医疗应用则最为人们所接受。此外，公众对转基因昆虫的认知度也很低。

欧盟的一些组织强烈反对动物生物技术，包括动物福利非政府组织、本地食品机构和生物多样性倡导者。

欧盟畜牧业不支持克隆动物或转基因动物的商业化，但是对动物基因组学和用于动物育种的标记辅助选择感兴趣。

根据欧盟委员会2010年开展的生物技术调查的结果，"自然即是优越的"这一理念反映了欧洲食品生产中的主流趋势，"违背自然规律"是转基因食品和动物克隆食品不被接受最重要的原因。

# 第二章 澳大利亚农业生物技术年报

Lindy Crothers，Sarah Hanson

**摘要：**澳大利亚联邦政府非常支持生物技术，承诺为生物技术研发项目提供大量的长期资金支持。有关生物技术的讨论在澳大利亚持续进行，参议院于 2015 年 8 月通过一项议案，支持将转基因作物作为一种“科学严谨的环保农业技术”。目前为止，转基因棉花、油菜和康乃馨仍然是澳大利亚批准商业化的少数几种植物。澳大利亚规定，转基因成分含量超过 1%的转基因作物加工食品在上市之前需获得澳大利亚与新西兰食品标准局的事先批准。此外，此类食品还应加贴标识，指明其包含转基因成分。目前，澳大利亚正对《2001 年基因技术管理条例》进行技术审查，以便明确新技术相关的监管框架。

**关键词：**澳大利亚；农业生物技术；转基因作物；标识；新技术

美国对澳大利亚农业生物技术及其衍生产品的政策和监管框架表现出浓厚的兴趣，因为这将影响美国对澳大利亚的出口。未加工的转基因玉米和大豆尚未获得澳大利亚监管部门的进口批准。转基因成分含量超过 1%的转基因食品必须事先获得批准并加贴标识。这一要求可以限制美国中间产品和加工产品的销售。澳大利亚对农业生物技术相关的政策和看法将影响周边其他国家，他们可能按照澳大利亚的模式来制定其监管框架。

澳大利亚生物技术相关的讨论仍然很重要。联邦政府非常支持生物技术，承诺为生物技术研发项目提供大量的长期资金支持，同时批准了转基因棉花、康乃馨和油菜的商业化。澳大利亚州政府也承诺资助有关的研发活动，但大多数州政府对生物技术的引进持谨慎态度，且其最初暂停了转基因作物的新种植活动。2007 年 11 月，新南威尔士州（NSW）和维多利亚州在完成了国家层面的审查后，解除暂停种植转基因油菜的禁令。2008 年 11 月，西澳大利亚州撤销了的禁令，允许在奥德河地区种植转基因棉花，并于 2009 年 4 月宣布允许开展转基因油菜田间试验。2010 年初，西澳大利亚州通过了一项律法，允许在该州进行转基因油菜的商业化种植，但是每年需要获得政府批准。2016 年的一个法庭案件的判决结果及主要农场游说团体施加的巨大压力，促使西澳大利亚州政府于 2016 年 10 月废除了《2003 年无转基因区法》，这意味着可以在西澳大利亚州合法种植转基因作物，而无须每年申请批准。

南澳大利亚州、塔斯马尼亚州和澳大利亚首都地区（ACT）均维持暂停政策。主要农场团体和联邦政府科学组织反对这一立场，公开表示接受转基因作物。目前澳大利亚种植的棉花，约96%的是转基因品种，这些品种在实施暂停政策之前获得了释放批准。虽然转基因棉花品种在澳大利亚棉花行业占据主导地位，但各州实施的暂停政策延缓了转基因食用作物的商业化及生物技术的采用。

澳大利亚政府发布的《2015年农业竞争力白皮书》中说采用农业生物技术提高了农业竞争的潜力。澳大利亚政府指出："农业生物技术，如转基因作物，有可能通过提高产量和降低投入成本来改变农业生产力。它们还可以通过减少对除草剂和水等投入物的需求来改善环境。"

澳大利亚生物技术相关的讨论继续推进，澳大利亚参议院于2015年8月通过了一项议案，支持将转基因作物作为一种"科学严谨的环保农业技术"；2016年1月，澳大利亚绿党领导人质疑该党要求暂停种植任何转基因生物的长期政策，这一举动获得了澳大利亚农场主集体的支持，但这并未促使该党改变其转基因作物立场。

澳大利亚建立了基因技术和转基因生物的风险管理框架，以及评估和批准转基因食品的程序。《2000年基因技术法》确立了澳大利亚基因技术和转基因生物相关的监管框架。澳大利亚基因技术管理局在评估、监管和许可转基因生物及执行许可条件方面发挥着重要作用。在转基因食品上市前必须进行评估，确定安全性并获得批准。澳大利亚与新西兰食品标准局（FSANZ）制定了转基因食品标准，并将其纳入了《澳新食品标准法典》中。此外，对于转基因材料或新蛋白质成分含量超过1%的转基因食品及具有转基因特征的食品，澳大利亚要求加贴标识。含有转基因成分的食品进口需要遵守相同的规定。

到目前为止，转基因棉花、油菜籽和康乃馨品种仍然是澳大利亚批准商业释放到环境中的少数几种农作物。新南威尔士州、维多利亚州和西澳大利亚州解除了暂停政策，这使得转基因油菜籽的种植面积迅速增加。目前正在开展其他转基因作物的研究，相关田间试验由澳大利亚基因技术管理办公室（OGTR）监管，包括香蕉、大麦、油菜、棉花、葡萄、印度芥菜、玉米、番木瓜、多年生黑麦草、菠萝、红花、甘蔗、高羊茅、蝴蝶草、小麦和白三叶草等作物。其中，转基因油菜籽、玉米、棉花、大豆、甜菜、马铃薯、苜蓿和水稻衍生产品已经获得了批准。《澳新食品标准法典》附表26中给出了目前获批的转基因食品产品列表。

对于在澳大利亚尚未获得监管部门批准的转基因生物，美国的出口机会明显受到限制，尤其是对美国饲料谷物（如未加工的玉米和大豆）的出口影响最为显著。除了这一市场准入限制外，澳大利亚不允许进口大量谷物或谷物产品，因为要通过植物检疫来限制外来杂草种子。

# 第一部分　植物生物技术

## 一、生产与贸易

### （一）产品研发

澳大利亚田间试验批准情况和试验地点可登录澳大利亚基因技术管理办公室网站查

询：http：//www. ogtr. gov. au/internet/ogtr/publishing. nsf/Content/map。澳大利亚联邦科学与工业研究组织（CSIRO）目前正对农业、生物安全和环境科学领域等一系列其他新育种技术开展研究。

（1）RNAi（基因沉默）技术：用于研发具有有益性状的小麦品种；提高水产养殖生产力；研发抗病毒植物；研发更健康的棉籽油和更好的生物燃料。

（2）标记辅助育种技术：一种允许育种者不使用转基因方法来追踪基因的常规技术。相关项目包括识别抗性基因，为种植者提供使葡萄酒免受霉变的品种。

## （二）商业化生产

转基因棉花、油菜籽和康乃馨品种是澳大利亚基因技术管理局批准商业释放的少数转基因植物。据估计，澳大利亚几乎所有棉花种植区均种植了转基因棉花品种。2003 年，澳大利亚基因技术管理局批准了两种商业化释放的转基因油菜籽品种。2008 年，在新南威尔士州和维多利亚州解除暂停政策后，澳大利亚首次进行了转基因油菜籽的商业化种植。2008 年 11 月，西澳大利亚州撤销了的禁令，允许在奥德河地区种植转基因棉花，并于 2009 年 4 月宣布在该州的 20 个地点开展转基因油菜籽田间试验。2016 年 10 月，西澳大利亚州废除了《2003 年无转基因区法》，允许在该州自由种植获批的转基因作物。

2006 年，转基因康乃馨成为首个由澳大利亚基因技术管理局评估为“对人或环境造成最小风险，且足够安全供任何人使用无须申请获得许可证”的转基因产品，因此转基因康乃馨已在转基因登记系统进行注册。

**1. 转基因棉花**

自 1996 年批准和引进首个转基因品种以来，澳大利亚已经进行了转基因棉花的商业化种植。澳大利亚约 96%的棉花为转基因品种。此外，澳大利亚正在研发更多新的转基因棉花品种。

**2. 转基因油菜**

自 2003 年以来，澳大利亚基因技术管理办公室批准了一系列转基因油菜品种。2008 年，在新南威尔士州和维多利亚州政府解除暂停转基因油菜的商业化种植后，转基因油菜在澳大利亚首次实现了商业化种植。2009 年，西澳大利亚州允许开展转基因油菜试验，并于 2010 年首次进行转基因油菜的商业化种植。

澳大利亚 2016 年种植转基因油菜的面积超过 44.8 万公顷，而 2015 年为 43.7 万公顷。转基因油菜种植面积目前约占油菜总面积的 21%。1 000多位农民种植了转基因油菜，其中 180 位种植者是首次种植（表 2-1）。

**表 2-1　澳大利亚转基因油菜种植面积**

单位：公顷

| | 2009 年 | 2010 年 | 2011 年 | 2012 年 | 2013 年 | 2014 年 | 2015 年* | 2016 年* |
|---|---|---|---|---|---|---|---|---|
| 新南威尔士州 | 13 930 | 23 286 | 28 530 | 40 324 | 31 573 | 52 000 | 51 870 | 55 143 |
| 维多利亚州 | 31 186 | 39 405 | 22 272 | 19 012 | 21 232 | 37 000 | 47 137 | 46 582 |
| 西澳大利亚州 | | 86 006 | 94 800 | 121 694 | 167 596 | 260 000 | 337 527 | 346 000 |

（续）

| | 2009 年 | 2010 年 | 2011 年 | 2012 年 | 2013 年 | 2014 年 | 2015 年* | 2016 年* |
|---|---|---|---|---|---|---|---|---|
| 全国转基因油菜面积 | 45 116 | 148 697 | 145 602 | 181 030 | 222 401 | 349 000 | 436 534 | 447 725 |
| 油菜总面积 | 1 390 000 | 1 590 500 | 1 815 000 | 2 687 000 | 2 480 000 | 2 607 000 | 2 000 000** | 1 953 000** |
| 转基因油菜占比 | 3% | 9% | 8% | 7% | 9% | 13% | 22%** | 23%** |

* 2009—2014 年的播种量为 2.5 千克/公顷，2015 年以后为 2.0 千克/公顷。随着时间的推移，改良的作物遗传特性、活力有助于降低播种量。

** 2015 年和 2016 年的总种植面积数据代表仅种植转基因油菜的州（即西澳大利亚州、维多利亚州和新南威尔士州）。

数据来源：澳大利亚农业生物技术委员会。

## （三）出口

澳大利亚种植的转基因作物由澳大利亚研发。由于澳大利亚种植的棉花几乎全部为转基因品种，因此澳大利亚出口的所有棉花和棉花产品几乎都是转基因品种，但澳大利亚并不向美国出口棉花。2015 年，澳大利亚向美国出口了 3 491 吨棉花种子（关税代码：1207.29）。这些种子很可能也是转基因品种。

澳大利亚农业与水资源部（DAWR）为肉类、乳制品、鱼类、活体动物、植物和蛋类以及非监管类产品（蜂蜜、加工食品）制定了一份在线的《进口国要求手册》（MICoR）。这些数据库列出了进口国是否要求宣布含有转基因成分。

## （四）进口

根据《2000 年基因技术法》，转基因生物及其产品进口必须获得批准或授权。这意味着活体转基因生物的进口也在该法案的管辖范围内。任何转基因材料进口都需要向澳大利亚基因技术管理办公室申请并获得许可或授权。基因技术管理办公室和农业与水资源部将密切协作规范和执行转基因生物的进口管理。进口许可申请表中包含转基因相关的内容，当已知进口种子或谷物可能混合有一定数量的转基因材料时，进口商必须在“进口检疫材料许可申请表”中的相关问题下注明为“是”，以便将相关情况告知给澳大利亚农业与水资源部。许可申请表还要求进口商根据《2000 年基因技术法》提供相关授权的详细说明（例如澳大利亚基因技术管理办公室颁发的许可编号和评估机构生物安全委员会的名称）。为了验证相关授权，农业与水资源部可能与基因技术管理办公室交流进口商的申报信息。

含有转基因材料的食品必须获得澳大利亚与新西兰食品标准局的批准，而且转基因成分含量超过 1%，则必须加贴标识才可以在澳大利亚出售。这一规定对国产和进口食品都适用。目前获批的转基因食品列表载于《澳新食品标准法典》“标准 1.5.2”中。

加工动物饲料，如大豆粕，不在澳大利亚生物技术法律的覆盖范围之内，因此这些产品的进口无须事先获得批准或许可。但是，澳大利亚对某些产品实施检疫监管。作为饲料进口的未加工转基因产品（如大豆种子等）需要从澳大利亚基因技术管理办公室获得许可证，因为此类种子可能被释放到环境中。

### （五）粮食援助

澳大利亚不提供任何直接的粮食援助。澳大利亚外交事务和贸易部（DFAT）通过世界粮食计划署和联合国粮农组织等机构提供人道主义粮食援助。

## 二、政策

### （一）监管框架

《2000 年基因技术法》是澳大利亚国家监管框架的一部分，于 2001 年 6 月 21 日生效。该法案和《2001 年基因技术管理条例》为澳大利亚基因技术管理局提供一个全面的流程评估活体转基因生物所有相关活动，包括从认证实验室的研究工作到转基因生物全面释放到环境中的所有活动，同时赋予澳大利亚基因技术管理局监管和执行许可条件的广泛权力。联邦与州及辖地之间达成的政府间协议构成澳大利亚转基因生物监管体系的基础。基因技术立法和治理论坛（LGFGT，前身是基因技术部长级理事会），由联邦、州和辖地部长组成，对监管框架实施广泛监督，并就支撑立法的政策提供指导意见。基因技术常务委员会（由所有司法管辖区的高级官员组成）向基因技术立法和治理论坛提供高层次支持。

《2000 年基因技术法》的目的是："通过识别基因技术可能引起和导致的风险，并通过管理特定转基因生物活动来控制风险，以此保护人类健康和安全，保护环境。"

《2000 年基因技术法》禁止所有转基因生物活动，以下情况除外。

（1）获得许可的活动。

（2）须申报的低风险活动。

（3）包含在转基因登记系统中。

（4）"应急处置决定"中指明的活动。

《2000 年基因技术法》的主要特点是，建立独立的基因技术管理局。基因技术管理局遵循透明和负责的原则，管理澳大利亚所有转基因生物活动，并确保满足所有审批条件。基因技术管理局将广泛咨询社区、研究机构和私营企业的意见。基因技术管理局也与其他监管机构相联系，协调转基因产品使用和销售的审批事宜（表 2-2）。按照《2000 年基因技术法》要求，在澳大利亚基因技术管理办公室官网（www.ogtr.gov.au）上建立了"转基因生物活动和转基因产品政府备案记录"。

**表 2-2　澳大利亚转基因技术的监管机构**

| 机构 | 监管内容 | 职权范围 | 相关立法 |
|---|---|---|---|
| 澳大利亚基因技术管理办公室（OGTR，为基因技术管理局提供支持） | 转基因生物活动 | 基因技术管理局负责实施澳大利亚全国转基因生物监管框架，识别基因技术带来的潜在风险，并通过管理特定转基因生物活动来控制这些风险，以保护公众健康和安全，同时保护环境 | 《2000 年基因技术法》 |

（续）

| 机构 | 监管内容 | 职权范围 | 相关立法 |
|---|---|---|---|
| 澳大利亚药物管理局（TGA） | 药品、医疗器械、血和组织非结合型药物 | 澳大利亚药物管理局负责制定法律，为澳大利亚的药品、医疗器械、血和组织非结合型药物（包括转基因药物）提供全国性的管理框架，以确保其质量、安全与疗效 | 《1989 年药物法》 |
| 澳大利亚与新西兰食品标准局（FSANZ） | 食品 | 澳大利亚与新西兰食品标准局负责制定食品安全、成分和标识标准，对采用基因技术生产的产品开展强制性的上市前安全评估 | 《1991 年澳大利亚与新西兰食品标准局法》 |
| 澳大利亚农药和兽药管理局（APVMA） | 农业和兽医化学品 | 澳大利亚农药和兽药管理局负责实施管理所有农业化学品（包括转基因作物衍生化学品）及兽医治疗产品的全国机制。评估与人类和环境安全、产品疗效（包括抗杀虫剂和除草剂抗性管理）及残留相关的贸易问题 | 《1994 年农业和兽医化学品（规范）法》<br>《1994 年农业和兽医化学品管理法》 |
| 国家工业化学品通告和评估计划局（NICNAS） | 工业化学品 | 国家工业化学品通告和评估计划局为保护公众、工人和环境健康，使其免受工业化学品的有害影响，制定了全国通报和评估计划 | 《1989 年工业化学品（通报和评估）法》 |
| 澳大利亚农业与水资源部 | 检疫 | 澳大利亚农业与水资源部负责管理可能引起检疫虫害或疾病风险的所有动植物和生物产品的进口。进口许可证申请必须指明是否含有转基因生物或转基因材料，以及根据《2000 年基因技术法》获得相关授权 | 《2015 年生物安全法》 |

《2000 年基因技术法》还设立了两个咨询委员会，为基因技术管理局与基因技术立法和治理论坛（前身是基因技术部长级理事会）提供建议。

（1）基因技术咨询委员会（GTTAC），由一批高素质专家组成，为各项申请提供科学技术建议。

（2）基因技术伦理与社区咨询委员会（GTECCC）：就转基因材料和产品的伦理问题和社区普遍关心的问题提出建议。

《2000 年基因技术法》区分了转基因生物和转基因产品。转基因产品是指由转基因生物衍生或生产的产品（根据《2000 年基因技术法》第 10 条定义）。澳大利亚基因技术管理办公室不直接管理澳大利亚转基因产品的使用。然而，在许多情况下，转基因产品的使用受到其他监管机构的监管，如图 2-1 所示。

澳大利亚政府《2015 年农业竞争力白皮书》在问题报告部分中介绍了采用农业生物技术提高农业竞争力的潜力（问题 6：提高供应链投入竞争力）。该报告指出："农业生物技术，如转基因作物，有可能通过提高产量和降低投入来改变农业生产力。它们还可以通过减少除草剂和水等投入量来减轻农业对环境的影响。展望未来，转基因作物可以更好地改善种植系统，抵御干旱、霜冻和其他气候挑战。生物技术还可以允许农业系统生产药物和工业所需产品，从而扩大农民经营市场。鉴于生物技术对农业的潜在效益，消费者有信心的监管制度是确保充分实现生物技术提高农业效益的重要保障。澳大利亚建立了一个强有力的监管框架来应对转基因生物和转基因食品可能引起的任何风险，但是一些州和辖地

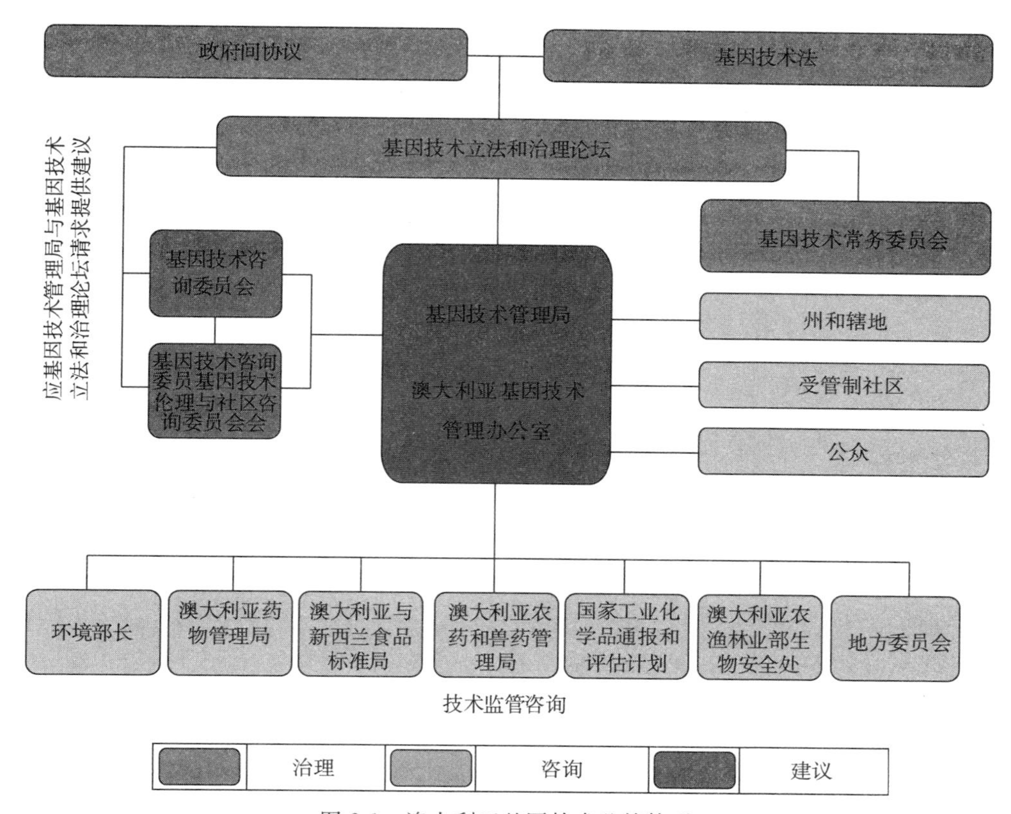


图 2-1　澳大利亚基因技术监管体系

继续限制种植转基因作物，这可能限制农民采用最新技术来提高生产力。”

澳大利亚政府 2014 年 10 月发布的绿皮书（咨询文件）指出：“许多利益相关者对转基因生物监管提出了意见，一些人提倡利用转基因技术来提高澳大利亚农场的生产力，另外一些人则认为不种植转基因作物更有利于市场销售。澳大利亚建立了一个强有力的监管框架来管理转基因技术可能造成的任何风险。一些州和辖地出于销售原因继续限制种植转基因作物。利益相关者指出国家协调一致的重要性。政府认为，农民应该选择采用最适合其业务需求的方法，包括采用转基因技术。”

## （二）审批

表 2-3 列出了目前澳大利亚已经批准的“转基因”有意释放活动信息。

**表 2-3　澳大利亚“转基因”有意释放活动摘要**

| 作物 | 申请人 | 改进性状 | 许可证用途 |
|---|---|---|---|
| 小麦 | 维多利亚州经济发展、就业、交通和资源部 | 提高氮和水利用效率，抗非生物胁迫，提高产量，含有除草剂选择标记 | 田间试验 |
| 甘蓝型油菜 | 澳大利亚先锋良种公司 | 耐除草剂 | 商业释放 |
| 甘蓝型油菜 | 拜耳作物科学公司 | 耐除草剂、杂交育种系统 | 商业释放 |

（续）

| 作物 | 申请人 | 改进性状 | 许可证用途 |
| --- | --- | --- | --- |
| 棉花 | 澳大利亚联邦科学与工业研究组织 | 提高纤维质量，含有抗生素选择标记 | 田间试验 |
| 甘蔗 | 昆士兰大学 | 提高糖分含量，含有抗生素选择标记 | 田间试验 |
| 康乃馨 | 国际花卉研发有限公司 | 改变花色，含有除草剂选择标记 | 鲜切花的商业进口和销售 |
| 棉花 | 拜耳作物科学公司 | 抗虫和耐除草剂 | 田间试验 |
| 红花 | Go Resources 公司 | 高油酸含量，含有抗生素选择标记和报告基因 | 田间试验 |
| 小麦（六倍体） | 莫道克大学 | 改良小麦品质，含有除草剂选择标记 | 田间试验 |
| 甘蔗 | 澳大利亚糖业研究公司 | 耐除草剂 | 田间试验 |
| 小麦和大麦 | 阿德莱德大学 | 抗非生物胁迫，提高产量，改良微量营养成分，有利于人类吸收，含有抗生素选择标记 | 田间试验 |
| 甘蓝型油菜 | 澳大利亚孟山都公司 | 耐除草剂 | 商业释放 |
| 棉花 | 澳大利亚孟山都公司 | 耐除草剂和抗虫 | 商业释放 |
| 甘蓝型油菜 | Nuseed 公司 | 改变菜籽油组成成分的含量，更有利于人类营养和动物健康，还含有选择标记 | 田间试验 |
| 小麦 | 维多利亚州环境与初级产业部 | 抗非生物胁迫，稳产，含有除草剂选择标记 | 田间试验 |
| 红花 | 澳大利亚联邦科学与工业研究组织 | 增加油酸含量，含有抗生素选择标记和报告基因 | 田间试验 |
| 棉花 | 澳大利亚孟山都公司 | 抗虫和耐除草剂 | 田间试验 |
| 棉花（海岛棉） | 澳大利亚孟山都公司 | 耐除草剂 | 商业释放 |
| 小麦和大麦 | 澳大利亚联邦科学与工业研究组织 | 改良营养成分，提高营养利用效率，提高产量，含有抗生素选择标记 | 田间试验 |
| 棉花 | 澳大利亚联邦科学与工业研究组织 | 提高产量，含有抗生素选择标记 | 田间试验 |
| 棉花 | 拜耳作物科学公司 | 抗虫和耐除草剂，含有抗生素选择标记 | 田间试验 |
| 小麦和大麦 | 澳大利亚联邦科学与工业研究组织 | 改变谷物组成成分，提高营养利用效率，抗病或抗逆等，稳产，含有抗生素和除草剂选择标记 | 田间试验 |
| 香蕉 | 昆士兰科技大学 | 增加营养成分，含有抗生素选择标记和报告基因 | 田间试验 |
| 油菜 | 拜耳作物科学公司 | 耐除草剂，用于杂交育种系统 | 商业释放 |
| 甘蓝型油菜和芥菜型油菜 | 拜耳作物科学公司 | 耐除草剂，用于杂交育种系统 | 田间试验 |
| 甘蓝型油菜 | 维多利亚州初级产业部 | 提高产量，延迟叶片衰老，含有抗生素选择标记 | 田间试验 |
| 小麦和大麦 | 阿德莱德大学 | 抗非生物胁迫，稳产，提高营养成分，含有抗生素选择标记 | 田间试验 |
| 棉花 | 澳大利亚陶氏益农公司 | 抗虫，含有除草剂选择标记 | 商业释放 |
| 白三叶草 | 维多利亚州初级产业部 | 抗苜蓿花叶病病毒，含有抗生素选择标记 | 田间试验 |

（续）

| 作物 | 申请人 | 改进性状 | 许可证用途 |
| --- | --- | --- | --- |
| 棉花 | 澳大利亚联邦科学与工业研究组织 | 改变棉籽油脂肪酸成分，含有抗生素选择标记 | 田间试验 |
| 甘蓝型油菜和芥菜型油菜 | 拜耳作物科学公司 | 耐除草剂，用于杂交育种系统 | 田间试验 |
| 棉花 | 澳大利亚孟山都公司 | 耐除草剂、抗虫，可选标记——抗生素，报告基因表达 | 南纬 22°以北的商业释放 |
| 棉花 | 拜耳作物科学公司 | 耐除草剂 | 商业释放 |
| 白三叶草 | 维多利亚州初级产业部 | 抗苜蓿花叶病病毒，含有抗生素选择标记 | 田间评估 |
| 甘蓝型油菜 | 拜耳作物科学公司 | 耐除草剂，用于杂交育种系统 | 商业释放 |
| 甘蓝型油菜 | 澳大利亚孟山都公司 | 耐除草剂 | 全面释放 |

## （三）复合性状转化体审批

复合性状转化体必须获得澳大利亚基因技术管理办公室批准。复合性状可以通过两种途径得到商业化许可，一是通过许可申请过程或许可变更程序，使特定复合性状转基因生物列入许可清单中，二是按照特殊许可条件要求规定，如果亲本都已获得许可，那么它们杂交获得复合性状转基因生物后代可自动获得许可。

## （四）田间试验

澳大利亚批准进行田间试验的产品已在表 2-3 中列明。

## （五）新育种技术

《2000 年基因技术法》第 10 条给出了“生物技术”和“转基因生物”的广义定义。《2001 年基因技术管理条例》对这些定义提出了一些例外情况，其中的一些定义自 2001 年以来没有发生改变。根据现行立法，将现行定义应用于某些新技术仍面临一些挑战，但基因技术管理局必须根据现行法律管理。

澳大利亚于 2016 年 10 月对《基因技术条例 2001》进行技术评审，对基因编辑产品提出了四种管理模式，并于 2017 年 9 月 15 日前完成了公众评议，2019 年 4 月 10 日，澳大利亚正式发布对基因编辑产品的管理规定，并于 2019 年 10 月 8 日开始生效。

## （六）共存

自 1996 年商业化种植转基因棉花品种以来，澳大利亚便出现了转基因、常规和有机作物共存的情况。作为申请获得转基因作物种植许可证的一部分，澳大利亚基因技术管理办公室规定了作物种植条件，以确保不与邻近的常规或有机作物出现交叉污染。对于转基因生物环境释放许可证申请，澳大利亚基因技术管理局必须就风险评估和风险管理计划咨询州和辖地、其他澳大利亚政府机构、相关地方委员会和公众的意见。各州制定的具体法规和规范中对分离和共存及其他销售和经济问题作出了规定。

2014 年 3 月对转基因油菜种植者开展的一项调查发现，共存政策既不影响农场主与邻居或附近的农场社区和睦相处，也不影响农场主是否种植转基因油菜，或者增加转基因油菜种植面积的决定。

在澳大利亚 2014 年的一个法庭案件中，一位种植有机作物农民起诉其邻居种植的转基因油菜污染了他的农田，这使得转基因作物与有机作物的共存问题开始引起人们的关注。最终判决指出，国家可持续农业协会制定的澳大利亚有机标准不明晰，其零容忍政策不符合现实，也与欧盟和日本等其他国家的百分比阈值存在很大差异，美国建立了一个基于流程的系统来视具体情况处理违规行为，而澳大利亚有机标准仅为有机行业标准，并没有制定有机生产政府标准。

## （七）标识

**1. 转基因食品标识**

澳大利亚与新西兰食品标准局是澳大利亚负责审批澳大利亚市场的转基因食品产品的政府机构。2001 年 12 月 7 日，澳大利亚开始实行强制性转基因食品标识，即最终食品中含有外源 DNA 或蛋白质的都必须加贴标识。《澳新食品标准法典》“标准 1.5.2”中有标识规定。

根据该标准，标有转基因食品标识的食品或成分含有新遗传物质和蛋白质，或者与传统食品相比，已经改变了特性，特别是营养价值。由转基因生物获得的调味料，当其在食品中含量超过 1 克/千克（0.1%）也需要标记。如果食品添加剂与加工助剂中的外源基因没有出现在最终食品中，则不需要标记。

根据标识标准，如果含有 1%的转基因成分，则包装食品必须在食品名称附近标注“转基因”字样，或者在成分列表中的具体成分附近进行标注。对于零售的非包装食品（如非包装水果和蔬菜，或非包装加工或半加工食品），必须在食品或食品具体成分附近标注“转基因”字样。

转基因棉籽精炼油不要求加贴标识，因为转基因棉籽精炼油中不含有转基因材料，其与常规棉籽油无明显差异。

**2. 转基因饲料产品标识**

含有转基因材料的动物饲料由澳大利亚基因技术管理办公室进行管理。澳大利亚基因技术管理办公室将考虑产品相关的生物安全风险，并在必要时采用特殊条件，或可能禁止将产品用作动物饲料。例如，在转基因产品完成田间试验后，开展试验的材料产生的副产品（如未成熟的种子）有可能用作动物饲料。但是在此之前，澳大利亚基因技术管理局将考虑一切风险，并在必要时采用特殊条件禁止将这些产品用作动物饲料。

澳大利亚农业部与基因技术管理办公室负责对全部转基因谷物产品（包括油菜籽）进口作为动物饲料批准。澳大利亚农业与水资源部对此类进口产品进行检验检疫和认证，以确保产品无病虫害，并执行特定的许可证条件，以确保产品满足要求。澳大利亚基因技术管理办公室负责对进口产品进行评估，给符合要求的产品颁发许可，并可能要求除澳大利亚农业与水资源部所要求条件以外的其他条件。

澳大利亚的集约化畜牧业使用大量的转基因饲料产品。澳大利亚大部分的大豆粕为进口产品，其中有从美国进口的。澳大利亚使用的所有棉籽粕均视为转基因产品，因为澳大利亚种植的棉花几乎全部为转基因品种，并且通常不区分转基因和非转基因品种。

澳大利亚的转基因动物饲料不要求加贴特殊标识。

### （八）监测与测试

为了确保转基因产品满足监管要求，澳大利亚基因技术管理办公室合规处负责根据《2000年基因技术法》开展监测、审计、检查和调查。监测和合规活动也包括风险评估和管理以及机构的活动审查和报告。

### （九）低水平混杂政策

澳大利亚批准了“国际转基因低水平混杂声明”。

2005年10月，在运送传统油菜过程中无意混入转基因油菜实验品种时，澳大利亚国家层面就阈值达成一致。基础工业部长理事会（由澳大利亚政府和各州的部长们组成）同意传统油菜中无意混杂转基因油菜（包括谷物和种子）的阈值。基础工业部长理事会认可的两个阈值如下。

（1）第一个是由澳大利亚油籽联盟支持的阈值，即传统油菜籽中无意混杂转基因成分的阈值是0.9%。

（2）第二个是由澳大利亚种子联盟根据两年的研究以及同油菜种协会的磋商阈值，即油菜籽中无意混杂转基因成分的阈值，最初为0.5%，其后下降到0.1%。

2005年，澳大利亚政府生物技术部长级理事会批准了一项基于风险的国家战略，以管理播种的进口种子中意外混入未获批准的转基因成分问题。澳大利亚基因技术管理办公室负责实施该战略，并采用风险管理方法，利用专用资源来处理意外混入概率最高的领域的意外混入事件（表2-4）。

**表2-4　“未获批准的转基因生物意外混入”国家战略的组成要素**

| 组成要素 | 描　述 |
|---|---|
| 风险分析——识别意外混入概率最高的进口种子 | 澳大利亚基因技术管理办公室和澳大利亚农业与水资源部签署了一份获取进口数据的谅解备忘录，用于播种的进口种子数据、转基因生物海外商业生产的信息及环境部等相关机构提供的资料用于确定12种重点作物 |
| 质量保证/身份保持 | 企业使用质量保证和身份保持系统来确保种子质量。澳大利亚基因技术管理办公室制定了一个审计和测试企业质量保证系统的计划，并已经过企业同意 |
| 企业实验室测试 | 测试计划采用自愿原则，企业需要确保自身具备管理进口的未获批准种子风险的能力 |
| 澳大利亚监管机构审批/预先风险评估 | 澳大利亚基因技术管理办公室为12种作物（油菜、棉花、玉米、马铃薯、番茄、番木瓜、大豆、西葫芦、苜蓿、草坪草、水稻和小麦）制定了转基因事件应急响应文件，风险分析结果表明这12种进口种子中意外混入转基因成分的概率最高。如果发现未获批准的转基因种子意外混入，这些文件将为快速风险评估和处理提供依据 |
| 上市后检测 | 澳大利亚基因技术管理办公室认识到了防止未获批准的转基因生物意外进口的立法局限性，因此与企业合作制定了一个自愿守则，目标是尽早发现商业种子供应链中的风险。澳大利亚基因技术管理办公室建立了调查潜在的意外混杂信息项目支持此项行动 |

（续）

| 组成要素 | 描 述 |
| --- | --- |
| 执法行动 | 如果发现未获批准的转基因无意混杂事件，则基于具体风险采取适当的措施。澳大利亚基因技术管理办公室继续与澳大利亚政府机构、相关行业组织以及州政府合作处理这一问题 |

资料来源：澳大利亚基因技术管理办公室。

### （十）知识产权

植物知识产权由澳大利亚知识产权局按照《1994 年植物育种者权利法》进行管理。

### （十一）《卡塔赫纳生物安全议定书》批准

澳大利亚尚未签署或批准《卡塔赫纳生物安全议定书》，澳大利亚政府也没有考虑加入的时间。这主要是因为担心议定书的实际执行方式（文件要求、责任和合规安排），不确定各缔约方将如何实施议定书，及各缔约方在实施议定书的过程中是否履行其国际义务，同时也不确定单个国家影响决策的能力。澳大利亚政府认为，澳大利亚不需要借助议定书来管理转基因产品进口，因为澳大利亚已经建立了强有力的监管框架。

### （十二）国际公约/论坛

根据《2000 年基因技术法》第 27 条，澳大利亚基因技术管理局的职能包括：监测转基因生物管理相关的国际实践；与其他国家管理转基因生物的组织保持联系；并促进监管机构协调转基因生物和转基因产品相关的风险评估。澳大利亚基因技术管理办公室已经在国际社会树立了较高的声誉。

澳大利亚积极参与多边行动，促进应用科学、透明和可预测的监管方法，促进创新，确保安全可靠的全球粮食供应，包括种植和使用采用创新技术获取的农产品。自 2001 年启动实施澳大利亚监管计划以来，澳大利亚基因技术管理办公室一直参与多边论坛，并与其他国家的对应机构进行合作。

澳大利亚是支持“创新农业生产技术，特别是植物生物技术的联合声明”的政府（还包括巴西、加拿大、阿根廷、巴拉圭和美国）之一，是《国际植物保护公约》的缔约方，自 1963 年以来一直是国际食品法典委员会的成员国，并参与了经济合作与发展组织生物技术管理监督协调工作组。

### （十三）相关问题

澳大利亚国际农业研究中心制定了一项资助转基因生物合作研究项目的政策。其有关生物技术的政策声明包括以下几点。

（1）赞同生物技术是提高全球粮食安全和减少食品生产对环境影响的有效技术。

（2）承认作物基因工程是研发和改良作物品种的方法之一。

（3）根据合作伙伴国家的具体要求创建合作项目。

（4）仅与建立了有效的转基因生物安全监管和执法体系的国家合作，帮助建立转基因生物研发和测试技术。

（5）澳大利亚国际农业研究中心将与合作伙伴的推广系统建立联系，推广改良品种和技术。

澳大利亚国际农业研究中心是隶属于外交部的法定机构，也是澳大利亚专业的国际农业发展研究机构。它的核心业务是帮助澳大利亚科学家与发展中国家的科学家建立合作伙伴关系，并提供资金支持，此项工作也是澳大利亚政府援助政策的一部分。目前，澳大利亚国际农业研究中心主要在四个地区开展相关工作：巴布亚新几内亚和太平洋岛国，东亚，南亚和西亚以及东部和南部非洲。

## 三、销售

### （一）公共/私营部门意见

2012 年底，澳大利亚工业部委托社区调查公众对生物技术的态度，相关调查结果于 2013 年 3 月发布。调查自 1999 年以来每隔几年进行一次，以确定澳大利亚公众对生物技术和生物技术应用的态度。调查报告的主要结果如下。

（1）男性、年轻人和首都居民更有可能接受转基因食品。

（2）澳大利亚人对转基因食品的担忧不亚于对食品中农药和防腐剂的担忧。

（3）人们更多地支持对健康有益或更便宜的转基因食品，并认为延长保质期或改良口味仅为次要益处。

（4）在过去的几年当中，澳大利亚公众对转基因食品和作物的支持态度基本保持不变，其中，约有 60％的人愿意食用转基因食品，约有 25％的人则不愿意这么做。然而，这一数据将随着转基因食品类别，是否对消费者有益及对有效监管的认知而变化。

（5）从性别、年龄和对科学技术的态度来看，人们对转基因食品的态度存在差异，以 10 分来评判各类人群对转基因食品的支持程度，男性平均评分为 5.2，女性为 4.0；30 岁以下的人的评分普遍高于 30 岁以上的人；高度支持科学的人评分为 6.6，而那些不相信科学的人评分为 4.0。

（6）该研究还发现，十个澳大利亚人中有近九个人听说过修饰植物中的基因来生产食物，1/2 的人认为这样做的益处超过了风险，而 1/6 的人认为风险超过了益处。

（7）1/2 以上（52％）的人赞成在本州种植转基因作物，1/3 的人则反对，但如果转基因作物带来积极的环境结果、提供健康益处或严格遵守法规，那么大约 3/5 的反对者会改变其态度。

（8）相反，如果无法证明转基因作物将带来相关益处或转基因作物将导致农业生产的竞争力下降，那么许多支持种植转基因作物的人也将改变其态度。

该调查报告的完整内容、前几年的调查报告及其他信息可登录澳大利亚工业部网站查询。自 2012 年以来，澳大利亚并未开展追踪调查。

### （二）市场接受度

澳大利亚为生物技术和转基因生物相关活动建立了基于风险评估的监管框架，澳大利亚政府支持农业生产者采用农业生物技术，并且一直是美国在《卡塔赫纳生物安全议定书》方面的盟友，尽管澳大利亚的反生物技术运动促成了严格的标识要求，并鼓励暂停转基因作物种植。

澳大利亚主要的商品集团最初对引进转基因油菜表示担忧，主张采取“循序渐进”的做法，因为他们担心批准转基因油菜的商业化可能对国内和出口业务产生不利影响。2003年和2004年，多个州政府（维多利亚州、新南威尔士州、南澳大利亚州、西澳大利亚州、塔斯马尼亚州和澳大利亚首都辖地），利用商品销售的管理权，暂停了转基因产品的商业化（此前获批的棉花和康乃馨除外）。2007年，新南威尔士州和维多利亚州撤销了对转基因油菜商业化种植的禁令，2008年，这两个州首次商业化种植了转基因油菜。2008年11月，西澳大利亚政府解除了暂停种植禁令，允许在奥德河地区种植转基因棉花；2009年4月，西澳大利亚政府还宣布将在该州的20个地方开展转基因油菜田间试验；2016年10月，西澳大利亚政府废除了《2003年无转基因区法》，允许在该州自由种植获得批准的转基因作物，且无须每年获得批准。南澳大利亚州、塔斯马尼亚州和澳大利亚首都辖地仍继续暂停转基因产品的商业化。

目前，澳大利亚种植的棉花中约有96%为转基因品种，这些转基因棉花的种植鲜有争议。事实上，澳大利亚广泛报道了转基因棉花的环境效益，且杀虫剂和除草剂用量显著减少。转基因棉籽油和棉籽粉已经出现在澳大利亚国内市场上，但并未遭到强烈反对。

# 第二部分　动物生物技术

## 一、生产与贸易

### （一）产品研发

研究人员正使用生物技术来提高澳大利亚动物生产的效率。由大学、合作研发中心以及澳大利亚联邦科学与工业研究组织共同开展的一项研究工作即利用自然遗传变异的牲畜种群来筛选培育产肉、奶和纤维更多的动物品种。基因技术也用于研发预防和诊断牲畜疾病的新型疫苗和治疗方法（表 2-5）。与此同时正在开展另外一项研究，利用新的新育种技术对动物进行基因改造，以便为动物和人类健康提供更多益处，例如利用 CRISPR/Cas9 基因组编辑技术生产抗禽流感的鸡，并改变鸡蛋中的过敏原。澳大利亚联邦科学与工业研究组织目前正对农业、生物安全和环境科学领域进行一系列其他新育种技术研究。

（1）RNAi（基因沉默）技术：用于研发提高鸡群免疫力的新型疫苗和生产抗禽流感等疾病的鸡。

（2）分子标记辅助育种：是一种允许育种者不使用转基因方法仍可以追踪基因的常规技术。相关项目包括澳大利亚 Poll 基因标记测试筛选种牛，培育不需要去角牛的品种。

（3）将性别鉴定技术应用于蛋类和家禽业，有利于解决鸡养殖行业性别筛选问题。

澳大利亚当前的牲畜克隆仅限于少量种牛，估计不到100只肉牛和奶牛以及少数几只羊在限制性环境中进行研究。公共和私人研究机构及大学目前正在开展牲畜克隆的相关工作。

表 2-5　澳大利亚家畜用疫苗批准情况

| 生物 | 申请人 | 改进性状 | 许可证用途 |
| --- | --- | --- | --- |
| 流感病毒 | 临床网络服务有限公司 | 减毒疫苗，用于人类治疗 | 减毒活转基因流感疫苗的临床试验 |
| 牛痘病毒 | 临床网络服务有限公司 | 减毒疫苗，用于人类治疗，提高免疫力，含有报告基因 | 治疗肝癌的转基因病毒的临床试验 |
| 流感病毒 | 澳大利亚阿斯利康公司 | 减毒疫苗 | 减毒活转基因流感疫苗的商业供应 |
| Ⅰ型人类单纯疱疹病毒 | 澳大利亚安进公司 | 减毒疫苗，用于人类治疗，提高免疫力 | 用于癌症治疗的肿瘤筛选转基因病毒的商业供应 |
| 霍乱弧菌 | 澳大利亚 PaxVax 公司 | 减毒疫苗，含有选择标记 | 针对霍乱病的转基因疫苗临床试验 |
| 大肠杆菌 | 澳大利亚硕腾研发制造公司 | 减毒疫苗 | 保护鸡群免受致病性大肠杆菌感染的转基因疫苗商业释放 |
| 黄热病毒（YF17D） | 澳大利亚赛诺菲-安万特公司 | 减毒疫苗，抗原表达疫苗 | 预防日本脑炎的转基因活病毒疫苗（IMOJEV™）的商业释放 |

### （二）生产和进出口

目前，澳大利亚无转基因动物生产、进口和出口。检疫要求是进入澳大利亚的动物产品面临的主要贸易壁垒，这些要求同样适用于转基因动物产品。除此之外，克隆动物或动物产品没有其他生物安全要求。

## 二、政策

### （一）监管框架

澳大利亚的基因技术和动物研究由澳大利亚基因技术管理办公室负责管理。此外，科学研究用途的转基因和克隆动物还需按照澳大利亚科学研究用途动物照料和使用相关的法律和州政府动物福利法律规定进行管理。

澳大利亚基因技术管理办公室将转基因动物视为“须申报的低风险活动”（NLRDs），即“在满足特定风险管理条件的情况下，经评估认定为对人类和环境健康和安全构成较低风险的转基因生物活动”。

澳大利亚农业与水资源部通过进口风险评估来管理动物健康（生物安全）问题。克隆动物或克隆动物产品不视为会构成动物健康或生物安全风险，在进口风险评估中评估无危害等级。牛、绵羊或山羊胚胎进口不受到生物安全限制，这同样适用于克隆动物产品的进口，它们必须遵循与非克隆产品相同的检疫要求。

克隆动物食品不按照转基因生物食品进行管理。澳大利亚与新西兰食品标准局认为，克隆动物及其后代食品与常规育种动物食品一样安全，无须与转基因作物食品一样进行额外的监管。

### （二）标识与可追溯性

澳大利亚目前仅有少量（30～40只）用于育种的克隆牛。克隆动物食品目前尚未进入食品链，但克隆动物后代食品或许已经进入了食品链。澳大利亚研究人员和行业已经就克隆动物食品流入食品链中达成了自愿协议。澳大利亚的克隆动物或其后代食品无须获得上市前批准，也没有特殊的标识要求。更多详细信息请登录澳大利亚与新西兰食品标准局网站查看。

## 三、销售

### （一）公共/私营部门意见

目前，澳大利亚食品链中没有转基因或克隆动物产品。可能正因为这样，媒体似乎没有给出任何支持或反对的评论。在前面章节已经提到，公众总体上对生物技术持支持态度，且随着时间的推移，越来越支持生物技术。公众最初很可能不太接受转基因或克隆动物食品。来自澳大利亚联邦科学与工业研究组织和其他研究机构的科学家们通过经济合作与发展组织联合研究应用转基因动物面临的障碍以及消除这些障碍的途径。

### （二）市场接受度

对于克隆动物食品接受度问题，澳大利亚目前尚未开展具体的市场接受度研究。

# 第三章 加拿大农业生物技术年报

Lina Urbisci，Mihai Lupescu，Jeff Zimmerman

**摘要：**2016 年，加拿大转基因作物的种植面积为 1 030 万公顷，与上一年基本持平。主要的转基因作物包括油菜、玉米、大豆和新增的少量甜菜。加拿大是目前批准种植复合性状作物的少数几个国家之一。2016 年，AquAdvantage 转基因三文鱼成为第一个获得加拿大批准用作食品和动物饲料的转基因动物。

**关键词：**加拿大；农业生物技术；转基因三文鱼；复合性状

根据国际农业生物技术应用服务组织（ISAAA）的报告，加拿大 2015 年转基因作物种植面积为 1 100 万公顷，居世界第五位，位列美国、巴西、阿根廷和印度之后。加拿大转基因作物产量有限，尽管加拿大统计署和加拿大油菜协会提供了转基因玉米、大豆和油菜的种植面积预估数据。

由于加拿大具备强大的研发体系加之与美国毗邻的地域关系，两国在生物技术领域有大量的合作。加拿大是目前批准种植复合性状转基因作物的少数几个国家之一，此外还有美国、澳大利亚、墨西哥和南非。农民种植这些复合性状转基因作物，如种植同时具有抗除草剂和抗两种虫（玉米螟和玉米根虫）的玉米可以得到更好的收益。

2016 年 3 月，加拿大食品检验局（CFIA）和加拿大卫生部批准了 Innate 马铃薯的非限制性环境释放，这是获得商业种植、食品和饲料加工许可的必须过程。2015 年 3 月，管理机构也批准了极地苹果（Arctic Apple）和其他新性状的转基因产品的非限制性环境释放。

加拿大小麦局（CWB）曾是一家垄断性机构，监管加拿大西部生产的所有小麦销售活动。但在 2012 年，该机构缩小规模，并转变成自愿性的市场管理机构。这可能为支持转基因小麦商业化的团体提供更多机会发挥更大作用。2014 年 6 月初，大多数加拿大谷物组织签署了一份国际联合声明，支持小麦领域的创新活动，包括生物技术的未来商业化。

2005 年，加拿大食品检验局和加拿大卫生部对 Roundup Ready® 苜蓿品种开展了牲畜饲料、环境安全和食品评估。2013 年，抗杀虫剂苜蓿研发商向加拿大食品检验局提交了一份品种注册申请。加拿大食品检验局审核了这一申请，并于 2013 年 4 月 26 日进行了品种注册。品种注册完成后，Roundup Ready® 苜蓿种子便可在加拿大进行商业化销售。

2016年春季，牧草遗传国际公司（Forage Genetics International，FGI）开始在加拿大东部出售转基因苜蓿种子。

2013年秋季，加拿大向国会提交了C-18号《农业增长法案》，旨在强化执行植物品种创造或研发的知识产权。2015年2月25日，C-18号法案正式实施，这使得《植物育种者权利法案》与1991年《国际植物新品种保护联盟公约》（UPOV）在很多方面保持一致。

2012年加拿大就“转基因作物低水平混杂和进口管理的国内政策及实施框架建议”进行了公众咨询。根据来自行业利益相关者的反馈意见，加拿大于2015年4月发布了原始草案修正案，并将就继续修订草案展开磋商。

AquAdvantage转基因三文鱼是加拿大获批商业化的第一种转基因动物。2016年5月19日，加拿大卫生部公布了其批准决定，并指出与常规的三文鱼相比，转基因三文鱼并不会增加人类健康的风险，其营养价值并无明显差异。

加拿大的三个监管机构（加拿大卫生部、环境部和食品检验局）将会就克隆动物后代是否属于《食品和药品条例》中新型食品条款的监管范围进行商谈，但短期内不太可能达成一致意见。

# 第一部分　植物生物技术

## 一、生产与贸易

### （一）产品研发

**1. 苹果**

2015年3月，加拿大食品检验局和加拿大卫生部批准了商业种植、用于食品和饲料加工的抗褐变苹果转化体GD743和GS784的非限制性环境释放。2010年底，加拿大不列颠哥伦比亚省的一家农业生物技术公司——奥卡诺根特色水果公司（Okanagan Specialty Fruits），也向美国农业部（USDA）动植物卫生检疫局（APHIS）提交了一份抗褐变转基因苹果风险评估申请，2013年2月美国批准了这一申请。

通过沉默多酚氧化酶实现抗褐变效应。奥卡诺根特色水果公司认为，抗褐变苹果将帮助苹果抢占一部分的新鲜农产品市场，而此前由于鲜切苹果的外观无法勾起人们的食欲，苹果的市场份额有所缩减。两个获批品种将以“Arctic Granny”和“Arctic Golden”的名称进行销售。奥卡诺根特色水果公司表示，将尽可能多地种植此类苹果树，以便提高产量，并于2016年底上市试销。

目前，加拿大并没有生产任何极地苹果，但与不列颠哥伦比亚省相邻的华盛顿州预计种植6公顷的Arctic Golden苹果，到2017年，种植面积将扩大至20.2公顷。奥卡诺根特色水果公司还计划扩大其他品种供应，已经向美国提交了“Arctic Fuji”审批申请，同时表示将于2017年提交“Arctic Gala”审批申请。

加拿大卫生部对极地苹果的审批状态可登录以下网站查看：http：//www. hc-sc. gc. ca/fn-an/gmf-agm/appro/arcapp-arcpom-eng. php。此外，加拿大卫生部还创建了一个网站来澄清有关转基因食品传言与事实：http://www. hc-sc. gc. ca/fn-an/gmf-agm/fs-if/gm-myths-facts-eng. php。

**2. 亚麻**

欧盟是加拿大最大的亚麻出口市场，其亚麻出口量占欧盟亚麻进口总量的70%。1997年，加拿大的亚麻出口量达到8.97亿吨的峰值。20世纪90年代末，加拿大食品检验局和卫生部批准并注册了一种用于商业化生产和消费的抗除草剂转基因亚麻品种——Triffid。然而，欧盟的消费者表示他们不会购买转基因亚麻。加拿大亚麻种植者担心他们无法分离转基因和非转基因亚麻，为了避免失去欧盟市场，2001年，加拿大亚麻种植者被迫撤销Triffid注册并退市。然而，2009年9月的常规检测结果表明，加拿大出口到欧盟的亚麻中仍发现了微量的转基因品种，2010年，加拿大亚麻出口量出现急剧下降。为此，加拿大与欧盟协商达成了一项检测和认证协议，其后出口量呈现稳步增长，2015年出口量达到6.4亿吨，但比2014年下降了4%。

**3. 小麦**

2002年，孟山都公司向加拿大监管部门申请批准其Roundup Ready小麦，这使得加拿大农民对转基因小麦的问题产生了很大争议：其中一些农民坚信种植Roundup Ready小麦能带来效益，因此支持批准该小麦品种；另外一些农民则担心消费者对转基因小麦的接受程度低，Roundup Ready小麦的审批和商业化有可能使加拿大小麦失去国际市场。目前，加拿大还没有对Roundup Ready小麦品种进行监管审批。

2009年5月，美国、加拿大和澳大利亚支持转基因小麦的机构共同计划推进转基因小麦的商业化。他们强调小麦对世界粮食供应的重要性，并指出三个国家的小麦种植面积正在下降，其中部分原因是其他转基因作物的商业化带来的压力。然而，另外一些加拿大小麦团体继续反对转基因小麦，包括国家农民联盟、加拿大生物技术行动网络等。

随着2012年加拿大小麦局职能转变后，支持转基因小麦商业化的团体有更多机会来发挥影响力。2014年6月，多个加拿大谷物组织与美国和澳大利亚的组织签署了一份国际联合声明，支持小麦领域的创新活动，包括生物技术的未来商业化。这些机构包括加拿大国家磨坊主协会、加拿大谷物协会、加拿大谷物种植者协会、安大略省谷物农场主协会和加拿大西部小麦种植者协会。

转基因小麦也遭到了各种反对。在出口产品中发现微量的转基因亚麻导致贸易中断后，加拿大种植者便保持谨慎态度。对于转基因小麦，加拿大种植者认为必须和美国开展合作，以便在北美境内释放转基因小麦种子。尽管复杂的许可程序以及混杂方面的担忧延缓了转基因小麦审批进程，但不断增加的利益市场及加拿大生物燃料产业的发展将推动转基因小麦的批准。

**4. 苜蓿**

加拿大孟山都公司和牧草遗传国际公司共同研发了用于饲料的Roundup Ready®苜蓿品种。2005年，加拿大食品检验局和加拿大卫生部对Roundup Ready®苜蓿品种开展了牲畜饲料、环境安全和食品评估。2005年以来，加拿大食品检验局一直基于最新科学开展审查，并判定Roundup Ready®苜蓿品种与常规苜蓿品种一样安全。

2013 年，牧草遗传国际公司子公司金牌种子公司（Gold Medal Seeds Inc.）向加拿大食品检验局提交了一份品种注册申请。加拿大食品检验局评估了这一申请，并于 2013 年进行了品种注册。品种注册完成后，Roundup Ready® 苜蓿种子便可在加拿大进行商业化销售。2016 年初，牧草遗传国际公司编制了一份共存计划，该计划重点介绍了避免转基因苜蓿从加拿大东部（魁北克省和安大略省）流向加拿大西部所需采取的管理措施。牧草遗传国际公司的 HarvXtra 苜蓿品种也获得了加拿大食品检验局和卫生部的批准，它将 Roundup Ready 品种的抗除草剂性状和减少木质素性状相叠加，更利于牛消化和吸收营养。

2016 年春季，牧草遗传国际公司开始在加拿大东部销售转基因苜蓿种子，种植面积约为 2 024 公顷，该产品尚未在加拿大西部出售。加拿大种植者不被允许将转基因苜蓿生产的干草出售到加拿大以外的地区。

**5. 马铃薯**

2016 年 3 月 18 日，加拿大卫生部宣布批准辛普劳公司研发的第二代 Innate™ 马铃薯品种用于食品。加拿大卫生部判定，他们认为，该转基因马铃薯品种与市场上现有的马铃薯品种相比，不会给人类健康带来风险，且在致敏性和营养价值方面，与传统马铃薯品种并无明显差异。就在同一天，加拿大食品检验局批准了 Innate™ 马铃薯品种商业种植和动物饲料用途。

辛普劳第一代 Innate™ 马铃薯品种具有抗褐变和抗擦伤的特性，因此有助于降低消费者扔掉的马铃薯数量，此外，它的天冬酰胺（一种产生丙烯酰胺的氨基酸）含量更低。辛普劳公司申请的第二代 Innate™ 马铃薯品种在第一代的基础上增加了抗枯萎病性状，有助于降低预防此类马铃薯病害的农药用量。农民在 2017 年度种植了这些马铃薯品种。

随着公众对转基因马铃薯的兴趣日渐浓厚，加拿大食品检验局创建了一个专门的网页来提供 Innate™ 马铃薯有关信息：http：//www.inspection.gc.ca/plants/plants-with-novel-traits/general-public/innate-potato-faq/eng/1458835515028/1458835687626。

## （二）商业化生产

加拿大统计署提供的统计数据和加拿大油菜协会提供的相关信息均对加拿大国内转基因技术的接受程度作出了非常乐观的估计。加拿大统计署有关播种意向的数据主要来自玉米和大豆农场调查，没有关于油菜的调查数据。油菜种植面积主要是依据加拿大油菜协会提供的相关信息来测算，转基因油菜的种植面积占油菜总种植面积的 95%。关于甜菜只有少部分参考数据，但可以确定的是种植的大部分甜菜是转基因品种（表 3-1）。

**表 3-1　加拿大转基因作物的种植面积**

| | 2012 年 | 2013 年 | 2014 年 | 2015 年 | 2016 年 |
|---|---|---|---|---|---|
| 玉米（万公顷） | 143.4 | 149.3 | 124.6 | 132.5 | 134.7 |
| 转基因玉米（万公顷） | 117.9 | 121.6 | 101.0 | 107.7 | 112.9 |
| 转基因占比 | 82% | 81% | 81% | 81% | 84% |

（续）

| | 2012 年 | 2013 年 | 2014 年 | 2015 年 | 2016 年 |
|---|---|---|---|---|---|
| 大豆（万公顷） | 168.0 | 186.9 | 225.1 | 220.2 | 221.2 |
| 转基因大豆（万公顷） | 110.0 | 119.6 | 136.6 | 135.7 | 143.3 |
| 转基因占比 | 65% | 64% | 61% | 62% | 65% |
| 油菜（万公顷） | 891.2 | 819.7 | 840.7 | 836.3 | 810.2 |
| 转基因油菜（万公顷） | 846.6 | 778.7 | 798.7 | 794.4 | 769.7 |
| 转基因占比 | 95% | 95% | 95% | 95% | 95% |
| 甜菜（万公顷） | 1.0 | 0.9 | 0.8 | 0.7 | 0.8 |
| 转基因甜菜（万公顷） | 1.0 | 0.9 | 0.8 | 0.7 | 0.8 |
| 转基因占比 | 100% | 100% | 100% | 100% | 100% |
| 转基因作物的总种植面积（万公顷） | 1075.5 | 1020.8 | 1037.1 | 1038.5 | 1026.7 |

数据来源：加拿大统计署和加拿大油菜协会。

**1. 油菜**

加拿大主要油菜种植区域集中在西部曼尼托巴省、萨斯喀彻温省和阿尔伯塔省。根据加拿大统计署的调查结果和油菜协会的数据，2016 年春季油菜种植面积为 810 万公顷，比 2015 年 840 万公顷下降了 3.6%，其中约 95%为转基因品种，即 770 万公顷，略低于 2015 年 790 万公顷。粗略计算，菜籽油占加拿大植物油消费量的 50%，因此仅有约 15%的油菜籽国内消费，而 85%的油菜籽、油菜籽油及油菜籽粕均出口至其他国家，如美国、日本、墨西哥和中国。

从生产实践来看，过去认为 3～4 年轮作能使产量最高且有利于保护土壤。然而，加拿大油菜协会发布的最新农学指南中指出："种植者的经验告诉我们，更短时间的轮作也可以达到相同的效果。"

Canola 油菜是加拿大标志性农作物，这个名字代表加拿大低芥酸油菜。油菜行业有 6 万名种植者，13 个加工厂分布在 5 个省拥有 2 800 名员工。据统计，油菜行业每年为加拿大经济贡献 130 亿加元。作为一个行业组织，加拿大油菜协会专注于宣传食用菜籽油的益处，并鼓励油菜籽出口。尽管转基因油菜经过了基因修饰，但菜籽油几乎不含有外来基因，仍和常规菜籽油一样。2013 年 2 月，加拿大油菜协会启动了新的市场准入战略，他们还制定了一个新的行业目标，即到 2025 年油菜籽年产量达到 2 600 万吨。

**2. 玉米**

近年来，加拿大转基因玉米的种植面积稳步增长，目前，转基因玉米的种植面积占加拿大玉米总种植面积的 84%。传统上，魁北克省和安大略省是主要的玉米种植地区，占加拿大玉米总种植面积的 90%以上。2016 年 6 月进行的农场调查显示，魁北克省农民种植了 30.9 万公顷的转基因玉米，占其总玉米种植面积的 86%；安大略省农民种植了 68.8 万公顷的转基因玉米，占其总玉米种植面积的 85%。但 10 年前，两省种植的转基因玉米分别占比为 51%和 40%。此外，传统上不种植玉米的省份近年来玉米种植面积有所增加。比如曼尼托巴省，2016 年玉米种植面积增至 13.6 万公顷。

**3. 大豆**

2016 年，加拿大的转基因大豆种植面积达到 143 万公顷，较 2015 年增长了 5%。传统上，魁北克省和安大略省是主要大豆种植区域，占全国大豆总种植面积的 90%以上。随着曼尼托巴省逐渐发展成为大豆生产省份，近几年来，魁北克省和安大略省的大豆种植面积占比逐渐下降，2016 年，两省大豆种植面积占全国总面积的 64%，而曼尼托巴省的大豆种植面积达到 65.8 万公顷，占全国大豆总种植面积的 30%。

2016 年，魁北克省的转基因大豆种植面积为 20.4 万公顷，在该省占比 53%；安大略省的转基因大豆种植面积为 71.83 万公顷，在该省占比 65%；而曼尼托巴省的转基因大豆种植面积为 43 万公顷，在该省占比 66%。

**4. 甜菜**

2005 年，美国、澳大利亚、加拿大和菲律宾批准通过了首个抗除草剂甜菜品种。2009 年，经过 4 年的田间试验，阿尔伯塔省泰伯市已经开始广泛种植这种转基因甜菜品种。从 1951 年开始，阿尔伯塔省就是加拿大最大的甜菜种植区域，并且主要集中在泰伯地区，全国唯一一家甜菜加工厂就位于此地。2016 年，加拿大的甜菜种植面积约达到 8 100公顷，所有甜菜都分布在阿尔伯塔省。

### （三）出口

加拿大是转基因作物和产品的主要出口国，包括谷物类和油类作物，如油菜籽、大豆和玉米。2015—2016 年，加拿大出口了近 1 030 万吨的油菜籽，410 万吨的油菜籽粕和 280 万吨的菜籽油。此外，加拿大还出口了 430 万吨大豆、14.5 万吨大豆油和 31.6 万吨大豆粕以及出口了 170 万吨玉米。

### （四）进口

加拿大也是转基因作物和产品的进口国，包括谷物和油类作物，如玉米和大豆。酒精生产行业和家禽养殖的饲料行业从美国进口玉米和大豆。2015—2016 年，加拿大从美国进口了 120 万吨玉米、56 万吨大豆粕和 28 万吨大豆。由于美国种植的大部分玉米和大豆都是转基因品种，因此加拿大进口的大部分都是转基因产品。加拿大还从夏威夷进口转基因番木瓜。

## 二、政策

### （一）监管框架

加拿大建立了覆盖范围广泛、以科学为基础的监管框架对通过生物技术生产的农产品进行审批。加拿大的监管指南及相关立法对新性状植物或新食品均有明确的规定，即与传统植物或食品相比，它们具有不同特点或新特点。

新性状植物是指与目前加拿大国内稳定生产的作物相比，具有既不相似也不相同的特性，通过特定的遗传改变，有意选择、创制或引进的作物品种和种质。符合上述条件的作物都是通过 DNA（rDNA）重组技术、化学突变、细胞融合以及常规的杂交育种技术制造出来的。

新型食品是指含有未作为食品安全使用历史的物质，包括微生物；使用以前食品加工中从未使用过的制造、加工、保存或包装过程，从而引起食物发生较大改变；由转基因植物、动物或微生物获得的食品，这些转基因植物、动物或微生物表现出对应的常规品种中没有的性状，或者失去了常规品种原有的某些性状，或它们的某个或某几个特征不属于原有生物预期的性状范围。

加拿大食品检验局、卫生部和环境部是主要负责对转基因产品进行监管和审批的政府部门。这三个政府部门形成联合机制，共同监管新性状植物、新食品的研发以及具有从未在农业和食品生产领域出现过的新性状的作物或产品。

加拿大食品检验局负责监管新性状植物的进口、环境释放、品种注册以及牲畜饲料用途。加拿大卫生部主要负责包括新食品在内的所有食品的人类健康安全评估和商业化应用审批。加拿大环境部负责实施《新物质申报条例》，并根据《加拿大环境保护法案》（CEPA）对包括通过生物技术获得的生物和微生物等在内的环境中的有毒物质进行风险评估。

加拿大渔业和海洋部正在制定针对通过生物技术培养水生生物的相关规定，但目前还不能确定何时才能正式公布。此外，任何以商业为目的而使用现代生物技术发展渔业的行为，都要符合 1999 年《加拿大环境保护法案》下《新物质申报条例》的相关要求。

加拿大各省政府都赞成联邦政府在管理转基因农产品中发挥领导性作用。联邦政府和各省政府之间一直就转基因农产品监管问题进行密切的磋商（如 1995 年联邦政府与省政府召开了转基因农产品监管研讨会）。

表 3-2 和表 3-3 详细说明了监管机构及相关法规与监管机构的工作职责。

**表 3-2　监管机构及相关法规**

| 部门/机构 | 受监管产品 | 相关法规 | 条例 |
| --- | --- | --- | --- |
| 加拿大食品检验局 | 作物及种子，包括具有新性状的作物及种子，动物、动物疫苗、生物制剂、肥料和牲畜饲料 | 《消费者包装和标识法案》《饲料法案》《肥料法案》《食品和药品法案》《动物健康法案》《种子法案》《植物保护法案》 | 《饲料条例》《肥料条例》《动物健康条例》《食品和药品条例》 |
| 加拿大环境部 | 《加拿大环境保护法案》中规定的转基因产品，如生物修复、废物处置、矿物浸出或提高采收率所使用的微生物 | 《加拿大环境保护法案》 | 《新物质申报条例》（该条例适用于未被联邦其他法规纳入管理的产品） |
| 加拿大卫生部 | 食品、药品、化妆品、医疗器械、病虫害防治产品 | 《食品和药品法案》《加拿大环境保护法案》《病虫害防治产品法案》 | 《化妆品条例》《食品和药品条例》《新型食品条例》《医疗器械条例》《新物质申报条例》《病虫害防治产品条例》 |
| 加拿大渔业和海洋部 | 转基因水生生物的潜在环境释放 | 《渔业法案》 | 正在制定当中 |

资料来源：加拿大卫生部、环境部、食品检验局、渔业和海洋部。

**表 3-3　监管机构的工作职责**

| | | 加拿大食品检验局 | 加拿大卫生部 | 加拿大环境部 |
|---|---|---|---|---|
| 人类健康和食品安全 | 新食品的审批 | | √ | |
| | 过敏原 | | √ | |
| | 营养成分 | | √ | |
| | 可能存在的毒素 | | √ | |
| 食品标识政策 | 营养成分 | | √ | |
| | 过敏原 | | √ | |
| | 特殊膳食需求 | | √ | |
| | 欺诈和消费者保护 | | √ | |
| 安全评估 | 肥料 | √ | | |
| | 种子 | √ | | |
| | 植物 | √ | | |
| | 动物 | √ | | |
| | 动物疫苗 | √ | | |
| | 动物饲料 | √ | | |
| 检测标准 | 环境影响相关检测指南 | | | √ |

资料来源：加拿大卫生部、环境部、食品检验局、渔业和海洋部。

注：√代表对应的主管政府部门。

新性状植物必须接受加拿大监管程序的审查，具体步骤如下。

（1）从事转基因生物工作的科学家，包括从事新性状植物研发的科学家，必须遵守加拿大卫生研究院的指令及其所在机构生物安全委员会的行为守则。这些指导准则将保护实验室工作人员的健康和安全，确保环境控制。

（2）加拿大食品检验局将监测所有新性状植物的田间试验，以确保遵守环境安全相关的准则，并确保环境控制，避免花粉转移到相邻田地。

（3）加拿大食品检验局将审查从实验室所进出的种子的运输以及所有收获的植物材料的运输。加拿大食品检验局还严格控制所有种子、活体植物和植物组织的进口，包括含有新性状的植物。

2016 年，加拿大的公司提交了 72 份新性状植物申请及 173 份不同作物田间试验申请（2015 年分别提交了 64 份和 129 份申请）。具体内容可登录以下网站查看：http：//www. inspection. gc. ca/plants/plants-with-novel-traits/approved-under-review/field-trials/spring-2016/eng/1471356206996/1471356272132。

（4）任何新性状植物移出封闭试验场所进行田间实验之前，都必须经过加拿大食品检验局环境安全评估并获得允许，环境评估侧重于：①新性状转移到相关植物物种的风险；②对非靶标生物的影响（包括昆虫、鸟类和哺乳动物）；③对生物多样性的影响；④引入新性状导致杂草化的风险；⑤新植物发生植物病虫害的可能性。

（5）加拿大食品检验局还评估所有牲畜饲料的安全性和有效性，包括营养价值、毒性和稳定性。提交的新型饲料的数据包括对生物体和转基因的描述、生物体和转基因的目标用途，以及基因（或代谢）产物进入人类食物链的概率和在环境中的命运。安全方面的评估包括：食用饲料的动物、人类对动物产品的消费、工人的安全，以及与饲料使用相关的任何环境影响。

（6）加拿大卫生部负责评估新型食品的安全，这类食品此前没有安全使用历史，或由新的制造程序导致了食物成分发生显著变化，或由具有新特性的转基因生物生产的食品。加拿大卫生部咨询了来自国际社会的专家，包括联合国粮农组织（FAO）、世界卫生组织（WHO）、经济合作与发展组织（OECD），制定了《新型食品安全评估指引》卷Ⅰ和卷Ⅱ。根据《新型食品安全评估指引》，加拿大卫生部将重点检查以下内容：①粮食作物的研发过程，包括分子生物学数据；②与对应的非转基因食品相比，新型食品的组成成分；③与非转基因食品相比，新型食品的营养数据；④产生新毒素的可能性；⑤造成任何过敏性反应的潜在可能；⑥一般消费者和特殊人群（如儿童）的食物暴露量。

（7）加拿大新研发作物品种的注册制度确保只有对生产者和消费者有实际好处的品种才能出售。一旦批准进行田间试验，该品种将进行区域试验评估。通过生物技术生产的植物品种，必须在获得环境、牲畜饲料和食品安全授权之后，才能在加拿大注册和销售。

（8）一旦获得环境、饲料和食品安全授权，新性状植物及其生产的饲料和食品产品就可以进入市场中，但仍要接受常规产品相同的监管审查。此外，新性状植物或其生产的食品安全相关的任何新信息，必须向政府监管部门进行报告，监管部门在开展进一步调查后，可以修改或撤销授权，或者立即将产品从市场上撤出。

从研发到产品被批准用于人类消费可能需要花费7～10年的时间。在某些情况下，这一过程可能需要花费10年以上的时间。为了保持加拿大监管制度的完整性，已经设立了几个咨询委员会，以监测和建议政府当前和未来的监管需要。加拿大生物技术咨询委员会（CBAC）成立于1999年，旨在向政府提出道德、社会、科学、经济、监管、环境和卫生方面的建议。加拿大生物技术咨询委员会于2007年5月17日被科学、技术和创新委员会所取代。加拿大政府建立科学、技术和创新委员会的目的是巩固外部咨询委员会，并加强其作为独立出口顾问的角色。该委员会是一个咨询机构，为加拿大政府提供科学和技术问题上的外部政策咨询，并可以定期制定国家报告，根据国际标准来衡量加拿大科学和技术表现的卓越性。

2015年5月，科学、技术和创新委员会发布了第四份公开报告，题为《2014年国情——加拿大的科学、技术和创新体系》，该报告介绍了自2009年公布第一份报告以来加拿大的创新进展。《2008年国情——加拿大的科学、技术和创新体系》是该委员会发布的第一份报告，该报告根据世界创新国家的标准制定了加拿大科学、技术和创新体系的基准。

加拿大生物技术监管的更多信息可登录加拿大食品检验局（http://www.inspection.gc.ca）、加拿大卫生部（http://www.hc-sc.gc.ca）和加拿大环境部（http://www.ec.gc.ca）官网查看。

## （二）审批

2015—2016年度生物技术报告完成后，加拿大食品检验局新批准转基因转化体情况见表3-4。

**表 3-4　2015—2016 年度加拿大新批准转基因转化体情况**

| 作物 | 转化体 | 申请人 | 性状 | 食品检验局批准用途和时间 | | 卫生部批准用途和时间 | |
|---|---|---|---|---|---|---|---|
| | | | | 环境释放 | 饲料 | 品种注册 | 食品 |
| 马铃薯 | E12,F10,J3,J55 | 辛普劳公司 | 降低丙烯酰胺含量，减少黑斑 | 2015.11.02 | 2015.11.02 | — | 2015.11.02 |
| 玉米 | MON87403 | 加拿大孟山都公司 | 增加穗生物量 | 2014.12.27 | 2014.12.27 | — | 2014.12.27 |
| 玉米 | MON87419 | 加拿大孟山都公司 | 抗除草剂 | 2015.01.23 | 2015.01.23 | — | 2015.01.23 |
| 大豆 | MON87411 | 加拿大孟山都公司 | 抗虫和抗除草剂 | 2014.09.03 | 2014.09.03 | — | 2014.09.03 |

## （三）田间试验

加拿大允许进行转基因作物的田间试验。2016 年，加拿大的公司共提交了 72 份新性状植物申请及 173 份不同作物田间试验申请（2015 年分别提交了 64 份和 129 份申请）。具体情况可登录以下网站查看：http：//www.inspection.gc.ca/plants/plants-with-novel-traits/approved-under-review/field-trials/spring-2016/eng/1471356206996/1471356272132。

## （四）复合性状转化体审批

按照加拿大的定义，由两种或两种以上获得授权的新性状植物通过常规杂交而产生的复合性状产品，不需要对它们的环境安全进行进一步评估。研发商必须在上述复合性状植物开始环境释放前 60 天通知加拿大食品检验局植物生物安全办公室（PBO）。接到通知之后，加拿大食品检验局植物生物安全办公室可能向研发商提出与拟进行环境释放相关的任何问题，也可能要求并审查能证明这些植物在环境中安全应用的数据。如果复合性状植物需要不兼容性管理，可能具有负协同效应或植物的生产可能会扩散到其他地方等情况，则可能需要进行环境安全评估。直到所有与环境安全相关的问题都解决了，转基因植物才可以进行环境释放。然而，作为一项预防措施，加拿大食品检验局植物生物安全办公室强制要求对所有复合性状产品进行通知后才可以进入市场。此要求是为了便于监管机构确认如下内容：①新性状植物亲本授权时要求的条件能兼容且适用于复合性状植物产品；②是否需要提供其他额外信息来评估复合性状植物产品的安全性。

以下情况需要提供额外信息，并开展进一步的评估：①新性状植物亲本授权时要求的条件不适用于复合性状植物产品（例如，研发的产品用于申请变更管理要求或新性状植物亲本在管理计划中描述的条件对复合性状植物产品不再有效）；②新性状植物亲本的新性状在复合性状植物中表达不同（如更强的低表达性）；③复合性状产品表达出其他新性状。

## （五）其他要求

已经获得批准的转化体无须进行重新注册，也没有其他额外的注册要求。

## （六）共存

在加拿大，政府对于转基因和非转基因作物之间的共存没有规定，但生产者必须负担起相应的责任。例如，如果有机作物的生产者希望避免在其生产系统里出现转化体，则他们应自行采取相应的措施。因为满足客户和认证机构的要求增加了成本，作为回报，这些生产者能够对其产品收取溢价。

种植转基因作物必须遵守加拿大生物技术管理规定，一些公司还可以向种植转基因作物的农民提供共存建议，以尽可能降低同一品种的非转基因作物中发现转基因材料的偶然机会。此外，转基因作物的生产者还将获得杂草管理实践指南。这些管理实践中的变化可能有助于改善转基因和非转基因作物之间的共存，而不需要引入政府的管理。例如，加拿大植保协会提出的“管理第一”倡议，其中包括《转基因作物种植者最佳管理实践指南》，可用于管理行业产品的健康、安全和环境的可持续性。

尽管政府没有规定转基因和非转基因作物之间的共存问题，但转基因作物的混入和日益发展趋势并没有阻碍有机行业的发展。有机行业的增长或下降受到消费者需求而非是否混入转基因作物的驱动。由于有机作物中意外混入转基因作物（例如油菜籽），生物技术领域和有机作物领域一直存在争议。目前尚缺乏完整的信息表明有机作物中转基因作物的实际含量、有机作物的测试频率、有机作物与转基因作物的种植距离、种子来源、为减少意外混入而采取的措施等情况，因此，不可能充分评估在加拿大有机作物和转基因作物之间已经或有可能存在共存问题。

### （七）标识

2004年，加拿大标准委员会通过了《转基因和非转基因食品自愿标识和广告标准》，并将其作为加拿大的一项国家标准。自愿标准的制定是按照加拿大杂货分销商理事会的要求，由加拿大通用标准委员会（CGSB）推动，由多方利益相关者组成的委员会于1999年11月开始着手制定。该委员会由53个有投票权的成员和75个没有投票权的成员组成，这些成员来自生产者、制造商、经销商、消费者、一般利益团体和6个联邦政府部门，包括加拿大农业和农业食品部、卫生部和食品检验局。

加拿大卫生部和食品检验局负责根据《食品和药品法案》制定所有联邦食品标识政策。加拿大卫生部负责制定与卫生和安全相关的食品标识政策，而加拿大食品检验局负责制定除卫生和安全之外的其他食品标识法规和政策。加拿大食品检验局的责任是保护消费者不被食品标识、包装和广告的虚假陈述和欺诈行为伤害，并制定适用于所有食品的基本食品标识和广告要求。

《转基因和非转基因食品自愿标识和广告标准》的制定旨在为消费者提供一致的信息，帮助他们做出明智的食品选择，同时为食品公司、制造商和进口商提供标识和广告指南。该标准给出的转基因食品的定义是：通过使用特定的技术而生产的食品，这些技术允许将一个物种的基因转移到另一个物种上。该标准主要内容概述如下。

（1）食品标识和广告中声明使用或不使用转基因都是被允许的，只要声明是真实的、不具误导性、不具欺骗性，不会造成食品特点、价值、组成、优点或安全性等方面的错误印象，并遵守了《食品和药品法案》《食品和药品条例》《消费者包装和标识法案》《消费者包装和标识条例》《竞争法案》等相关法律及《食品标识和广告指南》的所有监管规定。

（2）该标准并未指明产品可能存在健康或安全问题。

（3）如果有标识声明，转基因和非转基因食品的意外混入成分应低于 5%。

（4）该标准适用于食品自愿标识和广告，以区分这类食品是否为转基因产品，或是否包含转基因产品的成分，不论食品最终是否包含外源 DNA 或蛋白质。

（5）该标准定义了术语，设立了对声明及其评价与鉴定的规范。

（6）该标准适用于在加拿大出售给消费者的食品，无论是国内生产还是进口食品。

（7）该标准适用于出售的预包装、散装食品以及在销售点烹制的食品的标识和广告。

（8）该标准并不影响、推翻或以任何方式改变法律要求的信息、声明或标识或者任何其他适用的法律要求。

（9）该标准并不适用于加工助剂、少量使用的酶、微生物培养基、兽用生物制品和动物饲料。

尽管该标准已经建立并实施，在仍有一些团体还在继续推动转基因食品强制性标识工作，并有多个相关法案提交给下议院审议，目前为止还没有任何一个获得通过。

## （八）知识产权

《专利法案》和《植物育种者权利法案》使新品种的育种者或所有者有权收取他们的产品技术费或特许权使用费。《专利法案》授予的专利涵盖植物基因或将基因整合到植物中的过程，但不涵盖对植物本身的专利。《植物育种者权利法案》主要涵盖植物本身相关的保护权问题，授予植物新品种育种者在加拿大的独家生产和销售权。《植物育种者权利法案》规定植物育种者有权收取产品特许权使用费，允许育种者将产品出售给种植者。专利产品的成本主要包括技术费。这使得育种者能够收回产品研发过程中的投资资金。

2013 年秋季，加拿大议会提出了 C-18 号议案，即《农业增长法案》，旨在强化执行植物品种研发的知识产权。这是由于加拿大在 1992 年成为《国际植物新品种保护联盟公约》（UPOV Convention，1991 年）的签署国，但加拿大于 1990 年颁布的《植物育种者权利法案》仅符合 1978 年《植物新品种保护国际公约》修订案的要求。加拿大于 2015 年 2 月 25 日正式通过 C-18 号法案，因此，加拿大的《植物育种者权利法案》现已符合《国际植物新品种保护联盟公约》的要求。

截至 2016 年，多项植物生物技术专利到期，其中包括孟山都公司的 Roundup Ready 大豆专利。加拿大大豆出口商协会（CSEA）分析了专利到期可能产生的影响。首先，大部分大豆用于榨油并出口，因此对种子公司的影响最大；其次，孟山都公司已经研发并销售第二代 Roundup Ready 大豆，其产油量比第一代高 7%～11%，因此许多农民准备采用新产品；第三，与大豆相比，玉米具有更重要的市场价值，其消费主要在国内，且大多数转基因玉米用作食品。然而，转基因玉米种子的保质期短于大豆，农民被禁止自行保留种子，因此需要不断引进新品种，也需要不断批准新的玉米种子。

## （九）《卡塔赫纳生物安全议定书》批准

2001 年，加拿大签署了《卡塔赫纳生物安全议定书》，但尚未批准该议定书在国内正式实施。有许多农业团体强烈反对批准该议定书，如加拿大油菜理事会、加拿大谷物种植者协会、威特发公司（Viterra）等。另外一些组织，如国家农民联盟和绿色和平组织，则致力于推动政府批准该议定书。为了确定执行议定书相关的最佳行动方案，加拿大政府与利益相关者展开积极磋商，并最终提出了三项选择。

（1）立即批准议定书，旨在以缔约方身份参加首次缔约方会议。

（2）继续对正式批准方案进行积极审核，同时继续以非缔约方身份参与议定书各进程，自愿按照议定书的目标采取行动。

（3）决定不批准该议定书。

加拿大政府目前所采取的立场遵循了第二种选择，业内人士表示，这很可能在相当长的一段时间内维持不变。加拿大和加拿大食品和饲料工业严重依赖从美国进口作物来满足其需求。因此，批准《卡塔赫纳生物安全议定书》可能成为与美国贸易的一个障碍。

### （十）国际公约/论坛

加拿大领导一些国家一起制订低水平混杂问题的全球认可解决方案，下面章节将有详细介绍。加拿大参与了创新农业技术志同道合组织。

### （十一）监测与测试

加拿大并未制定转基因产品监测计划，也不积极进行转基因产品检测。

### （十二）低水平混杂政策

加拿大指出，随着检测技术灵敏度的提高，对转基因产品低水平混杂采取零容忍政策是不现实的。从国内来看，各行业利益相关者正与监管机构合作制定低水平混杂政策，包括为加拿大设立低水平混杂的最高含量阈值。2012 年，加拿大制定了“转基因作物低水平混杂管理、进口及其相关实施框架拟议国内政策”草案并进行了公众咨询，根据收到的行业利益相关者的反馈意见，加拿大于 2015 年 4 月发布了原始草案修正案，并将继续与利益相关者和国际合作伙伴就修订草案展开磋商。草案修订内容如下。

（1）当满足政策资格标准时，如果进口产品中的转基因成分含量低于 0.2%的阈值，则通常不需要进行风险评估。在前一版本的政策草案中，这一阈值被描述为行动阈值，尚未得以正式确立。这一阈值有助于积极解决极少量的转基因低水平混杂造成的潜在风险，低于此阈值的转基因成分可能来源于灰尘及已经停止使用的转基因作物等。如果高于这一阈值，则必须积极开展低水平混杂风险评估，以便满足适用的更高阈值标准。

（2）将为所有作物设定一个阈值，而不是根据不同作物设定不同阈值。在设定阈值时将考虑专家意见。这种方法将大大减少阈值应用方面的混乱，并将简化政策的实施。

（3）为了促进监管活动，验证进口产品中的转基因低水平混杂的含量，要求提供检测方法和参考材料是作为政策适用的一个条件。

（4）将采用调查问卷的形式评估外国监管机构的食品安全评估程序是否符合国际食品法典委员会的《重组 DNA 植物及其食品安全性评价指南》。这一方法既主动又透明。

（5）对政策和实施框架进行了澄清，指出在确定进口谷物中的转基因成分含量时，将考虑到实验室检测活动不可避免地存在测量方面的不确定性。

（6）为了与加拿大的立法框架保持一致，修订草案阐明，如果发现转基因成分含量低于0.2%或适用阈值，将采取与风险相对应的行动。

（7）进行了其他微小的变更，以提高清晰度并减少重复。

对于加拿大而言低水平混杂的问题的负面影响越来越严重。低水平混杂是指少量的转基因材料与非转基因产品意外混杂，具体指的是转基因材料在出口国获得批准但未在进口国获得批准的情况。2009年9月进行的常规检测结果表明，加拿大出口到欧盟的亚麻中发现了微量的转基因品种 Triffid。结果，加拿大对欧盟的亚麻贸易中断了一年之久，相关贸易恢复进展缓慢。在贸易中断之前，加拿大为欧盟供应约70%的亚麻。这一案例表明，由于欧盟对转基因作物实施零容忍政策，加拿大出口亚麻中发现的微量转基因成分导致了重大贸易中断。

从国际层面来看，加拿大正与一些相关国家合作制定低水平混杂问题的全球解决方案。2012年3月，美国、墨西哥、哥斯达黎加、智利、乌拉圭、巴拉圭、巴西、阿根廷、南非、俄罗斯、越南、印度尼西亚、菲律宾、澳大利亚和新西兰的行业和政府官员在温哥华举行了一次国际会议来讨论这一问题。借助这一机会，加拿大农业部长强调了采取与农业创新保持同步的监管方法的重要性，并表明加拿大愿意成为国际层面低水平混杂讨论的领导者和推动者。加拿大继续积极参与国际相关活动，并逐步采取措施，以期实现制订低水平混杂问题全球解决方案的目标。

## 三、销售

### （一）市场接受度

加拿大广泛种植和消费转基因植物和产品。

### （二）公共/私营部门意见

对消费者的调查发现，公众对于农业生物技术的看法不一。2002年皮尤全球态度项目（Pew Global Attitudes Project）调查报告显示，只有31%的加拿大人认为通过科学技术改变的水果和蔬菜与未经改变的水果和蔬菜一样好，而63%的人认为这些产品不好。2006年德西玛研究公司的调查结果表明，虽然加拿大人对大部分的新技术持认可态度，如混合动力汽车、生物燃料和干细胞研究，但是有58%的加拿大人认为，转基因动物将在未来20年让我们的生活变得更糟糕。此外，54%的人对于转基因鱼持有负面态度，而50%的人认为他们的未来将受到转基因食品的负面影响。相反，加拿大生物技术公司于2008年所做的调查显示，79%的加拿大人同意生物技术将给农业带来了益处，而且86%的人同意生物技术将为保健科学带来益处。因此，在对公众看法得出结论之前，一定要进行更加统一和长期的调查。

# 第二部分　动物生物技术

加拿大的监管框架是为了环境保护、动物健康、植物保护和人类健康。只要满足这些目标，获得环境释放批准的转基因动物和获得饲料或食品用途批准的转基因动物产品将被按照相应的常规动物或动物产品同等对待。无论在养殖、繁育、生产或制造过程中使用了何种技术，所有动物和动物产品在环境和植物保护、动物和人类健康以及饲料和食品安全方面都要遵循相同的要求和规定。目前，加拿大没有批准任何转基因动物的商业化生产，也没有批准任何转基因动物产品用于饲料或食品。克隆动物及其后代，以及来自克隆动物及其后代的产品都要遵循与转基因动物和转基因动物产品相同的要求和规定。然而，仍存在这样一个问题：克隆动物及其后代，以及来自克隆动物及其后代的产品是否满足新型食品的定义。作为加拿大的三大生物技术监管机构，加拿大卫生部、环境部和食品检验局尚未就此发表任何意见。

## 一、生产与贸易

### （一）产品研发

**1. AquAdvantage 转基因三文鱼**

AquAdvantage 转基因三文鱼是加拿大批准使用的第一种转基因动物。2016 年 5 月 19 日，加拿大卫生部公布决定，批准 AquAdvantage 转基因三文鱼作为食品在加拿大销售。卫生部认为，与市场上现有的三文鱼相比，转基因三文鱼并不会对人类健康构成更大的风险，也不会产生其他过敏影响。在营养价值方面，转基因三文鱼与现在市场上养殖的三文鱼相比无明显差异。

AquAdvantage 转基因三文鱼是将奇努克鲑鱼（大鳞大马哈鱼）的生长激素基因引入大西洋鲑鱼基因组而获得的，因此这种转基因三文鱼要比普通大西洋鲑鱼长得快得多。但在其他方面，它们并没有明显差异。

加拿大食品检验局也于同一天公布批准转基因三文鱼用于动物饲料。加拿大食品检验局认为，与目前市场上鲑鱼生产的牲畜饲料相比 AquAdvantage 转基因三文鱼生产的饲料不会造成牲畜饲料安全或营养问题。根据加拿大新型食品或饲料相关规定，AquAdvantage 转基因三文鱼必须遵循与常规鲑鱼相同的商业化和进口规定，这包括《饲料法案》《饲料条例》《食品和药品法案》及《食品和药品条例》下的相关规定。

加拿大卫生部将根据国际食品法典委员会制定的指南文件对新型食品事件进行评估。加拿大卫生部还指出，转基因食品安全评估中采用的方法是遵循科学原则，并通过与世界卫生组织、联合国粮农组织和经济合作与发展组织等进行专家国际磋商而制定的。此外，加拿大采用的方法也被欧盟、澳大利亚、新西兰、日本和美国等采用。

AquaBounty 科技有限公司于 1991 年 12 月在美国特拉华州注册成立。AquaBounty 加拿大公司是其在加拿大的子公司，成立于 1994 年 1 月。1996 年，该公司获得了一项生长激素基因结构（转基因）的独家许可权，用于研发可以养殖的鲑鱼新品种。该公司在圣约翰、纽芬兰和拉布拉多省与加利福尼亚州圣地亚哥都拥有生物技术实验室，并在爱德华王子岛运营一个占地 1.4 公顷的鱼卵孵化场。AquAdvantage 转基因三文鱼长得非常快，可以比标准鲑鱼提前达到成熟的尺寸，之后不会继续长大。2013 年 11 月，AquAdvantage 转基因三文鱼获得了加拿大环境部规定的严格受控条件下的环境释放批准。该公司可生产三文鱼鱼卵出口到巴拿马的一家养殖场。

目前，AquaBounty加拿大公司计划在其爱德华王子岛陆上设施商业化生产无菌压力休克的转基因三文鱼雌性鱼卵，以出口到巴拿马西部高地的一家陆地养殖设施中。每年出口到巴拿马的鱼卵数不超过100 000枚，并且等转基因三文鱼长到1～3千克左右，收获、安乐死后运送到毗邻巴拿马养殖场的一家加工厂，经加工后进行零售或作为食品供应给获批销售市场中的食品服务部门，相关市场仍有待开发。

**2. 环保猪**

环保猪由圭尔夫大学于1999年研制成功。它是将老鼠的一段DNA片段转入到猪的染色体中，使猪的唾液中产生酶，减少粪便中的磷排泄，进而减少猪肉生产过程中对环境的影响。环保猪的研发过程超过10年，目标是未来可以获批商业化养殖。2009年，圭尔夫大学向加拿大卫生部提交了供人类食用的申请，另外也向美国食品和药品管理局提交了申请。尽管圭尔夫大学在2010年获得了加拿大环境部的批准，允许其在封闭条件下繁殖动物，清除了第一个监管障碍，但在2012年春季，项目资金遭到中断，圭尔夫大学被迫对所有环保猪进行了安乐死处理。尽管许多农民和组织提出收养这些动物，但根据加拿大的政策，禁止收养、捐赠、转移或释放转基因环保猪。环保猪DNA目前正进行长期冷藏，未来可能继续开展进一步的分析试验。与此相类似，尽管向加拿大食品检验局和加拿大卫生部提交的申请目前已被搁置，相关方仍可重新提交申请，并在未来某一时间继续推进这一监管流程。

### （二）商业化生产

除了AquaBounty科技有限公司计划在加拿大商业化生产AquAdvantage转基因三文鱼鱼卵，并出口到巴拿马特定场所商业化生产外，加拿大未批准其他转基因动物及其产品的商业化，也未发现加拿大畜牧业的种畜群中有任何转基因动物。

### （三）进出口

加拿大没有转基因动物或克隆动物的后代及衍生产品的进出口，加拿大也没有克隆动物精液的进出口，加拿大与美国等国家的研究机构和实验室之间可能存在转基因动物（可能包括克隆动物）的交换活动。

## 二、政策

### （一）法规政策

尽管有新的具体的规定，动物生物技术部门仍须遵循与常规动物及产品相同的严格的卫生和安全法规，包括《动物健康法案》《食品和药品法案》《食品和药品条例》《肉类检验法案》《肉类检验条例》《饲料法案》和《饲料条例》，这些法规均由加拿大食品检验局进行管理。此外，《加拿大环境保护法案》下的《新物质申报条例（生物）》适用于在加拿大申请转基因动物环境释放。

对克隆动物及其后代和它们的衍生产品，按照《食品和药品条例》新型食品条款（第28章B部分），《饲料条例》和《新物质申报条例（生物）》的监管。按照定义，新型食品是指没有安全食用历史、采用新方法生产、与常规产品相比存在重大改变的产品。而克隆动物及其后代和它们的衍生产品是否满足这一定义还没有定论。为了达成最终的监管政策，加拿大的三大生物技术监管机构（卫生部、环境部和食品检验局）正在起草科学意见书，希望协助加拿大政府制定框架，以规范克隆动物及其后代和它们的衍生产品管理，以及确定它们是否满足新型食品的定义。

### （二）标识与溯源

加拿大食品检验局网站上解释了加拿大转基因产品的标识要求。实际上，加拿大没有对转基因动物或克隆动物产品有强制性标识要求，但是允许采取自愿标识。

目前，除了适用于常规动物及产品的可追溯性规定外，加拿大没有制定针对转基因动物、克隆动物和它们的后代及衍生产品的可追溯性规定。一旦加拿大有转基因动物、克隆动物及其后代首次批准商业化，或批准用于饲料或食品，就可能需要制定专门的可追溯性规定了。

### （三）知识产权

加拿大的知识产权法律（《专利法案》《商标法案》和《版权法案》）涵盖动物生物技术和克隆技术，并没有制定其他特别法律。

### （四）国际公约/论坛

虽然加拿大参加了一些农业生物技术的国际论坛（国际食品法典委员会、世界动物卫生组织），但并没有就动物生物技术的监管表明官方立场，因为加拿大目前还没有明确的、全面的立场。

## 三、销售

### （一）市场接受度

与转基因作物一样，加拿大的监管部门很可能将转基因动物的道德、社会和宗教问题交给市场来决定。由于目前没有转基因动物进入加拿大的商业渠道，因此很难准确地衡量市场接受度。这意味着国内家禽生产者可能倾向于通过可追溯性规定对转基因动物及其衍生产品实施严格管控。这是因为加拿大的牛肉和猪肉生产严重依赖出口，不希望失去国外市场。

### （二）公共/私营部门意见

2010 年 9 月，加拿大下议院农业和农业食品常设委员会发起了一项有关供人类食用的转基因动物的研究。不同利益相关者代表就此发表了演讲，并回答了相关的问题。该委员会在 2016 年底发布了一份研究报告。

加拿大没有开展有关消费者对动物生物技术态度的公众意见研究或调查。加拿大生物技术行动网络是一个组织运动联盟，成员包括农民协会、环保组织和国际发展组织，都十分关切生物技术。

# 第四章 巴西农业生物技术年报

João F. Silva，Nicolas Rubio，Clay Hamilton

**摘要：** 巴西是世界上第二大转基因作物生产国。截至2016年11月1日，巴西共批准了58个转化体进行商业种植，本年度转基因总种植面积达到4 300万公顷。2015年4月29日，巴西众议院批准了对现行转基因标识法规进行修订的草案，确定只有最终组成成分中含量达1%以上的转基因成分须加贴标识。80%巴西农民接受转基因作物。但近期开展的民意调查显示，80%的巴西人关心“转基因”一词，33%的巴西人认为食用转基因产品可能有害，但大多数巴西人不知道巴西种植了哪些转基因植物。由于巴西转基因大豆和玉米的消费量增加，并且政府追加了农民信贷补贴，巴西转基因种植面积将会进一步增加。

**关键词：** 巴西；农业生物技术；转基因作物；标识

巴西是主要农产品生产国和出口国，这些农产品主要包括：大豆、棉花、糖、可可、咖啡、冷冻浓缩橙汁、牛肉、猪肉、家禽、烟草、皮革、水果和坚果、鱼产品和木材制品。因此，美国和巴西往往是第三方市场的竞争对手，巴西主要向美国出口糖、咖啡、烟草、橙汁和木材制品。

2015年，巴西与美国之间的双边农业贸易总额达到54亿美元，较2014年下降了7%。其中，巴西出口到美国的农业（农产品和食品）贸易总额达45亿美元，而从美国进口的农业贸易总额为9.53亿美元。美国对巴西的农业出口主要是一些可以满足当地短缺的初级农产品，如小麦，而消费性产品约占20%。由于2016年巴西的小麦和玉米产量不足，因此美国对巴西的农产品出口量小幅增加；另一方面由于巴西货币贬值，巴西对美国的农产品出口量有所下降。

巴西正通过增加农作物产量来满足全球日益增长的粮食需求。2016年7月1日，巴西联邦政府宣布，在2016年10月到2017年9月将以贴息方式提供高达1 850亿雷亚尔（约合570亿美元）的信贷额度，与2015年10月到2016年9月期间的信贷额度相比有所下降，同时对大型生产商收取更高的利率。商品分析师指出，尽管贴息信贷额度更低、利率更高，但在2016—2017农事年，从玉米、大豆和棉花总种植面积来看，生物技术的应用率预计将达到93%的平均水平。据巴西科技部（MCT）称，巴西是世界上继美国之后的第二大植物生物技术应用国。

# 第一部分 植物生物技术

## 一、生产与贸易

### （一）产品研发

巴西本土和跨国种子公司及公共部门研究机构正专注于研发各种转基因植物，涉及甘蔗、马铃薯、番木瓜、水稻和柑橘。除甘蔗外，其中大部分作物均处于初期研发阶段。

### （二）商业化生产

截至2016年11月1日，巴西共批准了58个转化体进行商业种植，其中包括34个玉米转化体，12个棉花转化体，10个大豆转化体，1个干食用豆转化体，1个桉树转化体。上一农事年（2015—2016年）转基因作物的总种植面积达到4 300万公顷，使得巴西成为世界第二大转基因作物种植国。具有耐除草剂性状的转化体的采用率最高，占总种植面积的65%；其次是抗虫性状的转化体，占总种植面积的19%；然后是复合性状转化体，占总种植面积的16%。

（1）大豆。在2015—2016农事年（2015年10月至2016年9月），转基因大豆的种植面积达到近2 900万公顷，较2014—2015农事年增长了9%，转基因大豆种子采用率为93%。

（2）玉米。在2015—2016农事年，转基因玉米（包括冬玉米和夏玉米）的种植面积1 300万公顷，增加不到1%，转基因玉米种子的采用率为83%。

（3）棉花。在2015—2016农事年，转基因棉花的种植面积达到60万公顷，转基因棉花种子的采用率为67%。

（4）转基因干食用豆。尽管2011年已获得批准，但预计在2016—2017农事年前都不会进行商业化种植。

（5）转基因桉树。已获得批准，2016—2017农事年前不会进行商业化种植。

### （三）出口

巴西是主要的转基因大豆、玉米和棉花出口国之一。中国是巴西转基因大豆和棉花的主要进口国，其次是欧盟。玉米出口主要面向伊朗以及越南等亚洲国家。巴西也被认为是常规大豆的最大出口国。

### （四）进口

根据巴西法律，只有经国家生物安全技术委员会批准的转化体才可以视具体情况进口到巴西。

为了弥补玉米产量的短缺，2016年国家生物安全技术委员会批准了4个已在美国获得批准但尚未在巴西获得批准的玉米转化体（孟山都公司的MON87411、MON87427、

MON87460以及先正达公司的3272）。这些转化体仅用于动物饲养或加工目的（不包括种植）。由于上述批准，2016年11月和12月，巴西从美国进口约6万吨玉米。

### （五）粮食援助

巴西并不是美国粮食援助的受援国，近期也不太可能成为粮食受援国。相反，巴西是非洲和中美洲一些国家的粮食援助国。巴西主要捐赠大米和干豆，目前不提供转基因产品。

## 二、政策

### （一）监管框架

2005年3月25日颁布的第11105号法提出了巴西农业生物技术监管框架。2006年颁布的第5591号法令和2007年颁布的第11460号法对此又做了进一步的修改。巴西共有两个主管机构对农业生物技术进行调控和监管，即国家生物安全理事会（CNBS）和国家生物安全技术委员会（CTNBio）。

国家生物安全理事会隶属于巴西总统府，负责全国生物安全政策（PNB）的制定和实施，为涉及生物技术的联邦机构的监管行为制定原则和指引，评估转基因产品商业化应用审批的社会经济影响及所涉及的国家利益。国家生物安全理事会并不进行安全方面的评估。在总统府主任的主持下，国家生物安全理事会由11名内阁大臣组成，任何相关的事宜需要至少6名成员的同意方可批准。

国家生物安全技术委员会是在1995年根据巴西最早的生物安全法律（第8974号法）建立的。根据现行法律，国家生物安全技术委员会的成员已由18名扩展到27名，其中包括来自联邦政府9个部委的官方代表，12名来自动物、植物、环境和健康等四个领域的科技技术专家（每个领域3名专家）和6名来自其他领域的专家，如消费者保护和小农经济领域。国家生物安全技术委员会由科学技术部进行管理，其成员任期为两届，可以连任两届。所有与技术相关的问题由国家生物安全技术委员会进行评估并批准。任何用于动物饲料或者用于深加工的农产品、即食食品以及宠物食品的进口，如果含有转基因成分、转化体必须先要获得国家生物安全技术委员会的核准。审批依据个案分析原则，时间具有不确定性。

2007年3月21日颁布的第11460号法更改了2005年3月24日颁布的第11105号法第11条，规定了新的转基因产品获得国家生物安全技术委员会的27位成员的简单多数票后可批准通过。

2008年6月18日，国家生物安全理事会决定，根据《巴西生物技术法》只审查有关国家利益和涉及社会和经济问题的行政申诉，并不对国家生物安全技术委员会批准的转化体的技术决策进行评估。国家生物安全理事会认为，国家生物安全技术委员会对所有转化体的批准是决定性的，这个重要的决定以及投票规则变更为简单多数票的变化，消除了巴西转化体批准程序上的一个主要障碍。

## （二）审批

国家生物安全技术委员会上一次信息更新时间为 2016 年 1 月，以下是转基因棉花、玉米和大豆在巴西的获批情况（表 4-1 至表 4-3）。

**表 4-1　转基因棉花在巴西的获批情况**

| 年份 | 转化体 | 性状 | 申请人 | 在巴西的用途 |
| --- | --- | --- | --- | --- |
| 2012 | GHB614，T304-40×GHB1A | 耐除草剂，抗虫 | 拜耳作物科学公司 | 纺织纤维、食品和饲料 |
| 2012 | GHB614，LLCotton25 | 耐除草剂 | 拜耳作物科学公司 | 纺织纤维、食品和饲料 |
| 2012 | MON15985，MON88913 | 耐草甘膦除草剂 | 孟山都公司 | 纺织纤维、食品和饲料 |
| 2011 | T304-40×GHB119 | 耐草甘膦除草剂 | 拜耳作物科学公司 | 纺织纤维、食品和饲料 |
| 2012 | GHB614 | 耐除草剂 | 拜耳作物科学公司 | 纺织纤维、食品和饲料 |
| 2009 | MON531×MON1445 | 耐草甘膦除草剂，抗虫 | 孟山都公司 | 纺织纤维、食品和饲料 |
| 2009 | MON15985 | 抗虫 | 孟山都公司 | 纺织纤维、食品和饲料 |
| 2009 | 281-24-236×3006-210-23 | 耐草铵膦除草剂，抗虫 | 陶氏益农公司 | 食品和饲料 |
| 2008 | LLCotton25 | 耐草甘膦除草剂 | 拜耳作物科学公司 | 纺织纤维、食品和饲料 |
| 2008 | MON1445 | 耐草甘膦除草剂，抗虫 | 孟山都公司 | 纺织纤维、食品和饲料 |
| 2005 | BCE531 | 抗虫 | 孟山都公司 | 纺织纤维、食品和饲料 |

**表 4-2　转基因玉米在巴西的获批情况**

| 年份 | 转化体 | 性状类别 | 申请人 | 在巴西的用途 |
| --- | --- | --- | --- | --- |
| 2015 | TC1507，MON00810-6，MIR162，MON810 | 耐除草剂，抗虫 | 杜邦公司 | 食品、饲料和进口 |
| 2015 | TC1507×MON810，MIR162×MON603 | 耐草铵膦除草剂 | 杜邦公司 | 食品、饲料和进口 |
| 2015 | NK603×T25 | 耐草甘膦和草铵膦除草剂 | 孟山都公司 | 食品、饲料和进口 |
| 2015 | DAS40278-9 | 耐除草剂 | 陶氏益农公司 | 食品、饲料和进口 |
| 2014 | MIR604，Bt11×MIR162×MIR604×GA21 | 耐草甘膦和草铵膦除草剂，抗虫 | 先正达种子公司 | 食品、饲料和进口 |
| 2013 | TC1507，DAS59122-7 | 耐草甘膦除草剂，抗虫 | 陶氏益农公司和杜邦公司 | 食品、饲料和进口 |
| 2011 | MON89034×MON88017 | 耐草甘膦除草剂，抗虫 | 孟山都公司 | 食品、饲料和进口 |
| 2011 | TC1507×MON810 | 耐草甘膦除草剂，抗虫 | 杜邦先锋公司 | 食品、饲料和进口 |
| 2011 | TC1507×MON810×NK603 | 耐草甘膦除草剂，抗虫 | 杜邦先锋公司 | 食品、饲料和进口 |
| 2010 | MON89034×TC1507×NK603 | 耐草甘膦除草剂，抗虫 | 孟山都公司 | 食品、饲料和进口 |
| 2010 | MON88017 | 耐草甘膦除草剂，抗虫 | 孟山都公司 | 食品、饲料和进口 |
| 2010 | MON89034×NK603 | 耐草甘膦除草剂，抗虫 | 孟山都公司 | 食品、饲料和进口 |
| 2010 | Bt11×MIR162×GA21 | 耐草甘膦除草剂，抗虫 | 先正达公司 | 食品、饲料和进口 |
| 2009 | TC1507×NK603 | 耐除草剂，抗虫 | 杜邦（巴西）公司 | 食品、饲料和进口 |

（续）

| 年份 | 转化体 | 性状类别 | 申请人 | 在巴西的用途 |
|---|---|---|---|---|
| 2009 | MON89034 | 抗虫 | 孟山都公司 | 食品、饲料和进口 |
| 2009 | MIR162 | 抗虫 | 先正达公司 | 食品、饲料和进口 |
| 2009 | MON810×NK603 | 耐草甘膦除草剂，抗虫 | 孟山都公司 | 食品、饲料和进口 |
| 2009 | Bt11×GA21 | 耐草甘膦除草剂，抗虫 | 先正达公司 | 食品、饲料和进口 |
| 2008 | TC1507 | 耐草甘膦除草剂，抗虫 | 陶氏益农公司 | 食品和饲料 |
| 2008 | GA21 | 耐草甘膦除草剂 | 先正达公司 | 食品和饲料 |
| 2008 | NK603 | 耐草甘膦除草剂 | 孟山都公司 | 食品和饲料 |
| 2008 | Bt11 | 抗虫 | 先正达公司 | 食品和饲料 |
| 2007 | MON810 | 抗虫 | 孟山都公司 | 食品和饲料 |
| 2007 | T25 | 耐草甘膦除草剂 | 拜耳作物科学公司 | 食品和饲料 |
| 2005 | NK603 | 耐草铵膦除草剂，抗虫 | 拜耳作物科学公司 | 饲料 |

**表 4-3　转基因大豆在巴西的获批情况**

| 年份 | 转化体 | 性状类别 | 申请人 | 在巴西的用途 |
|---|---|---|---|---|
| 2015 | DAS68416-4 | 耐草铵膦除草剂 | 陶氏益农公司 | 食品和饲料 |
| 2010 | MON87701×MON89788 | 耐草甘膦除草剂，抗虫 | 孟山都公司 | 食品和饲料 |
| 2010 | A2704-12 | 耐草铵膦除草剂 | 拜耳作物科学公司 | 食品和饲料 |
| 2010 | A5547-127 | 耐草铵膦除草剂 | 拜耳作物科学公司 | 食品和饲料 |
| 2009 | CV127 | 耐咪唑啉酮除草剂 | 巴斯夫和巴西农牧业研究公司 | 食品和饲料 |
| 2008 | GTS40-3-2 | 耐草甘膦除草剂 | 孟山都公司 | 食品和饲料 |

## （三）田间试验

在巴西进行转基因田间试验之前，必须经过国家生物安全技术委员会的批准。研发单位必须获得由国家生物安全技术委员会颁发的生物安全质量证书（CQBs），才能进行田间试验。所有技术提供商都必须建立一个内部生物安全委员会（CIBio），并为每个具体项目指定一名首席研究员，担任国家生物安全技术委员会法规中要求的“首席技术官”。

## （四）复合性状审批

复合性状转化体遵循单一转化体相同的审批流程，并被视为新转化体。在巴西，预计复合性状转基因作物种植面积占巴西转基因作物总种植面积的20%。

## （五）其他要求

一旦获得国家生物安全技术委员会的批准，则无须对转化体开展进一步的审查。

## （六）共存

2005年3月颁布的第11105号法建立了在巴西可以生产和销售转基因作物的法律框架。巴西也种植常规或非转基因作物，由于农业区和环境条件的限制，主要集中在亚马孙河生态区。

1997年4月25日颁布的第9456号法《植物品种保护法》，建立了转基因和非转基因种子注册的法律框架，但法律本身并不偏向任何一类种子。

根据1997年11月5日颁布的第2366号法令，建立巴西农业、畜牧和食品供应部（MAPA）国家植物品种保护处，该法令还对转基因和非转基因种子注册做出了规定。

国家生物安全技术委员会发布的04/07号规范性指令建立了专门针对转基因玉米的规定，涉及巴西转基因和非转基因玉米的共存问题。

## （七）标识

2015年4月29日，巴西众议院以320对135的多数票批准了第4148/2008号法律草案，对现行关于转基因标识第4680/2003号行政令进行修订。新法律草案规定，只有最终组成成分中含有1%以上的转基因成分的产品必须加贴标识。另一个重要的变更是决定撤销以黄色三角形中黑色"T"符号表示转基因标识的要求。这项法律草案目前正在通过参议院的审查。

2004年4月2日，总统内阁发布了由4位内阁大臣（民事、司法、农业、卫生）签署的1号规范性指令。该指令确立了第2658/03号指令中对含有超过1%的转基因成分的产品进行标识的条件，还授权除了联邦机构外各州和地方的消费者保护部门执行标识。

2003年12月26日，司法部发布了第2658/03号指令，批准了使用转基因标识符号的法规。这些法规适用于转基因成分含量超过1%的供人类或动物食用的转基因产品。法规于2004年3月27日生效。

2003年4月24日，巴西总统在巴西联邦政府公报中发布了第4680/03号行政令，确定供人类食用或动物饲用的食品和食品配料中，来源于转基因产品的成分上限为1%。该行政令还规定消费者对产品的转基因信息有知情权。

## （八）贸易壁垒

巴西允许根据具体情况进口转基因产品，所有转基因产品的进口都必须经过国家生物安全技术委员会的预先审批。批准过程将考虑食品安全、毒性和环境因素，通常以科学为基础。在获得批准后，不再有其他贸易壁垒。

## （九）知识产权

现行的《巴西生物安全法》为新转基因作物的研究和应用提供了明确的监管框架，这也鼓励巴西联邦政府支持和保护有利于农业的新技术。

孟山都公司、先正达公司和巴斯夫等跨国公司与巴西农牧业研究公司（Embrapa，隶属于巴西农业、畜牧和食品供应部）签订了许可证协议，进行转基因作物研发，主要针对大豆、玉米和棉花。

总的来说，研发单位在新农事年开始时，会与巴西各州和农民协会协商支付协议以便收取特许权使用费。孟山都公司还制定了出口许可程序，对运向孟山都公司注册了Roundup Ready 大豆技术专利权的国家的大豆及大豆产品货物收取特许权使用费。

孟山都公司还获得了南里奥格朗德州法院的强制令，驳回地方法官做出的决定，直到州法院接管案件。孟山都公司称，南里奥格朗德州仍在继续收取特许权使用费。

### （十）《卡塔赫纳生物安全议定书》批准

2003 年 11 月，巴西批准了《联合国生物多样性公约》下的《卡塔赫纳生物安全议定书》。巴西政府（GOB）基本支持美国政府提倡的关于《卡塔赫纳生物安全议定书》补充协议下的责任和赔偿条款的立场，但有少数例外，其中一个值得注意的例外是，巴西政府认为，针对非缔约国的规定已经无效。巴西政府反对严格的赔偿责任，但同意对损害和经营者的定义进行严格限定。巴西政府还反对对活体转基因生物（LMOs）运输强制使用保险或其他金融工具。

### （十一）国际公约/论坛

与美国一样，巴西在国际论坛上促进基于科学的标准和定义，旨在消除不科学的卫生和技术贸易壁垒。巴西在国际论坛上支持对转基因农产品加以标识。

### （十二）相关问题

巴西依然是美国在第三国开展联合宣传的可靠合作伙伴。全球粮食安全及生物技术在其中发挥的特殊作用是推动巴西和美国加强合作的驱动力。

### （十三）监测与检测

巴西农业、畜牧和食品供应部负责转基因作物的监测工作。根据现行法律，巴西农业、畜牧和食品供应部负责检查用于农业、动物用途及农业相关领域的转基因生物检查；卫生部（MS）和卫生监督局（ANVISA）负责监测和检测转基因生物的毒性；环境部通过巴西环境与可再生自然资源研究所（IBAMA）负责监测和检测转基因作物对环境的影响。研发单位的内部生物安全委员会也参与监测和检测转基因生物的基因工程、操作、生产和运输工作，履行生物安全法规要求。

### （十四）低水平混杂政策

巴西对未经批准的转基因食品和作物实行零容忍政策。

## 三、销售

### （一）市场接受度

巴西的生产者普遍接受转基因作物。据巴西农场局（CFB）介绍，2013—2015 年对巴西农民进行的调查显示，农民对转基因作物的接受度达到 80%。

然而，肉类加工商、食品加工业、巴西零售商对生物技术的接受度较低，特别是遍布巴西全国的法资大型超市。这些群体担心，环境和消费者团体会牵头发起抵制其产品的营销活动，尽管检测表明只有少数消费者购买的产品中含有极少量的转基因成分。

巴西食品工业协会开展的一项调查显示，74%的巴西消费者从未听说过转基因产品。通常，巴西消费者并不关注生物技术相关的辩论，而是更关心食品的价格、质量和保质期。然而，已经有一小部分消费者避免购买转基因农产品及其衍生产品。

### （二）公共/私营部门意见

2016年第二季度对转基因产品公众认知开展的近期民意调查结果表明，80%的巴西人关心“转基因”一词，33%的巴西人认为食用转基因产品可能有害。巴西有关分析人士指出转基因产品的负面形象与巴西农药的高使用量有关。该调查还表明，大多数巴西人不知道巴西种植了哪些转基因植物。

主题为“没有转基因，巴西会更好”的营销活动是抵制转基因作物的活动，由绿色和平组织赞助，并得到了某些环境和消费者团体的支持，包括环境部的政府官员、一些政党、天主教堂和失地运动。总体来讲，在巴西抵制转基因产品的活动对大型零售商和食品加工商而非普通消费者更有影响力。

# 第二部分　动物生物技术

## 一、生产与贸易

### （一）产品研发

巴西是世界第二大转基因作物种植国，但动物生物技术的研究和应用，包括动物克隆，仍处于初期阶段。巴西在转基因动物研究方面已有10多年的经验。巴西农牧业研究公司已经成功研发了转基因奶牛。目前，巴西农牧业研究公司正在进行重组蛋白研究，2013年出生的两只小牛就是此项研究的一部分。另一个项目是研发改善肉牛健康状况同时增加肉牛体重的转基因技术。近期，塞阿拉州研发了两只转基因山羊，其高表达的人类抗菌蛋白可有效治疗幼猪腹泻。此项研究证明了转基因动物食品在改善人类健康方面的潜力。这一项目是与加利福尼亚大学戴维斯分校合作开展的。

在巴西农牧业研究公司的统一协调下，巴西建立了完善的克隆动物研究体系。巴西的克隆研究始于20世纪90年代末，主要侧重于研究克隆牛技术。2001年3月，巴西成功克隆了一只名为“Vitoria”的西门塔尔小母牛。第二只名为“Lenda da EMBRAPA”的克隆牛出生于2003年，来自一只荷斯坦牛。第三只名为“Junqueira”的克隆牛出生于2005年4月，来自已列为濒危物种的本地牛。

### （二）商业化生产

巴西并不进行转基因动物的商业化养殖。然而，巴西的少数几家公司从事商业化体细胞核移植（SCNT）工作，且主要是与巴西农牧业研究公司开展合作。这些公司的克隆牛仅用于品种展示和育种。自 2009 年 5 月以来，巴西农业、畜牧和食品供应部修改了其法规，允许巴西瘤牛养殖协会（ABCZ）的克隆牛进行遗传注册，因为巴西瘤牛（类似于美国的婆罗门牛）约占巴西牛群的 90%。正是由于对法规做出的这一改变，2009 年 11 月，巴西进行了克隆动物的首次拍卖活动，最终售价为 90 万美元（半头牛）。贸易业内人士预计，随着遗传注册成为可能，克隆牛的数量将会增加。一头克隆牛的平均成本预估为 100 万美元。但克隆牛产品不能在巴西出售，因为巴西尚未颁布任何具体的法律。

巴西开展的其他实验还包括克隆马。尽管项目取得了成功，但这种动物的成本非常高。

2014 年 4 月 10 日，国家生物安全技术委员会首次批准了在巴西商业化应用转基因蚊子，它们由英国 Oxitec 公司研发。

截至 2015 年 6 月 30 日，国家生物安全技术委员会已经批准了 20 种转基因疫苗用于商业用途。

### （三）进出口

巴西无商业化用途的动物生物技术产品的进口和出口。

## 二、政策

### （一）法规政策

转基因动物、转基因疫苗和转基因植物都遵循相同的法律，并须经国家生物安全技术委员会批准。然而，由于相关研究仍处于初期阶段，尚未有转基因动物获得国家生物安全技术委员会的批准，但是，动物克隆遵循不同的政策。目前，巴西联邦或州层面尚未建立系统的有关克隆动物及其产品的监管框架。目前，一项法律草案（第 73 号，2007 年 3 月 7 日）正提交巴西参议院进行审议，该法律草案的提出规范了动物（野生动物及其后代）克隆活动。该法律草案建议，由巴西农业、畜牧和食品供应部负责所有从事克隆动物研究机构的注册工作，包括遗传或食用的克隆动物的商业销售和进口许可。由于巴西尚未颁布具体的克隆动物及其产品的法规，巴西农业、畜牧和食品供应部无法授权任何克隆动物或其产品（肉类或乳制品）的进口。这同样适用于克隆动物及其产品的后代。根据第 73 号法律草案，巴西农业、畜牧和食品供应部在收到出口公司提供的所有文件之后的 60 天内，将发放克隆动物及其产品的进口许可。文件信息包括动物来源、动物特征、动物目的地、进口用途（遗传用或食用）。第 73 号法律草案还区分了两种类型的克隆动物及其产品进口许可：①卫生部国家监督局负责审批药物或治疗用途的克隆动物及其产品；②当克隆动物及其产品涉及转基因时，由科学技术部国家生物安全技术委员会负责进行审批。第 73 号法律草案没有提及克隆动物产品标识问题。然而，政治分析师预计巴西反生物技术团体将施加压力，迫使采用《巴西生物技术法》的相同原则，并利用巴西《消费者保护法》督促政府对克隆动物及其产品采用特定标识。

### （二）标识与可追溯性

转基因动物适用转基因植物相同的法律法规及行政管理机构，尽管尚未制定具体的转基因动物标识和可追溯性要求。

巴西国会目前正在审查动物克隆的监管框架，很可能由巴西农业、畜牧和食品供应部负责管理。动物克隆的法律草案中没有提出动物克隆产品的标识和可追溯性条款。

根据为消费者提供的基本和一般产品信息的要求，巴西有关消费者权益的法律适用于所有转基因植物、转基因动物和动物克隆产品。

### （三）贸易壁垒

所有转基因动物产品的进口都必须经过国家生物安全技术委员会的预先审批。批准过程将考虑食品安全、毒性和环境因素，通常以科学为基础，进口视个案分析情况而定。在获得批准后，不再有其他的贸易壁垒。

### （四）知识产权

《巴西生物安全法》为新转基因作物的研究和销售提供了明确的监管框架，这也鼓励巴西联邦政府支持和保护有利于农业的新技术。由于巴西没有批准转基因动物及其产品的商业释放，尚未研究任何相关的知识产权问题。

### （五）国际公约/论坛

巴西是食品法典委员会和世界动物卫生组织（OIE）的成员国，同时也是《卡塔赫纳生物安全议定书》的签署国。

## 三、销售

### （一）市场接受度

由于巴西没有批准转基因动物、其衍生产品或克隆家畜及克隆动物后代的商业化应用，消费者和零售商对动物生物技术的接受度问题尚未得到研究。然而，巴西牛养殖户对这种新技术的潜力充满信心。

### （二）公共/私营部门意见

巴西牛养殖户强烈提倡使用这种新技术，并支持国会批准动物克隆法规，这一新领域由巴西农业、畜牧和食品供应部负责管理。

# 第五章

# 阿根廷农业生物技术年报

Andrea Yankelevich，David J. Mergen

**摘要：** 阿根廷是继美国和巴西之后第三大转基因作物种植国，产量占到全球转基因作物总产量的14%。阿根廷研究人员研发的两个转基因产品——抗病毒马铃薯和耐旱大豆，获得了最终批准。中国的转基因审批继续成为阿根廷对外贸易的重中之重。此外，种子特许权使用费制度仍然是个难题；农业产业部向国会提交了新的《种子法》提案。阿根廷制定了新育种技术（NBTs）的管理法规。

**关键词：** 阿根廷；农业生物技术；贸易与生产；政策

阿根廷是继美国和巴西之后第三大转基因作物生产国，产量占到全球转基因作物总产量的14%。2015—2016年度，阿根廷的转基因作物种植面积达到2 454万公顷。几乎所有大豆和棉花、95%的玉米种植区都种植了转基因品种。

中国的转基因审批继续成为阿根廷对外贸易的重中之重，因为中国是阿根廷最重要的农产品市场之一。自2015年以来，阿根廷政府（GOA）在转基因产品最终审批函中包含了一份声明，指明产品在进行商业化之前必须在中国获得批准。

阿根廷研究人员研发的两个转基因产品：抗病毒马铃薯及新的耐旱大豆，分别于2015年底和2016年初获得了最终批准。

种子特许权使用费制度继续成为困扰阿根廷的一大问题，在经过一年的激烈争论后，种子公司和政府之间仍然存在很大分歧。2016年10月，阿根廷农业产业部向国会提交了新的《种子法》提案，但种子公司对提案的内容仍表现出不满。

阿根廷是第一批建立了新育种技术（NBTs）产品监管框架并出台了具体法律法规的国家之一。相关法律法规经过三年讨论，考虑了新育种技术的最新进展及其他国家的相关讨论，根据“遗传物质的新组合”概念，按个案分析考虑产品的基因改造。

阿根廷仍然是美国在涉及生物技术的国际问题中的重要盟友，另外，还与美国共同向世贸组织就欧盟的转基因作物应用延期令提出质疑。虽然特许权使用费支付制度的缺乏对于阿根廷而言仍然是一个重要问题，但是，阿根廷政府已经开始重视促进生物技术的研究与创新。从国际层面来看，由阿根廷、巴西和美国的玉米种植者建立的伙伴关系——国际玉米联盟（MAIZALL），仍然是加强行业间、政府间及公众宣传交流的有效平台。

阿根廷积极研发用于医药的转基因动物，但尚未批准任何食用的转基因动物。

2016年，阿根廷农业产业部收到了改良产量的转基因动物申请。对于克隆动物，阿根廷有三家公司和两家公共机构能够提供商业克隆服务，主要针对养殖动物。此外，阿根廷在体细胞核移植（SCNT）问题上仍表现得非常积极。阿根廷政府还在制定相关的技术政策。

# 第一部分 植物生物技术

## 一、生产与贸易

### （一）产品研发

阿根廷有意继续保持向农民推介创新技术的领先地位。阿根廷国家农业生物技术咨询委员会（CONABIA）今年通过了14个转化体，创下了新的批准纪录（尽管其中许多尚未获得商业化批准）。值得注意的是，阿根廷制定了新育种技术（NBTs）法规。当地科学家研发了新的转基因品种，如转基因耐除草剂红花及耐除草剂羊茅，目前这些新的转基因品种正在进行评估。阿根廷研究人员研发的两个转基因产品：抗病毒马铃薯及新的耐旱大豆，已经获得了最终批准。

**1. 转基因甘蔗**

阿根廷国家农业生物技术咨询委员会已经批准了Roundup Ready（RR）和Bt甘蔗品种，而国家农业食品卫生质量管理局（SENASA）仍在开展评估过程。这两个品种都是奥比斯波科隆（Obispo Colombres）实验研究站和圣罗莎（Santa Rosa）研究所的阿根廷科学家研发的。一旦获得批准，这些品种将提高产量，推动甘蔗经济发展。

2012年，阿根廷农业产业部的高级官员在行业代表和研究人员的陪同下前往巴西，评估了与巴西相关企业建立私营合资公司研发转基因耐旱甘蔗的可能性。巴西研究人员根据阿根廷科学家提出的建议，正专注于研发转基因耐旱甘蔗。阿根廷制糖产业界表达了对这一性状的兴趣，认为在10年内，这一性状有望使甘蔗种植面积从当前的35万公顷增加到500万公顷。增加的产量将主要用于生产乙醇。

**2. 新的转基因耐旱大豆获得了商业化批准**

阿根廷研究人员从向日葵中分离出了耐旱基因（HB4），并将其转入玉米、小麦和大豆中，取得了较好的耐旱效果。在阿根廷不同地区（土壤条件和气候条件各不相同）进行了为期3年的田间试验后，这些转基因作物的产量比常规品种高出15%～100%，这些新品种有助于应对气候变化的影响。2013年，已经获得HB4基因使用许可的阿根廷Bioceres公司与法国Florimond Desprez公司签署了一项合资协议。2016年，耐旱转基因大豆获得阿根廷农业生物技术咨询委员会的批准，这是阿根廷农业部门的里程碑事件。也是全球首次批准HB4基因和耐非生物胁迫性状的转基因大豆。

**3. 抗病毒和耐除草剂转基因马铃薯获得了批准**

2015年底，抗病毒（马铃薯Y病毒和马铃薯卷叶病毒）和耐除草剂转基因马铃薯获得了商业化批准。这些病毒可能导致阿根廷的作物损失高达70%，因此这一批准对马铃薯产业而言具有重大意义。

## （二）商业化生产

阿根廷是继美国和巴西之后第三大转基因作物生产国，共有 41 种转基因作物品种获得了生产和商业化批准，包括 11 种大豆、25 种玉米、4 种棉花和 1 种马铃薯转基因品种。

阿根廷于 20 世纪 90 年代末开始引进转基因大豆，推动了大豆产量的快速增长，目前转基因大豆的种植面积已超过 1 900 万公顷。2015—2016 年度，阿根廷转基因作物（大豆、玉米、棉花）的总种植面积达 2 450 万公顷（图 5-1、图 5-2）。

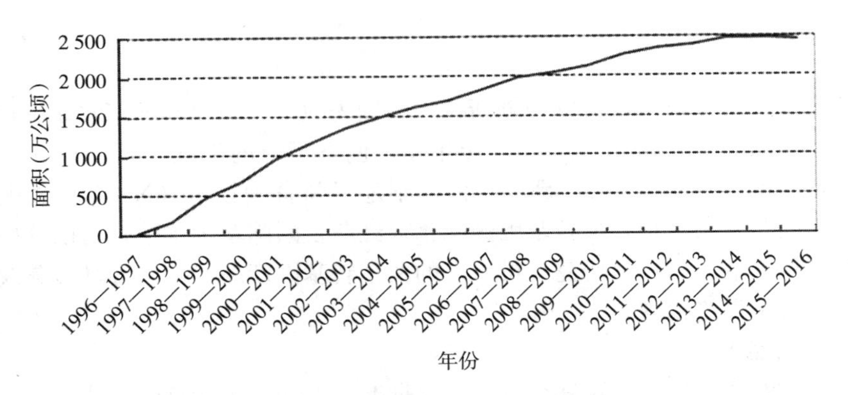


图 5-1 阿根廷转基因作物种植面积的变化

数据来源：阿根廷生物技术信息和发展委员会。

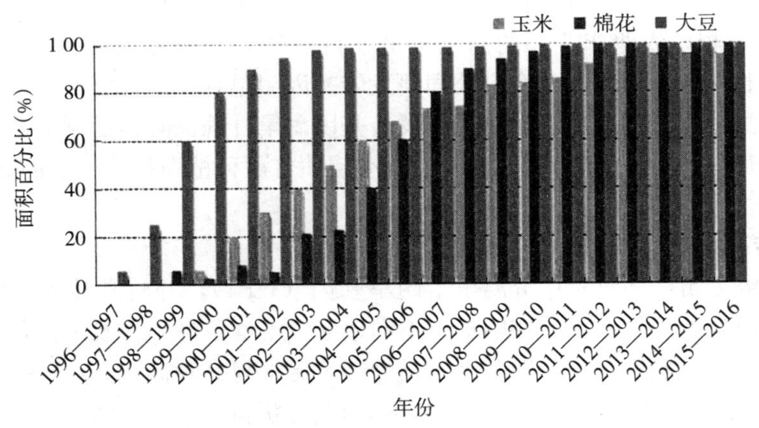


图 5-2 主要转基因作物种植面积的变化（每种作物按百分比统计）

数据来源：阿根廷生物技术信息和发展委员会。

2016 年 11 月，阿根廷生物技术信息和发展委员会（ArgenBio）Eduardo Trigo 的博士研究的报告中估计，自阿根廷 1996 年引进生物技术以来，生物技术为阿根廷创造了 1 270亿美元的总收益，其中 66%为种植户所得收益，26%为阿根廷政府所得收益，另外 8%则为技术（种子和除草剂）提供商所得收益。从社会经济的角度来看，该研究报告预计生物技术同期为阿根廷创造了约200万个就业机会。

中国的转基因审批继续成为阿根廷对外贸易的重中之重，因为中国是阿根廷最重要的农产品市场之一。阿根廷农业相关企业和政府共同向中国农业主管部门强调了对新转化体开展及时、科学的安全评价的重要性，以避免不同步审批导致贸易中断问题。自2015年起，阿根廷在审批决议中包含了一份声明，要求转化体在商业化之前必须在中国获得批准。

**1. 大豆**

1996年上市的耐草甘膦（Roundup Ready）大豆是阿根廷农业部门引入的第一种转基因作物。自此，转基因技术得到快速推广，2015—2016年种植的2 000万公顷大豆几乎都是转基因大豆。转基因技术促成了许多地区种植双季大豆（小麦收割后再种植一季大豆），而之前，这些地区都只种植一季大豆。最新批准的大豆如下。

（1）2015年10月批准了阿根廷先锋公司的高油酸和耐草甘膦大豆（DP305423×GTS40-3-2）。

（2）2015年10月批准了罗萨里奥农业生物技术研究所（INDEAR）的耐旱大豆（HB4）。

（3）2016年7月批准了阿根廷孟山都公司的耐草甘膦大豆（MON89788）。

（4）2016年7月批准了阿根廷孟山都公司的抗鳞翅目害虫大豆（MON87701）。

（5）2016年10月批准了陶氏益农公司的抗鳞翅目害虫和耐草甘膦、草铵膦除草剂大豆（DAS81419-2和DAS81419×DAS44406）。

阿根廷大豆几乎完全以出口为导向，20%的大豆直接出口，其余的大豆由炼油厂加工（也主要用于出口），93%的大豆油和99%的副产品（大豆粕）出口国外。有关大豆生产的更多详细信息，请参阅GAIN《阿根廷油料种子及其产品年度报告》。

**2. 玉米**

阿根廷农民种植复合性状转基因玉米已有九年之久。2007年，阿根廷政府简化了复合性状转化体的审批流程，由两种已经获批的转化体杂交形成的转基因作物无须按照新的转基因作物进行全面分析。最新批准的玉米如下。

（1）2016年3月批准了阿根廷先锋公司的抗鳞翅目害虫和耐草甘膦、草铵膦除草剂玉米（TC1507×MON810×MIR162×NK603）。

（2）2016年10月批准了阿根廷陶氏益农公司的抗鳞翅目害虫和耐草甘膦、草铵膦除草剂玉米（MON89034×TC1507×NK603×MIR162）。

（3）2016年11月批准了先正达公司的抗鳞翅目害虫和耐草甘膦、草铵膦除草剂玉米（Bt11×MIR162×MON89034×GA21）。

**3. 棉花**

阿根廷种植的棉花全部为转基因棉花。2015—2016年度，种植的棉花88%为复合性状，12%耐草甘膦。自2011—2012年度以来，阿根廷农民已经不再种植单一的Bt棉花品种。

2009年12月，阿根廷批准了第一种复合性状转基因棉花——孟山都公司的耐草甘膦除草剂和抗鳞翅目害虫转化体MON1445×MON531。2015年11月，阿根廷批准了拜耳作物科学公司的转基因棉花（GHB614×LLCotton25）。图 5-3 显示了阿根廷农民对抗虫和耐除草剂复合性状转基因棉花的高采用率。

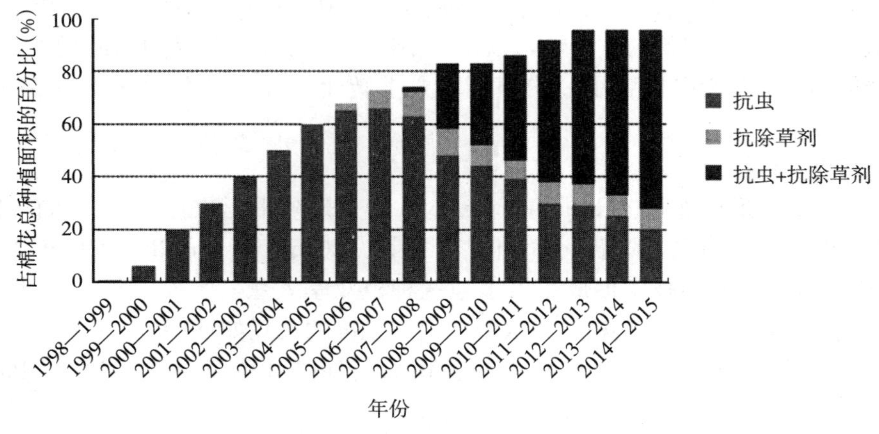


图 5-3 转基因棉花种植面积的变化

## （三）出口

阿根廷是转基因产品的净出口国，其将转基因产品出口到世界各地的许多市场，包括美国。出口文件须声明转基因种子的含量。在阿根廷批准和商业化的所有转基因作物均已获得美国的批准。

## （四）进口

由于阿根廷是转基因产品的生产大国，因此进口一般可以忽略不计。阿根廷有时从巴西或美国进口转基因产品。

## （五）新育种技术（NBTs）

2015 年，阿根廷农业产业部宣布了适用于植物新育种技术（NBTs）的法规。阿根廷是第一批建立了新育种技术产品监管框架并出台了具体法律法规的国家之一。相关法律法规经过了三年讨论，考虑了新育种技术的最新进展及其他国家的相关讨论。这一法规不会改变转基因的监管框架，而是对于使用新育种技术进行基因改造的作物，提出了是否需要遵守转基因法规的判断程序。

**1. 建立监管框架的背景**

新育种技术（NBTs）是近期出现的一个术语，指利用分子生物学技术创造植物基因多样性的新兴技术。新育种技术既不是一个科学的术语，也不是一个严格的监管术语。实际上，它甚至没有严格的定义，而是被用来指代一系列技术。虽然可以列出一些技术来阐述什么是植物新育种技术，但并没有统一的通用技术列表。新育种技术的倡导者希望这些技术的产品不被视为通常监管意义上的转基因生物，并可因此免于遵守转基因产品法规。然而，监管机构必须多方面考虑如何监管，并且有必要就此展开讨论和阐释。

**2. 建立监管体系的法规依据**

阿根廷转基因监管体系是建立时间最久、获得认可最广泛的监管体系之一。联合国粮农组织已将阿根廷国家农业生物技术咨询委员会认定为转基因生物安全参考中心。作为世界监管体系的领先者之一，阿根廷很早就认识到新育种技术是植物生物技术的前沿，对其建立监管政策的前提是阐明新育种技术产品的性质。

在转基因监管体系中，阿根廷及其大部分转基因作物跨境转移合作伙伴国的现行法规均参考了《卡塔赫纳生物安全议定书》的相关规定。其中关于"生物"或"现代生物技术"术语的定义仍适合新育种技术，但"新的遗传物质组合"一词的解释是决定某一新育种技术产品是否为转基因产品的关键。

**3. 监管体系要考虑未来技术的灵活性**

前文已经提到，新育种技术并没有统一的参考列表，事实上也不需要这样的列表，因为新技术正在不断涌现。例如，现有列表中并未包含 CRISPR-Cas9，这一技术是在后来发明的，但它是目前最具应用前景的新育种技术之一。此外，尽管科学论文中的技术名词可能有明确定义，但在政策制定中，很难为各种技术制定"令人满意的"的法律定义。因此，新育种技术的监管法规不应基于一些特定的技术，而应建立灵活的框架，尽可能地适用于现有或未来技术。

**4. 监管体系遵循个案分析原则**

如前所述，尽管某些技术名词，如"同源转基因""反向育种""位点特异性核酸酶"在科学论文中是可以使用的，但比较不同新育种技术使用情况就会发现，具体情况的差异使得很难采用某一个技术名词作为监管法规定义。同样，很难按"技术范围"对终产品的监管状态进行划分，因为可能存在很大差异。

因此，只能根据具体产品采取个案分析原则来确定某一新育种技术作物是否为转基因。

**5. 监管决策程序**

农业、畜牧业、渔业和食品秘书处第 173/15 号决议中建立了对包括现代生物技术在内的育种技术研发的作物是否需要按转基因管理的决策程序。

申请人应提交申请新育种技术作物的样品，以确定是否为新的遗传物质组合。当将一个或多个外源基因或 DNA 序列稳定并永久地插入植物基因组时，这种变化被视为新的遗传物质组合。在某些情况下，还需提供充足的科学证据证明育种过程中瞬时表达的外源基因并不包含在植物基因组中。

申请人会在 60 天内收到主管部门的答复，确定相关产品是否应按照转基因法规管理。

如果某一作物无须按照转基因作物进行管理，但其特征或创新性有可能导致风险，那么监管委员会也必须报告此情况，并将报告转交给相应的常规育种监管机构。

对于研究项目，申请人还可以提交初步咨询，以便预测某一产品是否属于转基因法规的监管范围，这适用于仍处于设计阶段的项目。当然，政府评估意见是根据研发者的研究设计进行的，因此只是初步判断。当新作物最终研发出来后，申请人仍须提交实际完成的基因改造的事实描述。只有在产品确实符合初步咨询时所预想的特性的情况下，对其监管状态的早期评估才有效。图 5-4 列出了阿根廷对新育种技术产品监管的决策程序，以使读者更好地理解这一新法规。

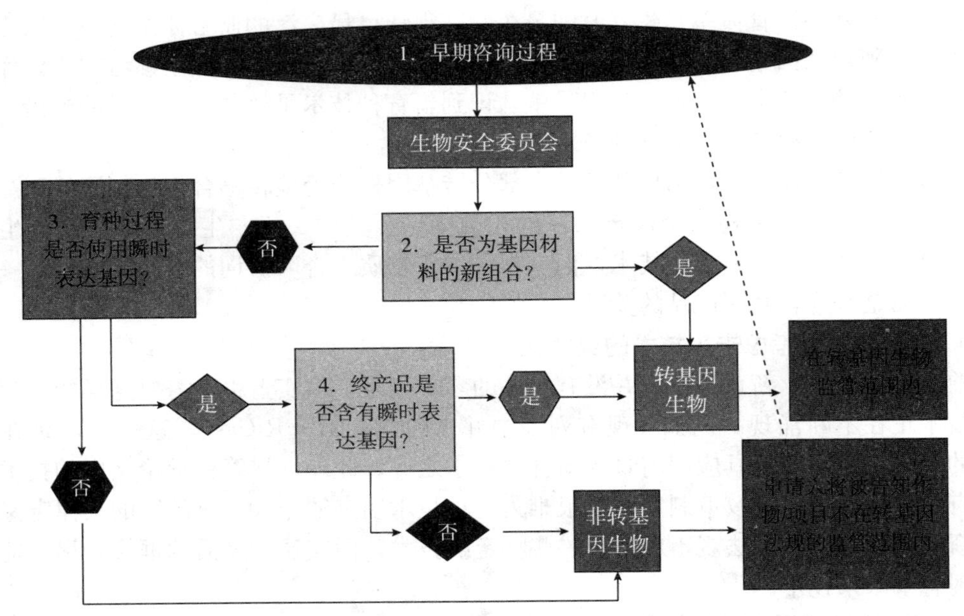


图 5-4 阿根廷新育种技术监管状态申请及决策流程图

资料来源：阿根廷农业、畜牧业、渔业和食品部生物技术指导局。

**6. 关于新育种技术动物和微生物产品的监管**

监管法规中“新育种技术”一词实际上尚未用于描述植物以外的其他产品。这是因为在转基因领域，全球监管体系更多围绕转基因植物数量和种类的变化而开展不同阶段的评估，转基因植物的监管体系整体更加完善。但转基因的定义同样也适用于动物和微生物，并没有考虑生物类型的不同。由此可以推测，针对植物新育种技术产品制定的监管框架和标准同样也会适用于动物和微生物。

### （六）粮食援助受援国

阿根廷目前并不是粮食援助受援国，在近期内也不太可能成为粮食援助受援国。

## 二、政策

### （一）监管框架

2012 年，阿根廷农业产业部部长宣布在阿根廷实施新的农业生物技术监管框架。新监管体系的目标是将新转化体的审批时间缩短到 24 个月，此前审批过程大约需要 42 个月，考虑到生物技术行业的快速发展以及巴西的审批速度快于阿根廷这一事实，人们普遍认为这一审批期太长。根据阿根廷国家农业生物技术咨询委员会的内部消息，自 1999 年以来，申请数量增加了三倍，而法规落后阻碍了田间试验和商业化释放进程。

新的农业生物技术监管框架于 2012 年实施，已经实现了缩短审批时间的预期目标，并证明能够成功减少官僚主义产生的弊端。新的监管框架实施后，阿根廷不仅批准了多个转化体，农业产业部部长还邀请相关企业提供技术建议，以提高新监管体系的效率。这些都是阿根廷政府意图避免官僚主义并践行其对技术发展承诺的表现。

新转化体的评估依据个案分析原则采用科学和技术标准，只在可能对环境、农业生产或人类或动物健康造成危害的情况下才考虑研发过程。阿根廷法规以转化体的特征和表现为基础，对于转化体研发过程将考虑可能与相同的非转基因生物（常规品种）不同的方面，包括农业生态系统及其作为供人类和动物食用的安全性。

农业产业部于 2009 年建立的生物技术指导局负责集中所有生物技术活动和信息。生物技术指导局负责协调三个技术领域的工作：生物安全问题（其负责人是阿根廷国家农业生物技术咨询委员会的一名成员）、政策分析与制定以及监管设计。

转基因种子商业化的审批流程涉及农业产业部下列机构。

**1. 国家农业生物技术咨询委员会（CONABIA）**

职责：评估对农业生态系统的影响。它的主要职责是从技术和科学的角度评估在阿根廷农业领域引入转基因作物的潜在环境影响。该委员会审核转基因作物及其产品和加工品的试验和环境释放相关问题，并向部长提出建议。该委员会是一个跨部门组织，由与农业生物技术有关的公共部门、学术界和私营部门组织的代表组成。该委员会成员作为个人而不是所在行业的代表开展工作，他们积极参与有关生物安全和相关监管的国际讨论。此外，该委员会还确保贯彻执行第 701/2011 号决议和第 661/2011 号决议（取代了第 39/2003 号决议）。总之，该委员会是履行咨询职责的跨专业、跨机构组织。

根据新的监管框架，国家农业生物技术咨询委员会当前的评估期限为 180 天。此前并没有规定评估时间表，审批过程可能需要花费两年的时间。新监管体系的另一个特点是，设立了事先咨询的制度。此外，新的监管框架允许企业在提交书面文件之前提交电子形式文件。这使得所有机构同时能获取相关文件，进一步加快审批流程。

国家农业生物技术咨询委员会自创建以来已经评审了 1 500 多项许可申请，并根据部门需要不断增强评审能力。该委员会是按照阿根廷农业产业部决议开展工作的咨询机构，因为没有管理评审工作的相关法律，所以委员会对不遵守规定程序的行为进行惩罚的能力有限。

**2. 国家农业食品卫生质量管理局（SENASA）**

职责：评估供人类和动物食用的转基因作物的生物安全性。

**3. 国家农产品市场管理局（DNMA）**

职责：编写技术报告，评估对出口市场的商业影响，以避免对阿根廷出口产生不利影响。该管理局主要分析特定转化体在目的地市场的状况，重点研究产品是否已经获得批准，以及如果阿根廷出口这一转化体是否会给进入这些市场带来潜在的障碍。根据新的监管框架，国家农产品市场管理局将在 45 天内对出口市场的商业影响进行评估，以往没有相应的评估时间表。

**4. 国家种子协会（INASE）**

职责：确定在国家栽培品种登记处进行注册的要求。

在完成上述所有步骤后，国家农业生物技术咨询委员会技术协调办公室将汇编所有相关信息，并将最终报告提交给农业、畜牧业、渔业和食品部部长进行最终决策。

## （二）审批

阿根廷批准的转基因作物详见表 5-1。

**表 5-1 阿根廷批准的转基因作物**

| 作物 | 性状 | 转化体 | 申请人 | 获批年份 |
|---|---|---|---|---|
| 大豆 | 耐草甘膦除草剂 | GTS40-3-2（40-3-2） | 尼德拉公司 | 1996 年 |
| 大豆 | 耐草铵膦除草剂 | A2704-12 | 拜耳作物科学公司 | 2011 年 |
| 大豆 | 耐草铵膦除草剂 | A5447-127 | 拜耳作物科学公司 | 2011 年 |
| 棉花 | 抗鳞翅目害虫 | MON531 | 阿根廷孟山都公司 | 1998 年 |
| 棉花 | 耐草甘膦除草剂 | MON1445 | 阿根廷孟山都公司 | 2001 年 |
| 棉花 | 抗鳞翅目害虫和耐草甘膦除草剂 | MON1445×MON531 | 孟山都公司 | 2009 年 |
| 玉米 | 抗鳞翅目害虫 | Bt176 | 先正达种子公司 | 1998 年 |
| 玉米 | 耐草铵膦除草剂 | T25 | 拜耳作物科学公司 | 1998 年 |
| 玉米 | 抗鳞翅目害虫 | MON810 | 孟山都公司 | 1998 年 |
| 玉米 | 抗鳞翅目害虫 | Bt11 | 先正达种子公司 | 2001 年 |
| 玉米 | 耐草甘膦除草剂 | NK603 | 孟山都公司 | 2004 年 |
| 玉米 | 抗鳞翅目害虫和耐草铵膦除草剂 | TC1507 | 陶氏益农和杜邦先锋公司 | 2005 年 |
| 玉米 | 耐草甘膦除草剂 | GA21 | 孟山都公司 | 2005 年 |
| 玉米 | 耐草甘膦除草剂和抗鳞翅目害虫 | NK603×MON810 | 孟山都公司 | 2007 年 |
| 玉米 | 抗鳞翅目害虫、耐草铵膦和草甘膦除草剂 | 1507×NK603 | 陶氏益农公司和杜邦先锋公司 | 2008 年 |
| 玉米 | 耐草甘膦除草剂和抗鳞翅目害虫 | Bt11×GA21 | 先正达种子公司 | 2009 年 |
| 玉米 | 抗鳞翅目害虫 | MON89034 | 孟山都公司 | 2010 年 |
| 玉米 | 耐草甘膦除草剂和抗鳞翅目害虫 | MON88017 | 孟山都公司 | 2010 年 |
| 玉米 | 耐草甘膦除草剂、抗鳞翅目和鞘翅目害虫 | MON89034×MON88017 | 孟山都公司 | 2010 年 |
| 玉米 | 抗鳞翅目害虫 | MIR162 | 先正达公司 | 2011 年 |
| 玉米 | 抗鳞翅目害虫、耐草甘膦和草铵膦除草剂 | Bt11×GA21×MIR162 | 先正达公司 | 2011 年 |
| 玉米 | 耐草甘膦除草剂 | 98140（DP-098140-6） | 杜邦先锋公司 | 2011 年 |
| 玉米 | 抗鞘翅目害虫 | MIR604 | 先正达公司 | 2012 年 |
| 玉米 | 抗鳞翅目和鞘翅目害虫、耐草甘膦和草铵膦除草剂 | Bt11×MIR162×MIR604×GA21 | 先正达公司 | 2012 年 |
| 玉米 | 抗鳞翅目和鞘翅目害虫、耐草甘膦和草铵膦除草剂 | MON89034×TC1507×NK603 | 孟山都公司和陶氏益农 | 2012 年 |
| 玉米 | 抗鳞翅目害虫和耐草甘膦除草剂 | MON89034×NK603 | 孟山都公司和陶氏益农 | 2012 年 |
| 大豆 | 抗鳞翅目害虫和耐草甘膦除草剂 | MON87701×MON89788 | 孟山都公司 | 2012 年 |
| 大豆 | 耐咪唑啉酮除草剂 | CV127 | 巴斯夫公司 | 2013 年 |

（续）

| 作物 | 性状 | 转化体 | 申请人 | 获批年份 |
| --- | --- | --- | --- | --- |
| 玉米 | 抗鳞翅目害虫、耐草甘膦和草铵膦除草剂 | TC1507×MON810×NK603 和 TC1507×MON810 | 杜邦廷先锋公司 | 2013 年 |
| 玉米 | 抗鳞翅目害虫、耐草甘膦和草铵膦除草剂 | Bt11×MIR162×TC1507×GA21 及所有中间复合性状转化体 | 先正达公司 | 2014 年 |
| 大豆 | 耐 2，4-D、草甘膦和草铵膦除草剂 | DAS-44406-6 | 陶氏益农公司 | 2015 年 |
| 马铃薯 | 抗病 | TIC-AR233-5 | 阿根廷植物技术公司 | 2015 年 |
| 大豆 | 高油酸含量和耐草甘膦除草剂 | DP305423×GTS04032-6 | 杜邦廷先锋公司 | 2015 年 |
| 大豆 | 耐旱 | IND410（HB4） | 维戴卡（Verdeca）公司 | 2015 年 |
| 棉花 | 耐草甘膦和草铵膦除草剂 | GHB614×LLCotton25 | 拜耳作物科学公司 | 2015 年 |
| 玉米 | 抗鳞翅目害虫和耐草甘膦、草铵膦除草剂 | TC1507×MON810×MIR162×NK603 | 杜邦先锋公司 | 2016 年 |
| 大豆 | 耐草甘膦除草剂 | MON89788 | 孟山都公司 | 2016 年 |
| 大豆 | 抗鳞翅目害虫 | MON87701 | 孟山都公司 | 2016 年 |
| 玉米 | 抗鳞翅目害虫、耐草甘膦和草铵膦除草剂 | MON89034×TC1507×NK603×MIR162 | 陶氏益农公司 | 2016 年 |
| 大豆 | 抗鳞翅目害虫、耐草甘膦和草铵膦除草剂 | DAS81419×DAS44406 和 DAS81419 | 阿根廷陶氏益农公司 | 2016 年 |
| 玉米 | 抗鳞翅目害虫、耐草甘膦和草铵膦除草剂 | Bt11×MIR162×MON89034×GA21 | 先正达公司 | 2016 年 |

资料来源：国家农业生物技术咨询委员会。

## （三）田间试验

阿根廷允许开展转基因作物田间试验，但目前由国家农业生物技术咨询委员会试验的田间作物对外是保密的。

## （四）复合性状审批

复合性状的审批基于个案评估的原则，申请人必须同时向农业产业部（生物技术指导局）和国家农业食品卫生质量管理局提交特定复合性状转化体商业化的授权申请函。

评估复合性状转化体中单个转化体之间代谢途径的互作可能性。为了评估复合性状转化体在生态系统中可能存在的影响以及食用安全，国家农业生物技术咨询委员会和国家农业食品卫生质量管理局将决定是否要求申请人提供额外的信息。

## （五）可追溯性

阿根廷目前还没有关于转基因产品可追溯性的正式官方体系。在现阶段，只有私营公司（授权实验室）能够进行所需的检测。例如，国家农业技术研究院（INTA）可开展独立的分析。

## （六）共存

阿根廷没有制定共存相关的政策或规则。

## （七）标识

阿根廷在转基因产品标识方面没有具体的法规。当前的监管体系是以产品的特征和已确定的产品风险为依据，而不是产品的生产过程。

阿根廷农业产业部在国际市场中的标识政策是，标识应该以转基因食品的类型为依据，同时考虑以下因素。

（1）通过生物技术获得的与常规食品实质等同的任何食品不应受到特定强制标识的约束。

（2）通过生物技术获得的食品，在某些特性上与常规食品不具有实质等同性，可以按照其食品特征标识，而不是根据有关环境或生产过程进行标识。

（3）采取区分性标识是不合理的，因为没有证据表明通过生物技术生产的食品可能给消费者的健康带来任何危害。

（4）由于大多数农产品都是商品，所以识别流程会较复杂而且成本较高。因为标识而导致的生产成本增加可能会最终转嫁给消费者，同时无法确保这代表着更好的信息或者更高的食品安全水平。

## （八）贸易壁垒

阿根廷不会对转基因产品贸易产生负面影响的贸易壁垒。

## （九）知识产权

阿根廷是农业生物技术产品的主要生产国和出口国，但是却没有充分有效的体系来保护植物新品种或植物相关技术的知识产权。对擅自使用受保护品种的行为，惩罚微乎其微。阿根廷的司法执行程序同样效力低下，不能有效防止受保护品种未经授权的商业使用。

阿根廷的知识产权法律是以《国际植物新品种保护公约》（1978 年文本）为依据，为农民保留和重新种植种子的权利提供了强有力的保护，而且农民在该法律下无须解释他们如何使用选用的种子。植物品种权利缺乏有效的执法方案，而且许多生物技术发明都没有专利保护，从生物技术行业的角度来看，阿根廷的知识产权保护体系非常欠缺。

**1.《种子法》——新提案**

2016 年孟山都公司推出 Intacta 大豆品种后，阿根廷在全国范围内出台新的特许权使用费征收制度，种子特许权使用费成为一个饱受争议的问题。阿根廷农业产业部最初阻止在销售点检测是否有未经授权种子销售，以及在这些销售点收取特许权使用费，但 2016 年 6 月就推行该制度达成了一致意见。

2016 年 10 月，阿根廷农业产业部向国会提交了一份修改现行《种子法》以解决知识产权问题的提案。种子公司对拟议的变更提出了一些担忧，并继续与政府就提案展开高层次讨论。

该《种子法》提案提出，大部分的生产者在第一年无须缴纳特许权使用费，但生产者初次购买后继续购买该种子，种子公司有权依据《专利法》对其征收特许权使用费，期限不超过3年。该法律提案还禁止专利持有人阻止其他公司利用他们的技术来研发和销售新品种。

**2. 生物安全法**

阿根廷没有出台生物安全法。2001年首次讨论了制定生物安全法的相关事宜，但是因为2001年12月爆发的制度和经济危机，国会再也没有讨论过生物安全法草案，而且没有证据表明近期会重新启动讨论。有关人士表示，鉴于国会的当前状况，生物安全法将是一个长期目标。

## （十）《卡塔赫纳生物安全议定书》批准

在国际生物技术谈判领域，《卡塔赫纳生物安全议定书》可能是最重要的依据。阿根廷政府官员正积极与该地区其他国家进行协调统一。阿根廷于2000年5月在肯尼亚内罗毕签署了《卡塔赫纳生物安全议定书》，但目前尚未签署其批准书。阿根廷目前仍在开展协商，并与所有相关部门一同分析和讨论在这一方面将要采取的立场。然而，可以确定的是，阿根廷将在不久的将来批准该议定书。

## （十一）国际公约/论坛

**1. 国际食品法典委员会相关工作**

2009年，阿根廷主持了国际食品法典委员会转基因食品分析方法工作组的工作。此外，阿根廷致力于促成生物技术标识的一致意见，避免贸易中断和不必要的成本增加。

**2. 国际玉米联盟**

作为转基因玉米主要种植国和出口国，阿根廷、巴西和美国面临着在全球销售玉米和玉米产品的许多共同障碍。为此，这些国家的生产者建立了国际玉米联盟（MAIZALL），携手处理以下问题。

（1）全球审批不同步和不对称：阿根廷、巴西和美国的政府和行业需要统一的声音，倡导主要进口国政府同步全球转基因产品的审批流程，并促进其制定相关政策，管理尚未获批的转化体的低水平混杂情况。

（2）美洲监管政策的协调统一：认识到需要统一新转化体的全球监管审批流程，美国和南美洲玉米行业希望协调统一美洲的监管政策，以便实现转基因审批的互认。

（3）现代农业的传播：有必要加强消费者对农业生产的认识，包括生物技术的益处，有必要促进全球认识到谷物用作饲料、食品和燃料的潜力。

## （十二）相关问题

国家层面持续存在的问题：《阿根廷政府15年战略计划》。该计划建议将生物技术的应用多元化，增加工具的数量和生产活动。该计划提倡为生物技术企业的创建和发展营造一个适当的环境（政治、法律和公众接受度方面），并促进现有企业的整合。该计划建议促进农业生产的增产，同时保持和改善当代人和子孙后代的生活质量。该计划的优势之一在于其灵活性：计划的完成一直都以一项方案的实施为基础，而且这项方案几乎与计划的执行过程同步，包括目标、目的和主要行动的修订。

### （十三）监测与检测

阿根廷没有建立相关的监测体系，目前阿根廷尚未批准转基因油菜商业化，如果出口货物为油菜籽，国家种子协会要求出口商提供一份书面陈述，并对货物成分进行检测。

### （十四）低水平混杂政策

2010年，创新农业技术志同道合组织成员国代表齐聚阿根廷，以期确定该组织建立的目的和要解决的重点问题。未来需要大幅增加农业产量来满足全球食品需求，而创新农业技术在应对这些挑战中将继续发挥重要作用，同时对创新农业技术应采取科学的监管方法。该组织为在相关领域开展合作打下了坚实的基础，包括创新农业技术研究和培训，促进国际法典委员会法规的应用，对食品、饲料和环境安全开展科学评估。截止到2016年，该组织仍十分活跃。

## 三、销售

### （一）市场接受度与公共/私营部门意见

大多数阿根廷科学家和农民都对利用生物技术提高作物产量和营养价值，同时减少化学农药使用量的前景持积极乐观的态度。阿根廷消费者虽然认为转基因产品对自己没有额外好处，但他们认为这些产品对提升农民和跨国种子公司的经济效益有利，不过，他们仍然对是否支持生物技术感到犹豫不决。由于阿根廷一直都是生物技术推广领域的领导者，所以需要科学家、农民、私营企业、消费者、政府和监管机构之间进行对话和沟通。

### （二）销售研究

目前没有转基因植物和植物产品销售相关的具体国家研究。

# 第二部分　动物生物技术

阿根廷生产转基因动物和克隆动物。

## 一、生产与贸易

### （一）转基因动物

阿根廷是拉丁美洲第一个研发出两代生产人类生长激素的转基因母牛的国家。由Biosidus公司研发的克隆（而且也是转基因）牛犊Pampa Mansa Ⅱ、Pampa Mansa Ⅲ和Pampero带有能够在牛奶中生产人类生长激素的基因。一头奶牛生产的牛奶中的人类生长激素就可以满足整个国家的需求。据估计，有1 000名阿根廷儿童目前需要这种激素治疗。从牛奶中生产人类生长激素获得了国家农业生物技术咨询委员会的批准，完成了该进程的第一步，目前需等待卫生部部长的审批。

自2007年以来，Biosidus公司开展了多个研发项目，但由于公司遭遇多种困境，导致这些研发项目无法继续进行，进而陷入中断状态，其中包括：生产胰岛素的克隆牛犊；利用克隆和转基因牛犊生产牛生长激素。

国家农业技术研究院和圣马丁大学的科学家研发出了第一头转基因牛犊，其基因组中引入了两种人类基因，可表达人乳中含有的两种蛋白质（乳铁蛋白和溶菌酶）。与普通的牛奶相比，含有这两种蛋白质的牛奶能够为婴儿提供更好的抗菌和抗病毒保护，同时有助于促进铁的吸收。这头转基因牛犊出生于2011年4月6日，15个月后，科学家们通过人工诱导泌乳证实其牛奶中含有这两种蛋白质。

### （二）转基因三文鱼

2016年4月，美国AquaBounty科技公司开始在阿根廷进行AquAdvantage转基因三文鱼中间试验。AquAdvantage转基因三文鱼的生长速度比普通三文鱼要快，且食物转化率更高。自2014年中以来，该公司一直与当地监管机构合作，为中间试验做准备。该公司表示，AquAdvantage转基因三文鱼将提高三文鱼这一重要食品的生产率和可持续性，为全球类似和新的蛋白质生产方法的应用奠定基础。

1989年，加拿大纽芬兰纪念大学的研究小组发现，分子遗传学的新应用可以大大加速大西洋三文鱼的生长。他们发现通过将Chinook生长激素基因整合到大西洋三文鱼的基因组中，大西洋三文鱼的上市时间可从3年缩短到18个月。

### （三）克隆动物研发活动

阿根廷在1994年左右开始进行克隆研究，当时生物和实验医学研究所（IBYME）开展了一项体外生产牛犊的项目。该项目由生物和实验医学研究所与苏格兰爱丁堡大学罗斯林研究所，以及后来加入的日本老化制御研究所（JAICA）联合开展。在最初的几年，该项目资金不足，因此一直处于实验阶段。在英国于1996年研发出克隆羊多利之前，阿根廷获得了胚胎克隆细胞，不过之后越来越多的机构开始资助克隆研究。此外，一些私营公司开始从事克隆工作，重点关注对育种有高遗传价值的动物克隆。

2002年，阿根廷Biosidus公司成为全国第一个成功实现动物克隆的公司。该公司研发出了可用于生产药品的转基因母牛。2006年，Goyaike公司（美国Cyagra公司的合作伙伴）也成功克隆了牛，为牧场主提供克隆服务。后来，国家农业技术研究院和圣马丁大学也生产了克隆牛。随后，阿根廷New Millenium公司克隆了山羊、绵羊、猪和牛，而Biosidus公司能够克隆马。此外，阿根廷Kheiron和Crestview Genetics公司也在克隆马方面取得了很大成功。

2012年，布宜诺斯艾利斯大学（UBA）的研究人员宣布，他们正在改进克隆区域濒危物种的技术。目前，科学家们正研究猫科动物，他们已经成功地制备了猎豹和老虎体外胚胎。阿根廷科学家所使用的技术引起了印度政府研究人员的关注，印度政府的研究人员在布宜诺斯艾利斯大学实验室工作了一个月后，将在全国实施同样的方法，创造世界上最大的“冷冻动物园”。

阿根廷有三家公司和一家公共机构能够提供商业克隆服务，主要针对育种动物。阿根廷全国有350多只克隆动物，为了便于管理（主要是这些克隆动物的所有权），阿根廷农村协会（ARS）建立了系谱登记处。近期内，克隆动物不太可能进入食品链，因为他们的生产成本仍然十分高昂。

## 二、政策

### （一）法规政策

针对转基因动物的监管体系与评估植物转化体的监管体系相同，也就是说，具体情况具体评估。这一阶段涉及的唯一机构是国家农业生物技术咨询委员会。如果为医药用途评估，则还涉及另外一个机构，即国家医药、食品与医疗技术管理局（ANMAT）。

适用的规范是2003年第57号规范。

2013年，阿根廷政府根据第177/2013号决议发布了一份表格，供实验室用途的转基因动物进口商填写。

阿根廷目前正在制定自己的克隆技术政策。阿根廷同意美国的立场，即与常规动物相比，克隆动物不会对食品供应造成额外的风险。阿根廷当前采用的方法是，如果克隆动物不进入食品链，就无须制定具体法规，而仅需根据现行法律遵循一般安全要求。

### （二）标识与可追溯性

阿根廷全国有350多只克隆动物，为了便于管理（主要是这些克隆动物的所有权），阿根廷农村协会建立了系谱登记处。但这并不是阿根廷政府采用的官方可追溯性体系。近期内，克隆动物不太可能进入食品链，因为他们的生产成本仍然十分高昂。

### （三）贸易壁垒

阿根廷目前没有转基因或克隆动物相关的贸易壁垒。

### （四）知识产权

阿根廷尚未制定相关的知识产权法律。

### （五）国际公约/论坛

阿根廷在体细胞核移植（SCNT）问题上一直表现得非常积极。阿根廷政府代表与包括美国在内的其他国家的代表举行了双边会议。阿根廷研究中心（主要是布宜诺斯艾利斯大学、圣马丁大学和国家农业技术研究院）及美国、加拿大、澳大利亚、新西兰和欧盟等科研机构的科学家之间也开展了相关合作。

2010年12月、2011年3月和11月以及2012年4月和9月，在布宜诺斯艾利斯举办了关于农业和食品的牲畜克隆监管和贸易政府间会议。阿根廷、巴西、新西兰、巴拉圭、乌拉圭和美国的政府代表认为，有限的资源正面临越来越大的压力来应对日益加剧的食品安全挑战，而农业创新及农业技术在应对这些挑战、满足不断增长的全球人口需求中发挥的重要作用。他们还注意到，体细胞核转移牲畜克隆法规及其他农业技术可能影响贸易和技术转移，因此应让其他政府考虑支持牲畜的动物克隆联合声明。

联合声明文件要点如下。

（1）农业技术相关的监管方法应以科学为基础，达到应有的监管目标之外，不应施加更多的贸易限制，应与国际义务保持一致。

（2）全球专业科学机构审查了体细胞核移植克隆对动物健康的影响，以及克隆牲畜衍生食品的安全性。目前没有证据表明，克隆动物或克隆动物后代的衍生食品的安全性低于常规饲养牲畜衍生食品。

（3）体细胞核移植克隆动物的有性繁殖后代不属于克隆动物。这些后代与本物种有性繁殖动物相同。对克隆动物与常规育种动物后代实施差异化监管没有合理的科学依据。

（4）对克隆动物后代的衍生食品的限制（如禁令或标识要求）可能对国际贸易产生不利影响。

（5）任何针对克隆动物后代的审查和强制执行措施将无法合法实施，且将对牲畜生产者产生繁重、不成比例和不合理的负担。

该联合声明文件2011年3月16日于布宜诺斯艾利斯发表。

## 三、销售

### （一）市场接受度与公共/私营部门意见

民众对转基因动物的研发没有反对或支持的倾向性意见。主要原因可能是生产的第一批奶牛用于医药目的，总体上没有引起多大的反应。

### （二）市场研究

目前还没有阿根廷动物生物技术相关的市场研究。

# 第六章 日本农业生物技术年报

Suguru Sato，Christopher Riker

**摘要：** 日本是人均进口现代生物技术加工产品的全球第一大国，因此日本的转基因作物监管政策对全球最新生物技术应用有重要影响。目前，日本已批准 307 个转化体的食品用途，9 种作物 160 多个转化体的环境释放（大部分包括商业化种植审批）。但转基因玫瑰仍是日本唯一商业化种植的转基因作物。日本动物生物技术方面的应用研发活动较少，大部分活动仍聚焦在基础研究领域。用于生产兽药的转基因蚕是日本动物生物技术商业化应用的少数示例之一。

**关键词：** 日本；农业生物技术；转基因玫瑰；转基因蚕

日本仍然是世界人均进口现代生物技术加工产品的第一大国，每年从全球进口约 1 500万吨玉米，300 万吨大豆和 240 万吨油菜籽，而其中大部分为转基因产品。此外，日本还进口价值数十亿美元的含有转基因成分的油和糖，以及由基因工程技术获得的酵母、酶等辅助加工而成的食品。整体而言，美国一直是日本的主要玉米供应国，从美国进口的玉米量占 2015 年度（2014 年 10 月至 2015 年 9 月）日本玉米进口总量的 86%。尽管某些年份的供应国有一些变化，日本政府的转基因作物监管审批政策对美国农业乃至全球食品生产和分销仍然有着重要影响，因为未在日本获批的转基因作物可能导致严重的贸易中断事件。因此，日本政府的转基因作物监管审批对于最新农业生物技术在全球的推广应用有重要影响。

日本的转基因法规科学而透明，新转化体通常能在可以接受的时间内获得审批，审批期限基本上符合行业的市场期望。截止到 2016 年 10 月 19 日，日本有 307 个转化体获得了食品用途批准。然而，日本在 2015—2016 年批准转化体数量有所下降，这主要是因为日本厚生劳动省（MHLW）在 2015 年完善了转化体的审批流程，虽然采用已获批的单一转化体培育复合性状转化体可以免于科学评估，但前提是交叉授粉不会影响宿主的代谢系统。除了更高效地管理审批流程，日本监管层对广泛应用的基因越来越熟悉，也促进了审批速度的提高。据专家预计，未来十年批准商业化的转化体数量和类型都会增加，也将出现新的转化技术，并且参与生物技术行业的风险资本可能申请更多转化体的商业化，一些新兴经济体也会批准更多的转化体商业化。与其他许多国家一样，日本可能面临监管方面的挑战，因为一些研发者可能没有足够的能力获得生产国以外的其他国家的监管审批。作为全球最大人均转基因产品进口国，日本转基因监管体系的完善、注重生物技术的长期趋势、基于风险的管理将惠及所有利益相关者。

截至2016年，日本批准了9种作物160多个转化体的环境释放，其中大部分包括商业化种植许可。然而，日本并没有任何转基因食用作物的商业化种植。2009年三得利公司获批商业化的转基因玫瑰仍是日本唯一商业化种植的转基因作物。三得利公司还获得了8种转基因康乃馨的环境释放批准（包括商业化种植），但这些转基因康乃馨品种在哥伦比亚种植，出口到日本、美国和欧洲。

日本动物生物技术方面的应用研发活动较少，大部分活动仍聚焦在基础研究领域。用于生产兽药的转基因蚕是日本动物生物技术商业化应用的少数示例之一。

# 第一部分　植物生物技术

## 一、生产与贸易

### （一）产品研发

20世纪90年代初之前，日本的公共和私营机构积极开展农业生物技术研发活动。然而，由于经济不稳定和公众接受度的不可预测性，大多数私营公司在90年代末便停止研发活动或大大缩减了研发活动规模。此后，大部分的农业研发活动由公共部门、政府研究机构和大学开展。然而，CRISPR/Cas等创新技术的发展，引起了公共和私营部门的关注，这些创新技术可能影响日本农业生物技术应用的未来发展方向。

美国的农业研发活动主要受到私营部门的驱动，与此相比，由于受到多种因素的影响，日本的农业生物技术研发似乎进展缓慢。其中一个原因是日本消费者对转基因作物持非常谨慎的态度。即使是具有高附加值的转基因作物，也难以预测消费者对其的接受度，日本的零售商和食品制造商对使用转基因作物来生产产品持非常保守的态度，且要求加贴转基因标识。因此，日本农民即使知道种植转基因作物带来的益处，也不愿意种植转基因作物。第二个影响因素是监管审批。除了中央政府制定的法规外，许多地方政府还制定了额外的监管要求，甚至是针对中央政府已经批准商业化种植的转化体，这种情况对农业生物技术的研发是非常不利的。

因此，即便是对于日本饮食和文化方面最重要的水稻，以产品研发为目标的应用层面的现代生物技术研究也并不十分活跃。虽然日本研究人员（大部分来自公共机构）在学术期刊上发表了一些报告，但自2009年以来日本仅批准了一个田间试验，即2016年3月，日本农林水产省（MAFF）批准了水稻转化体OSCR11进行限制条件下的田间试验。OSCR11是一种在种子中表达抗日本柳杉花粉过敏的食用疫苗的转基因水稻，由国家农业科学研究所（NIAS）研发。研究人员改造了柳杉花粉的抗原基因，并将其转入水稻中，通过饲喂小鼠临床试验，成功地抑制了打喷嚏和鼻组织炎症等花粉病症状。

继2012—2014年在东京慈惠会医科大学开展初步临床试验之后，于2016年11月在大阪府呼吸道和致敏性疾病医疗中心进一步开展临床试验。10名柳杉花粉过敏症患者参加试验，按日本常规饮食食用含有 5 克转基因水稻的米饭一年。由于产品最终可能被证明具有药用价值，因此研发者计划将这种转基因水稻作为医药产品申请审批。

日本的一些农业生物技术研究非常特别，专门针对可直接惠及消费者的特色作物。日本筑波大学的一个研究团队研发了一种转基因番茄，能在果实中产生神奇蛋白。神奇蛋白来自西非产的一种称为“神奇果”的水果，当人们食用少量的神奇蛋白时，它将与味蕾相融合，并将酸味变成甜味。这种带有神奇蛋白的转基因番茄有助于减少人对糖的摄入，对糖尿病患者有利。尽管转基因番茄完全可安全食用，但筑波大学的研究人员研发它的主要目的主要是从中提取神奇蛋白，并在市场上出售这种纯化蛋白。

除粮食作物外，筑波大学与日本北兴化学工业株式会社联合研发的转基因仙客来在 2016 年 10 月 14 日获得限制条件下田间试验许可，可以收集相关数据用于进一步的监管审批，但获取国内种植许可还需时日。此外，根据种植地点和产品类型，种植者还可能需要获得当地的监管批准。

为了避免公众的消极反应，一些研发活动正转向非粮食作物，尝试寻找现代农业生物技术的新应用领域。

## （二）商业化生产

日本没有转基因粮食作物的商业化生产。日本第三大啤酒酿造商三得利公司研发的转基因玫瑰是日本唯一进行商业化种植的转基因植物。这种转基因玫瑰是世界上最早出现的“蓝色”玫瑰。在研发转基因玫瑰的过程中，三得利公司采用 RNAi 干涉技术，使对二氢黄酮醇-4-还原酶基因表达被沉默，从而不能产生红色素，而使玫瑰表现出蓝色。三得利公司未公布转基因玫瑰的生产和销售信息。此外，三得利公司还获得多种转基因蓝色康乃馨的种植批准。然而，这些转基因康乃馨并未在日本种植，而是在哥伦比亚种植，然后出口到日本。三得利公司的一些转基因康乃馨在马来西亚和欧盟等其他国家和地区获得了监管审批，但是该公司并未公布相关的贸易信息。

尽管日本没有转基因粮食作物的商业化生产，但在 2014 年 4 月 24 日，日本 Hokusan 公司开始使用转基因草莓生产全球首例犬科医药产品——治疗犬牙周病的干扰素。Hokusan 公司是由第一三共株式会社和农业协同组合霍库伦联合会于 1951 年创立的一家私营企业。这种转基因干扰素销往全国各地，并未遭到狗主人的明显反对。由于仍处于研发阶段，这种转基因草莓目前在封闭系统中种植，光照、温度和培养液等均受到控制，以便确保草莓的生长环境最佳，同时也可避免遭到环保团体的质疑和反对。日本的企业和制造商十分重视消费者的态度，这种封闭种植高价值作物的系统有望提高人们对日本商业化生产转基因作物的接受度。

有少量的职业农民表达了对种植转基因作物，尤其是种植转基因大豆和甜菜的兴趣。北海道位于日本最北部，是最大的农业产区，农业产值占北海道 GDP 的 2.7%，占全国 GDP 的 1%。北海道还有着农业规模优势，单个农场平均面积为 25.8 公顷，远超过 2.4 公顷的全国平均水平。由于北海道有多个超过 100 公顷的农场，因此采用转基因技术的优势很明显。民众反对种植转基因作物，其中一个原因是担心现有的转基因作物品种不适合日本的农业实践和农场规模。然而，北海道的两位职业农民根据经验分别估算了种植转基因大豆和甜菜能带来的益处。根据其估算，种植抗草甘膦大豆可节省41%的劳作时间，同时降低除草剂成本，因而整体提高41%的单产利润。采用转基因大豆更重要的优势是，由于可以节省劳作时间，种植者可以扩大农场规模，同时还可以帮助恢复随着种植者退休而废弃的农田，这不仅能惠及种植者，还有助于确保日本的粮食安全。种植转基因甜菜可节省58%的劳作时间，同时提高72%的单产利润。

日本大豆和糖的自给自足率分别约为7%和35%，因此，日本食品行业使用大量的转基因大豆及由转基因甜菜制成的糖，可能有利于当地转基因大豆和甜菜的种植。但要实现转基因作物的商业化种植仍面临多个重大障碍。例如，农民必须向北海道知事办公室支付314 760日元的审查费；无法保证收获的转基因产品能销售出去；如果农民打算种植抗除草剂性状的作物，还需确保该除草剂在日本完成了相关的化学品注册。

## （三）出口

日本不出口转基因粮食作物。然而，日本的食品和农产品出口额在2015年达到7 450亿日元，其中包括加工产品（2 220亿日元）和畜牧产品（470亿日元）。加工产品的配料和原材料可能含有转基因成分。此外，日本的畜牧业大量使用进口饲料，这些进口饲料主要由转基因玉米加工而成。

## （四）进口

### 1. 谷物

日本通过进口大量的转基因农产品来满足国内需求，可以说是从农业生物技术中获益最大的国家之一。日本消费的几乎所有玉米和95%的大豆均依靠进口。2014—2015年度，日本进口了1 470万吨的玉米。美国是日本最大的玉米供应国，从美国进口的玉米量占据其86%的市场份额（1 260万吨），其次是巴西（14.5%，220万吨）和乌克兰（8.0%，120万吨）。在这些出口国家当中，乌克兰是唯一没有正式商业化种植转基因作物的国家。

日本进口的1 463.6万吨玉米中，约465万吨用于食品加工（表6-1）。在2008年谷物价格上涨之前，日本进口的大多数食用玉米均为非转基因玉米，成本高于非受控条件下种植的玉米。2008年谷物价格上涨，迫使日本食品制造商转而进口部分成本更低的转基因玉米，因为制造商不愿意将更高的价格转嫁给消费者。虽没有官方统计数据，但据不同来源的信息估计，日本进口的1/2～2/3的食用玉米为转基因或非受控条件下玉米。2015年，在发泡酒（也称为“第三类啤酒”或低麦芽啤酒，即采用非麦芽原料酿造的啤酒饮料）制造商增加使用转基因或非受控条件下谷物后，转基因玉米的比例开始上升，促成了从非转基因玉米向转基因玉米的转变。

作物生产相关的基因工程和其他新的农业科学对于满足日本的进口需求仍十分重要。例如2008年，美国的玉米生产受到恶劣天气的影响，无法满足日本的玉米需求，但采用转基因技术的南美国家可帮助日本解决进口不足的问题。2014—2015年，巴西成为继美国之后的日本第二大玉米进口国。

**表 6-1 日本玉米进口情况**

| 产品类型 | 出口国 | 出口量（万吨） |
| --- | --- | --- |
| 饲料用玉米 | 美国 | 814.9 |
| | 巴西 | 129.7 |
| | 乌克兰 | 31.6 |
| | 南非 | 11.3 |
| | 阿根廷 | 11.1 |
| | 合计 | 998.6 |
| 食品和淀粉生产用玉米 | 美国 | 448.9 |
| | 乌克兰 | 7.5 |
| | 巴西 | 4.2 |
| | 南非 | 2.9 |
| | 阿根廷 | 0.7 |
| | 印度 | 0.5 |
| | 印尼 | 0.2 |
| | 秘鲁 | 0.1 |
| | 合计 | 465 |
| 总 计 | | 1 463.6 |

数据来源：日本财务省。

**2. 新鲜农产品**

夏威夷种植的转基因“彩虹番木瓜”（55-1）数量十分有限，自获批以来一直出口到日本。番木瓜在日本是一种小众产品，比芒果等其他热带水果普及度低很多，日本消费者对番木瓜的成熟度和品种特征不是很了解。此外，菲律宾番木瓜是夏威夷番木瓜强有力的竞争对手，但前者更具价格优势，并且由于担心顾客更偏好购买非转基因番木瓜，日本的零售商店目前不出售转基因番木瓜，转基因番木瓜的主要渠道是酒店餐厅和连锁餐厅，2015 年，多家联盟和独立餐厅及咖啡馆也开始使用转基因番木瓜，食品服务业逐渐增加转基因番木瓜的使用。

### （五）粮食援助受援国

日本不是粮食援助受援国。

### （六）贸易壁垒

虽然一些消费群体不愿意接受转基因食品和粮食作物，但日本仍然是世界上人均进口转基因作物的第一大国，无任何重大的贸易壁垒。

## 二、政策

### （一）监管框架和过程

在日本，转基因植物产品的商业化需要获得食品、饲料和环境审批。日本的监管框架中涉及四个部门：日本农林水产省（MAFF）、日本厚生劳动省（MHLW）、日本环境省（MOE）及日本文部科学省（MEXT）。这些部门还参与环境保护和实验室监管。食品安全委员会（FSC）作为内阁府下属的独立风险评估机构，为日本厚生劳动省和日本农林水产省开展食品和饲料安全风险评估（表6-2）。

**表6-2　日本负责转基因产品安全审查的部门**

| 审批类型 | 审批机构 | 所属部门 | 法律依据 | 考虑的要点 |
| --- | --- | --- | --- | --- |
| 食品安全 | 食品安全委员会 | 日本内阁府 | 《食品安全基本法》 | 宿主植物、转基因中使用的基因以及载体的安全性；由基因改造而产生的蛋白质的安全性，尤其是致敏性；基因修饰可能引起的非预期效应；可能引起的食品营养成分重大改变 |
| 动物饲料安全 | 农业材料理事会 | 日本农林水产省 | 《饲料安全和质量改进法》(《饲料安全法》) | 与现有传统作物相比，饲料用途中的任何显著变化；产生有毒物质的可能性（尤其是转化与动物新陈代谢系统之间的相互作用） |
| 对生物多样性的影响 | 生物多样性影响评估工作组 | 日本农林水产省和日本环境省 | 《生物多样性保护法》（转基因生物使用法规） | 竞争优势；产生有毒物质的可能性；交叉授粉 |

注：日本厚生劳动省和日本文部科学省不参与风险评估，它们是风险管理机构和申请联络机构。

风险评估和安全评估由顾问委员会和科学专家小组实施。专家小组主要由研究人员、学者以及公共研究机构的代表组成，顾问委员会的成员包括技术专家以及来自各利益相关方（包括消费者和企业）的意见领袖。科学专家小组做出的决策由顾问委员会审核，顾问委员会将他们的结果和建议报告给负责的部门，然后一般由各省大臣对产品进行审批。

用作食品的转基因植物必须获得日本厚生劳动省大臣的食品安全批准。根据《食品卫生法》的规定，在收到相关方（通常是生物技术提供商）提出的审核请求后，日本厚生劳动省大臣将要求食品安全委员会开展食品安全审查。食品安全委员会下设有一个转基因食品专家委员会，该委员会由来自高校和公共研究机构的科学家组成，专家委员会开展实际的科学审查。在完成审查后，食品安全委员会将风险评估结论提交给日本厚生劳动省大臣。然后，食品安全委员会将在其网站上发布英文版的转基因食品风险评估的结果。食品安全委员会制定了从文件接收到完成审批12个月的标准处理时间。

根据《饲料安全法》的规定，用作饲料的转基因产品必须获得日本农林水产省大臣的批准。根据申请人的请求，日本农林水产省将要求农业材料理事会（AMC）下的重组DNA生物专家小组审查用作饲料的转基因作物。专家小组将评估畜禽饲料安全，然后将评估结果提交给农业材料理事会审核。日本农林水产省大臣还可要求食品安全委员会下属的转基因食品专家委员会对这些转基因作物加工而成的饲料喂养动物而生产出的畜产品对人类健康可能存在的任何潜在影响进行评估。根据农业材料理事会和食品安全委员会的评估结果，日本农林水产省大臣将进行转化体的饲料安全审批。

日本于2003年批准了《卡塔赫纳生物安全议定书》。为了实施该议定书，日本于2004年通过了《通过活体转基因生物使用法规保护和可持续利用生物多样性的法律规范》，也称为《卡塔赫纳法律》。按照该法律的规定，日本文部科学省要求在实验室和温室进行早期农业生物技术实验之前必须获得批准，而获得的转基因植物在实验室或温室内进行试验需经日本农林水产省和日本环境省两个部门共同批准，以便评估生物多样性。在通过控制条件下的田间试验获得必要的科学数据并经过日本农林水产省和日本环境省的批准后，由两个部门的联合专家小组对转化体进行环境风险评估。日本农林水产省制定了从文件接收到完成审批 6 个月的标准处理时间。然而，如果申请人修改相关申请文件，或对日本农林水产省提出的问题进行回复，那么审批将暂停。早期协商、限制条件下田间试验及官方审批处理同样需要花费大量的时间。此外，一般先批准食品申请，然后才是饲料和环境申请。因此，食品和饲料审批的延误将导致环境审批的延误。事实上，完整审批所需的实际时间因转化体不同而存在很大差异，但是，如果转化体涉及的是常见作物和基因，一般在收到食品、饲料和环境释放申请文件后 18 个月内授权官方批准。

最后，与食品安全无关的转基因产品新标准或法规，如转基因标识和身份保持处理协议由消费者事务局（CAA）食品标识处负责管理。而日本厚生劳动省负责食品中转基因产品检测方法的建立，并应用于风险管理程序。

图 6-1 为日本转基因作物审批流程示意图，日本政府对转基因作物的审批不收取手续费。

### （二）审批

截至 2016 年 10 月 26 日，日本批准了 309 个食品转化体、150 个饲料转化体及 120 个环境释放（包括商业化种植）转化体。值得一提的是，获批用于食品的转化体数量不包括 18 个复合性状转化体，按照日本现行的法规，这些复合性状转化体不再需要进行监管审查。

### （三）复合性状转化体审批

日本 2015 年完善了复合性状转化体的审批流程，按照食品安全委员会 2004 年发布的一份意见书（日文），将转化体划分为以下 3 类：①引入基因不影响受体新陈代谢，并且主要赋予受体抗虫、耐除草剂或抗病特性；②引入基因改变受体新陈代谢，并且赋予受体增强营养成分特性，或通过促进/抑制特定的新陈代谢途径抑制细胞壁降解；③引入的基因能合成新的代谢物，并非受体植物所常见的。

日本提出对由已获批的单一性状转化体杂交而来的复合性状转化体实施审查豁免，前提是单一性状转化体的杂交不会影响受体植物的新陈代谢途径。即属于上述第 1 类的获批单一转化体，通过杂交获得的复合性状转化体可以实施食品安全审查豁免。但除此之外的其他已获批单一转化体杂交获得的复合性状转化体仍需进行安全审批。此外，对已获批的 3 个单一转化体 A、B、C，如果研发者计划商业化种植 A×B、B×C 和 A×C 这 3 个复合性状转化体，在过去需要提交三份单独的申请，但现在研发者可为各种不同组合（A×B、B×C、A×C 和 A×B×C）提交一份申请。自做出这一变更以来，日本已经批准了 19 个转化体，完善了复合性状转化体的处理。与“三阶段田间试验”（S3-FT）规定中对国内无野生近缘种的作物可享受环境安全审批豁免的高效处理类似，对复合性状转化体实施有条件的食品安全审批豁免机制也将带来诸多益处，如为日本监管机构和技术提供商节约监

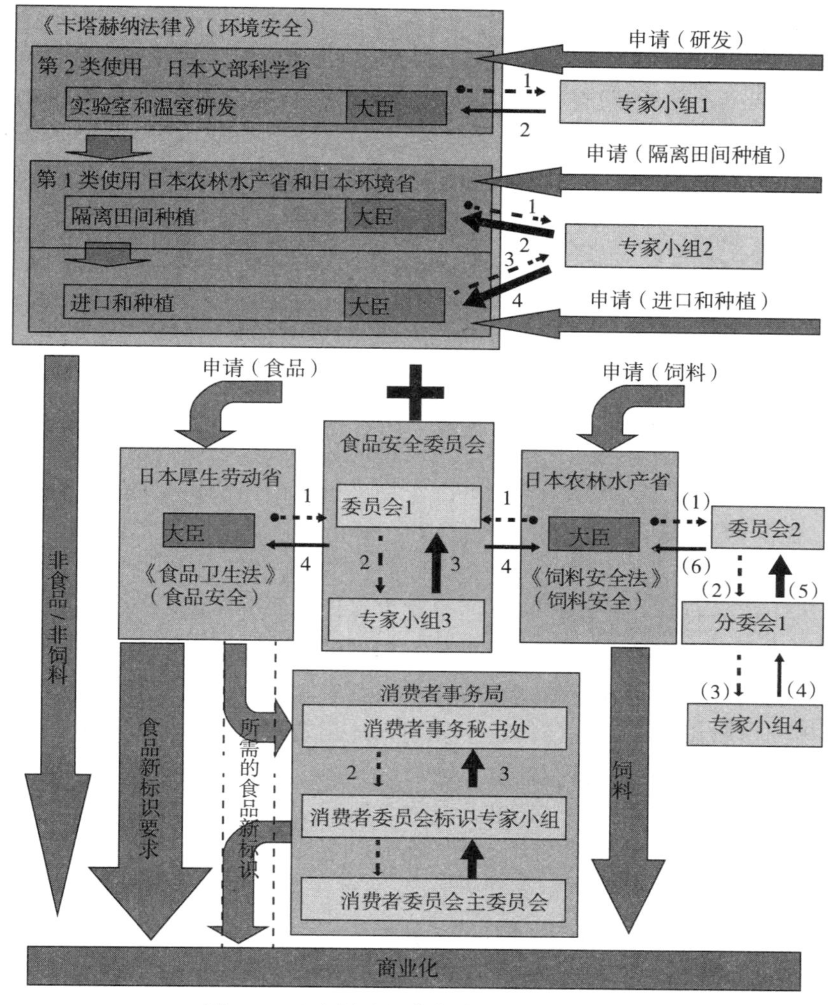


图 6-1　日本转基因作物审批流程示意图

·第1类使用：在无控制措施的设施、设备或其他建筑物之外使用活体转基因生物（不限于植物）；

·第2类使用：在采取控制措施的条件下使用活体转基因生物（不限于植物）；

·专家小组1：日本文部科学省科学技术委员会生物伦理和生物安全委员会重组DNA技术专家小组；

·专家小组2：日本农林水产省/日本环境省大臣选取的具有生物多样性不良影响相关的专业知识和经验的专家；

·专家小组3：食品安全委员会转基因食品专家委员会；

·专家小组4：日本农林水产省农业材料理事会重组DNA生物专家小组；

·委员会1：食品安全委员会；

·委员会2：日本农林水产省农业材料理事会饲料委员会；

·分委会1：日本农林水产省农业材料理事会饲料委员会安全分委会；

·虚线箭头：审查或风险评估申请；

·实线箭头：建议或风险评估结果（细箭头表示普通流程，粗箭头表示该过程中有公众评议期）；

·箭头旁边的数字表示在各省的申请/建议顺序。

管资源以及降低审批不同步的风险等。在采取这一措施后，自 2014 年以来获批的转化体数量有所减少，但截至 2016 年 10 月 27 日，已有 18 个复合性状转化体（2 个大豆、8 个玉米、2 个油菜和 6 个棉花转化体）遵循了审查豁免机制。

对复合性状转化体的饲料安全审批，日本农林水产省规定必须获得农业材料理事会重组 DNA 生物专家小组的批准。改进之处在于专家小组的审批无须事先通知日本农林水产省大臣，也无须接受公众评论。

### （四）田间试验

尽管日本设立了“仅进口”类（即仅用于食品和饲料加工用途）的审批，但此类审批所需的资料实际上与“有意环境释放”（即种植）审批相同，因为日本农林水产省仍将审查对生物多样性的影响，以防止在运输过程中出现泄漏。

原则上，日本要求在国内进行田间试验以评估转基因作物释放对当地生物多样性的影响，日本是全球要求对“仅进口”类转基因作物进行国内田间试验的两个国家之一（另一个是中国）。无论种子是否会在日本进行商业化种植，申请进口审批的种子公司都必须在国内至少进行两次受控条件下的田间试验，即所谓的“三阶段田间试验”（S3-FT）。商业化部门普遍认为这一政策对于保护日本的生物多样性而言是不必要的，而且给日本生物技术提供商在时间、智力资源和融资方面带来了额外的监管成本。三阶段田间试验的另一个限制因素是资源（即受控条件下的土地地块）极其有限。所有主要技术提供商要么拥有自己的三阶段田间试验田，要么已经获得了长期土地租赁权。日本法规要求详细说明用于试验的受控条件下田地情况，并持续监管三阶段试验。因此，只有为数不多的技术提供商有财力满足这些要求，明显提高了市场准入门槛。国际农业生物技术标准制定机构普遍认为国内田间试验并不是食品安全或环境风险评估的必要步骤。

日本继续提高其监管效率，可能进行的一项重大调整是灵活管理三阶段田间试验要求。虽未取消对进口用途的所有作物田间试验要求，但日本政府开始对国内无野生近缘种作物（如玉米）、“非常熟悉”性状（如耐除草剂和抗虫）实行豁免（取消三阶段田间试验要求）。日本政府及学术成员一直在内部讨论这一问题，并于 2014 年 6 月举行了一场公开的专家会议。对转基因玉米免于三阶段田间试验的决定将对技术提供商和监管机构都产生十分积极的影响。

截至 2016 年 10 月 27 日，“非常熟悉”性状如下。

抗虫性：

抗鳞翅目害虫（*cry1Ab*，*cry1F*，*cry1A.105*，*cry2Ab2*，*cry1Ac*，*vip3A*）；

抗鞘翅目害虫（*cry3Bb1*，*cry3Aa2*，*ecry3.1Ab*，*cry34Ab1/cry35Ab1*）。

耐除草剂：

耐草甘膦（*cp4 epsps*，*mEPSPS*）；

耐草铵膦（*pat*，*bar*）；

抗烯丙基氧基甲基链烷酸酯（*aad-1*）。

其他性状：

耐热 α 淀粉酶（*amy797E*）；

高赖氨酸（*cordapA*）；

耐旱性（*cspB*）。

尽管享受豁免的作物和性状有限，免于进行田间试验大大节省时间，并实现了数据的共享。除上述列出的性状和基因外，日本农林水产省不接受非国内田间试验数据用于环境风险评估。

## （五）新育种技术

与许多其他国家一样，日本政府按个案分析的原则来管理新育种技术产品。为此，尽管一些新育种技术产品和方法可能不属于现行的“转基因技术”定义范围，研究人员对新育种技术研发采取相对保守和谨慎的态度。日本东北大学基因研究中心认为应该按照“转基因技术”来管理所有“基因编辑技术”，并准备向政府申请对新育种技术实验的监管权。

2015年9月，日本农林水产省发布了一份报告，总结了新育种技术的看法、国内和国际研究现状、潜在应用及监管思考。该报告并未给出新育种技术的监管定义，也未对新育种技术产品是否应监管给出完整方案。然而，报告阐明了日本农林水产省的工作方向。简单来说，日本农林水产省将视具体情况，并根据现行的转基因作物法规做出决定。需要重点考虑的两点包括：转入基因是否发生重组或仍保留在最终产品中；与常规育种进行比较，出现意外突变的可能性。

日本正积极参与新育种技术（如CRISPR/Cas9）的研发活动。由于研发活动具有成本和时间优势，日本公共研究机构和高校的研究人员一直积极参与研发具有新性状的农作物。根据现行法规，目前尚不明确CRISPR/Cas9产品是否属于转基因作物。日本农林水产省建议研究人员从相关部门获得田间试验批准，以避免意外违规的情况发生。

日本弘前大学研究人员采用表观基因组修饰和嫁接技术，研发出一种低直链淀粉和丙烯酰胺的土豆，这是日本使用新育种技术研发的第一例农作物。研究人员研发了两种遗传改良土豆，一种土豆基因组中引入了低直链淀粉和丙烯酰胺基因，用于产生芽；另一种土豆通过基因抑制技术可以阻断这些新引入基因的积累，用于生产根。当这两种植物嫁接时，产生块茎的直链淀粉和丙烯酰胺含量较低，并且没有引进外来遗传物质。因此，收获的块茎（土豆）在技术上可视为非转基因作物。

日本弘前大学还研发了一个新的苹果转化体，它是由转基因砧木与非转基因茎尖嫁接而成。因为这种砧木通过转基因技术能够抵抗土壤病害，所以这种苹果树在种植后被认为是转基因植物。然而，对这种苹果的监管分类目前尚不明确。

日本政府在促进农业新育种技术，如基因组编辑技术的研发方面做出了很大努力。2015年，日本政府启动了跨部门战略创新促进项目（SIP），这是一项国家级科技创新项目，其中确定了振兴日本经济的十大重要领域。其中一个领域便是农业，农业领域的项目名称为“创造下一代农林渔业技术”，并在2015和2016年分别建立33.2亿日元和26.6亿日元的项目资金（此两年跨部门战略创新促进项目的总预算分别为500亿日元和325亿日元）。

以CRISPR/Cas9等基因组编辑技术为核心的新育种技术是“下一代农业”的主要主题之一。因此，不同作物的基础研究获得跨部门战略创新促进项目预算的部分或全部支持，相关研究成果在期刊上发表。然而，目前尚没有研究进入监管批准或商业释放磋商阶段。

## （六）共存

日本农林水产省 2004 年颁布的指导准则规定，在进行田间试验之前，必须通过网站及与当地居民召开会议的方式公布有关田间试验的详细信息。日本农林水产省还要求建立缓冲区，以防止与周围环境中的相关植物物种发生交叉授粉（表 6-3）。

除了日本农林水产省颁布的指导准则，地方政府通常也制定了严格的法规和指导准则，其中可能包含与邻近农民和社区进行风险沟通的要求，以便获得种植转基因作物的许可。地方政府法规往往也是农民种植转基因作物面临的最大障碍。

**表 6-3　转基因作物田间试验隔离距离要求**

| 作物名称 | 最小隔离距离 |
| --- | --- |
| 水稻 | 30 米 |
| 大豆 | 10 米 |
| 玉米（仅适用于食品和饲料安全审批） | 600 米或 300 米（有防风林带） |
| 油菜籽（仅适用于食品和饲料安全审批） | 400 米或 600 米（如果周边的非转基因油菜与进行田间试验的油菜同时开花）。此外，田间试验地外保持 1.5 米宽的花粉和授粉昆虫隔离带 |

如前文所述，日本地方政府制定了一系列有关农业生物技术的法规。其中许多法规是对公众担忧做出的政治回应，并非以科学为基础。

（1）北海道（条例）

日本最北端的北海道是日本的产粮区，多数情况在农业政策问题上居于全国主导地位。尽管一些种植者希望种植转基因作物（如耐除草剂甜菜），但北海道制定的相关法规有效阻止了转基因作物的商业化种植。

2006 年 1 月 1 日，北海道成为日本首个实施严格的地方性法规的地区，对转基因作物开放种植进行管理。《北海道防止转基因作物种植交叉授粉的预防性措施条例》规定了转基因作物田地与其他作物之间的最小距离，例如水稻至少间隔 300 米，玉米 1 200 米，甜菜 2 000 米。但是，这些距离要求几乎是国家为研究目的设定的隔离距离的两倍。

根据现行法规，希望开放种植转基因作物的农民必须完成一系列复杂的步骤申请北海道知事办公室的批准。如果农民不遵守这些规定，可能会被处以一年以下的监禁以及高达 50 万日元的罚款。在提交申请之前，农民必须首先自费与邻近农民、农业合作社成员、地区官员和其他利益相关者召开会议。通过这些会议，农民必须说明他打算种植转基因作物，解释将如何确保其种植的转基因作物不会与非转基因作物相混合。之后，农民需将完整会议记录提交给知事办公室。此外，农民必须填写详细的申请表并提交给知事办公室，说明他们种植转基因作物的计划。申请需要提供以下相关的准确信息：用于监测转基因作物的方法；防止交叉授粉、测试转基因污染的措施；以及应对紧急情况的程序。最后，农民必须向北海道知事办公室支付 314 760 日元的手续费作为申请审查费用。如果申请获得批准后，农民再对申请进行重大修改，需另外支付 210 980 日元的手续费。

研究机构如果要在开放农场进行转基因试验研究也需遵循与农民相似的监管流程。在被政府认定为符合相关资质的研究机构后，这些研究机构必须正式通报生物技术研究活动，并向北海道知事办公室提交充足的文件供审批。他们还必须向当地政府审查小组提供详细的试验种植计划供审核。但是与农民不同的是，研究机构无须与邻居举行解释性会议或向北海道政府支付申请手续费。此外，如果研究机构的职员未能遵守转基因作物种植法规，那么将被处以高达50万日元的罚款，但不会像农民一样被处以监禁。

对于农民和研究机构，北海道知事办公室将根据北海道食品安全委员会（HFSSC）的建议决定是否批准申请。北海道食品安全委员会是北海道知事的顾问委员会，由15位具有食品安全知识的学者、消费者和食品生产者代表组成。北海道食品安全委员会下还设有一个单独的分委会，由6位专业研究人员组成，他们将从科学的角度评估申请。北海道知事授权北海道食品安全委员会在必要情况下要求申请人修改其种植计划。

自2006年北海道转基因作物种植法规实施以来，还没有农民或研究机构向北海道知事办公室提交任何开放种植转基因作物的申请。遵守北海道转基因作物种植法规方面的困难，消费者对转基因产品安全性的持续担忧，以及在封闭环境下开展转基因作物研究的转变，这些因素共同有效地阻止了开放种植转基因作物的尝试。因此，北海道食品安全委员会尚未有机会进行审查，更不用说批准或拒绝任何申请。北海道食品安全委员会将如何严格评估申请仍有待观察。

尽管农业生物技术已经安全、有效地应用了20年之久，北海道农民仍无法使用最新的农业生物技术，为此，50名职业农民组成了北海道农民协会，并于2015年4月向北海道研究机构提交了一份申请，要求批准转基因作物（包括大豆、玉米和甜菜）的田间试验。截止到2016年10月，北海道研究机构尚未就此给出回复。

（2）茨城县（指导准则）

茨城县《转基因作物种植指导准则》于2004年3月制定。该指导准则规定，在种植转基因作物之前，计划在开放田地种植转基因作物的农民必须向县政府提交申请。申请人必须确保获得当地政府、附近农民和农场合作社的许可。此外，申请人必须采取措施，防止转基因作物与传统作物授粉，以及混入普通作物产品中。该指导准则于2006年9月1日生效。

（3）千叶县（暂行指导准则）

根据2006年4月生效的食品安全条例，千叶县政府正在制定《转基因作物种植暂行指导准则》。围绕《转基因作物种植暂行指导准则》进行的最后一次讨论是在2008年3月，截至目前尚未定稿。

（4）岩手县（指导准则）

岩手县《转基因作物种植指导准则》于2004年9月制定。该指导准则规定，县政府应与地方政府和当地农业合作社合作，要求农民不要种植转基因作物。对于研究机构，县政府要求其在种植转基因作物的过程中严格遵循实验指导准则。自该指导准则制定以来，岩手县似乎没有种植转基因作物的尝试。

（5）宫城县（指导准则）

2010年3月5日，宫城县开始实施《转基因作物种植指导准则》。申请人必须在试验年的1月或6月提交试验计划，并且距开展试验至少有3个月时间。试验要求要在基本上遵循日本农林水产省的《卡塔赫纳法律》的情况下开展受控条件下的田间试验。然而，申请人面临的最大困难是与试验地邻居和相关市民举行简会以获得转基因作物种植许可。日本东北大学基因研究中心是定期进行转基因作物受控条件下田间试验的少数高校之一，重点进行水稻紫外线敏感度相关的基础研究。

（6）新潟县（条例）

新潟县于2006年5月颁布了严格的《防止转基因作物种植交叉授粉的预防性措施条例》，要求农民在种植转基因作物之前必须获得知事的许可，而研究机构则必须提交开放实验报告。违规者将被处以一年以下监禁或高达50万日元的罚款。

（7）滋贺县（指导准则）

尽管滋贺县政府希望促进农业生物技术发展，但又担心在本地区种植转基因作物会遭到消费者的抗议。为此，2004年滋贺县通过了《转基因作物种植指导准则》，要求农民不要商业化种植转基因作物。对于试验地块，县政府则要求农民采取措施，防止交叉授粉和混合。这一指导准则不适用于研究机构。

（8）京都府（指导准则）

2007年1月，京都府政府根据2006年的食品安全条例发布了《预防转基因作物交叉授粉和污染的指导准则》。该指导准则规定，打算种植转基因作物的农民必须采取措施，防止交叉授粉和混合。该指导准则中涵盖的转基因作物包括水稻、大豆、玉米和油菜。

（9）兵库县（指导准则）

2006年4月1日，兵库县政府颁布了《转基因作物种植指导准则》。该指导准则的基本政策涉及两个方面：一方面为农民生产、销售转基因作物提供指导；另一方面关于转基因产品标识问题，以消除消费者的担忧。

（10）德岛县（指导准则）

德岛县政府于2006年发布了《转基因作物种植指导准则》。该指导准则规定，开放种植转基因作物的农民必须首先向知事发送相关通知。种植转基因作物的农田必须建立标识牌。该转基因作物种植指导准则被视为德岛县政府与其他地区进行农场品牌战略竞争的一部分。

（11）爱媛县今治市（条例）

《今治市食品和农业条例》于2007年4月生效，要求所有转基因产品生产者首先获得市长的许可，申请费为216 400日元，该条例还禁止转基因食品用于学校午餐。

（12）东京都（指导准则）

东京都于2006年5月制定了《转基因作物种植指导准则》，要求转基因作物种植者向东京都政府提供相关信息。虽然东京都大部分为城市地区，但地方政府一直积极制定新的食品安全法规。

（13）神奈川县（条例）

2011年1月1日，神奈川县开始实施《反转基因作物交叉授粉条例》，要求种植者提交种植转基因作物的申请（玫瑰和康乃馨除外），同时避免与本地植物进行交叉授粉。神奈川县的转基因作物种植申请不收取费用。

（14）山形县高畠町（条例）

2009 年 4 月 1 日，高畠町开始实施《高畠町食品和农业规划条例》，其中提出了一系列要求（与北海道一样），包括在商业化种植转基因作物之前获得当地居民的许可。

（15）茨城县筑波市（指导准则）

2006 年 9 月 1 日，筑波市政府发布了《转基因作物种植指导准则》。仅有少数几个公共机构在封闭田间地块种植转基因作物，包括筑波大学和国家农业科学研究所。

## （七）标识

食品标识，包括转基因标识，由消费者事务局负责管理。消费者事务局审查食品标识相关的法律，以期统一《食品卫生法》《日本农业标准法》及《健康促进法》对食品标识的新规定。新《食品标识法》于 2015 年 4 月 1 日起开始实施，其中关于转基因标识的法规，如需要标识的项目、三种标识类别、非转基因标识的“5％规则”等保持不变。

需要加贴强制性转基因标识的加工产品列于表 6-4。

**表 6-4　要求加贴强制性转基因标识的加工产品**

| 序号 | 需要标识的项目 | 需要标识的配料 |
|---|---|---|
| 1 | 豆腐和炸豆腐 | 大豆 |
| 2 | 干豆腐、大豆废料、腐竹 | 大豆 |
| 3 | 纳豆 | 大豆 |
| 4 | 豆奶 | 大豆 |
| 5 | 味噌（豆瓣酱） | 大豆 |
| 6 | 煮熟大豆 | 大豆 |
| 7 | 罐装大豆、瓶装大豆 | 大豆 |
| 8 | 烘烤大豆粉 | 大豆 |
| 9 | 烤大豆 | 大豆 |
| 10 | 项目 1～9 作为主要配料 | 大豆 |
| 11 | 大豆（用于烹饪）作为主要配料 | 大豆 |
| 12 | 大豆粉作为主要配料 | 大豆 |
| 13 | 大豆蛋白作为主要配料 | 大豆 |
| 14 | 日本青豆作为主要配料 | 日本青豆 |
| 15 | 黄豆芽作为主要配料 | 黄豆芽 |
| 16 | 玉米零食 | 玉米 |
| 17 | 玉米淀粉 | 玉米 |
| 18 | 爆米花 | 玉米 |
| 19 | 冷冻玉米 | 玉米 |
| 20 | 罐装玉米或瓶装玉米 | 玉米 |
| 21 | 玉米粉作为主要配料 | 玉米 |
| 22 | 玉米片作为主要配料 | 玉米 |
| 23 | 玉米（用于加工）作为主要配料 | 玉米 |
| 24 | 项目 16～20 作为主要配料 | 玉米 |

（续）

| 序号 | 需要标识的项目 | 需要标识的配料 |
| --- | --- | --- |
| 25 | 冷冻土豆 | 土豆 |
| 26 | 干土豆 | 土豆 |
| 27 | 土豆淀粉 | 土豆 |
| 28 | 土豆零食 | 土豆 |
| 29 | 项目 25～28 作为主要配料 | 土豆 |
| 30 | 土豆（用于加工）作为主要配料 | 土豆 |
| 31 | 苜蓿作为主要配料 | 苜蓿 |
| 32 | 甜菜（用于加工）作为主要配料 | 甜菜 |
| 33 | 番木瓜作为主要配料 | 木瓜 |

除了表 6-4 中所列的 33 种食品外，即使从大豆中提取的油不含有或仅含有极微量的外源基因或蛋白质，日本也对高油酸大豆产品执行转基因标识要求。

关于转基因番木瓜，夏威夷番木瓜产业协会自愿加贴转基因标识，这样既可以区分转基因和非转基因水果，还具有身份保持程序的功能。省去了为每批货物准备身份溯源文件的麻烦。

需要指出的是，转基因水果标识由夏威夷番木瓜产业自愿加贴，仅适用于夏威夷番木瓜，并不能视作对未来可能商业化的其他特色转基因作物的一般标识做法。

加工产品中使用非受控条件下配料的做法已经盛行了多年，在食品行业中有其独特的地位，无须要求加贴标识。无须加贴转基因标识的加工产品列于表 6-5。

**表 6-5　无须加贴转基因标识的加工产品**

| 转基因作物来源 | 来自转基因作物的加工产品（配料） | 最终加工产品示例 |
| --- | --- | --- |
| 玉米 | 玉米油 | 加工海鲜类、调味品和油 |
| | 玉米淀粉 | 冰激凌、巧克力、蛋糕、冷冻食品 |
| | 糊精 | 豆类小吃 |
| | 淀粉糖浆 | 糖果、凉粉、果冻、调味品、加工鱼类 |
| | 水解蛋白质 | 薯片 |
| 大豆 | 酱油 | 调味品、米饼 |
| | 黄豆芽 | 添加剂 |
| | 人造黄油 | 零食、添加剂 |
| | 水解蛋白质 | 预煮熟鸡蛋、牛肉干、薯片 |
| 油菜 | 菜籽油 | 油炸零食、巧克力、蛋黄酱 |
| 甜菜 | 糖 | 各种加工产品 |

转基因作物配料因无须执行强制性标识要求，使用量日趋增加的形势仍在继续发展。根据相关统计，日本十大食品制造商使用转基因配料的加工产品的销售总额高达 5 万亿日元。涉及各类加工食品，包括零食、冰激凌、苏打水、豆奶、植物油和即食食品。尽管大

部分配料得到深加工，几乎不含有外源DNA或其表达的蛋白质，但是一些食品制造商仍在标识指明配料成分可能来源转基因作物。虽然公众未明确表示接受转基因作物，但抵制运动似乎有所减少，这可能暗示着转基因作物配料的使用已经得到默认。

日本生活合作社联会（JCCU）拥有2 500万名成员，销售额达到3 460亿日元，该组织在旗商品中经常使用转基因/非受控条件下成分，并在产品的配料标识上明确标明。在发布的一期目录中，日本生活合作社联会解释了他们为什么使用转基因配料，着重强调了在生产加工过程中分离产品的难度，并进一步解释了全球转基因作物的接受程度、种植情况和带来的益处，以及在不同食品中的使用状况。报告还指出，转基因作物通过了日本的安全审查，因此不存在任何安全问题。日本生活合作社联会表示他们不会排斥含有转基因成分的产品，只要其获得了监管审批，具备应有的品质，并进行了合理的定价。

在日本，不适当、不准确或误导性地使用食品标识是一个引起广泛关注的问题。比如，2008年12月，日本农林水产省下令福冈的一家大豆贸易商停止在红芸豆和红小豆上使用非转基因标识。该标识被认为违反了《日本农业标准法》，因为目前日本没有转基因红芸豆和红小豆的商业化生产。

## （八）监测与测试

### 1. 环境监测

日本政府一直在监测自生苗生长，以评估转基因作物环境释放对生物多样性的影响。他们在有油菜籽和大豆卸载的港口开展调查，有15个港口共发现303棵油菜自生苗，其中有70棵（23%）自生苗带有耐除草剂基因。他们还检测了芥菜型油菜和白菜型油菜（本地产油菜），查看是否存在交叉授粉产生的基因漂移。在1 072棵芥菜型油菜及205棵白菜型油菜中，并未检测到外源基因，这表明没有交叉授粉导致的基因漂移。在调查的10个港口中，有2个港口发现了7棵大豆自生苗，其中有6棵自生苗中含有转入基因。他们还测试了16种野生大豆，以检测交叉授粉情况，结果并未发现任何转入基因。

### 2. 对非转基因标识“5%规则”的检测

为了检测食品中的转化体，日本政府一直采用qPCR检验法。但是，它在检测带有多个启动子的单一转化体的特定区域时（如35S启动子、NOS终止子），可能不是最准确的方法。由于玉米复合性状转化体种植越来越广泛，所以人们越来越担心进口到日本的非转基因玉米会被错误地检测和判断为“转基因”或“非受控条件下”玉米，因为现行的检测方法很容易使只含有微量复合性状转基因玉米中转基因含量超过5%。

2009年11月，日本厚生劳动省颁布了一项检测非转基因散装谷物中转基因成分的新标准和规范。根据这一新标准和规范，对进口谷物首先采用常规方法进行检测，确定散装样本中的转基因含量范围。如果常规方法检测已确定非转基因货物中含有超过5%的转基因谷物，那么将采用单一谷粒进行新的检测。在新检测中将使用90颗谷物，每一颗谷物都将分别进行检测。这种新方法可以判断每颗谷物是转基因品种还是非转基因品种，是单一转化体还是复合转化体。如果90颗谷物中只有2颗或2颗以下是转基因品种，那么货物将被视为“非转基因”，因为转基因成分的含量没有超过5%；如果有3～9颗谷物是转基因品种，那么将重新取90颗谷物进行第二次单一谷物检测。如果两次检测结果中转基因谷物不超过9颗（即两次检测的总数为180颗谷物），那么这批货物将被视为非转基因。如果第一次单一谷物检验中转基因谷物的数量为10颗或10颗以上（90颗中的10颗），那么这批货物将直接被判定为非受控条件下谷物或转基因谷物。如果第一次和第二次单一谷物检验中转基因谷物的数量为10颗或10颗以上（180颗中的10颗），那么这批货物也将被视为非受控条件下谷物或转基因谷物。

## （九）低水平混杂政策

2001年，日本开始通过法律要求对转基因食品进行安全评估。安全评估按照《食品卫生法》第11条规定进行。

“第11条：日本厚生劳动省大臣根据药事与食品卫生审议会的意见，从公众健康的角度出发，为销售用食品或食品添加剂的制造、加工、使用、制备或保存制定标准，或为销售用食品或食品添加剂的成分制定规范。按照这些规范或标准，任何人不得采用不符合标准和规范的方法制造、加工、使用、制备或保存任何食品或食品添加剂”。

日本厚生劳动省对转基因低水平混杂采用零容忍政策，这一政策在日本厚生劳动省公告第一部分“食品”——章节A“食品一般组成标准”予以确定和实施：

“如果食品是采用重组DNA技术生产的全部或一部分生物体，或者包含部分或完全由重组DNA技术生产的生物体，那么此种生物体应完成日本厚生劳动省制定的安全评估检验程序，并在政府公报中公布”。

日本对食品和环境中未经批准的转化体采取零容忍政策，而且明令禁止进口没有获得批准的转基因食品，不论数量、形式或者在日本境外是否已通过安全评价。因此，未经批准的转基因作物的低水平混杂有可能会中断出口国与日本的农业贸易。自20世纪90年代末以来，土豆（NewLeaf）、番木瓜（55-1或彩虹番木瓜）、玉米（StarLink、Bt10、E32）和水稻（LLRICE601）都曾在不同的时间被列为检验目标或被暂时禁止进口。因为未经批准的转化体的含量据确认非常低或者低于检测限值，所以截至2016年10月，还没有对美国玉米或水稻进行过检验。在2013年5月和2016年7月分别在美国俄勒冈州和华盛顿州发现未经批准的转基因小麦后，日本政府开始要求对进口自美国的小麦进行检测。由于小麦是日本的国家贸易商品，日本农林水产省在出口之前将对货物进行检测，而日本厚生劳动省将在货物抵达日本港口时检测转化体的含量。

为了确保符合规范，需要在零售层面上对进口货物和加工食品产品进行监测。作为进口食品监测计划的一部分，日本厚生劳动省直接负责在港口进行检验，而地方卫生部门则负责在零售店对加工食品进行检验。所有检验都按照日本厚生劳动省制定的采样和检验标准实施。如果在港口检测出未经批准的转基因成分，则货物必须退回或销毁。如果在零售店检测出未经批准的转基因成分，则产品制造商必须立即发出召回通知。

截至2015年6月29日，日本厚生劳动省对以下项目进行监测。

（1）PRSV-YK、PRSV-SC和PRSV-HN（番木瓜及其加工产品）。

（2）63Bt、NNBt和CpTI（稻谷及以稻谷作为主要配料的加工产品）。

（3）RT73（油菜籽及其加工产品）。

（4）MON71700和MON71800（美国小麦）。

（5）E12、F10和J3（土豆及以土豆作为主要配料的加工产品，如炸薯条和薯片）。

**1. 日本农林水产省有关饲料谷物中的低水平混杂政策**

依据《饲料安全法》规定，日本农林水产省负责在港口监测进口饲料原料的质量和安全性。在日本，用作饲料的所有转基因植物材料都必须获得日本农林水产省的饲料安全许可。但是，日本农林水产省设置了豁免，即对意外混入饲料中的、在其他国家获得批准但未在日本获得批准的转基因产品，设定1%的阈值上限。为了获得这一豁免，出口国必须获得日本农林水产省大臣的认可，即该出口国拥有与日本的安全评估体系相同或者更严格的安全评估计划。在实践中，日本农林水产省将与重组DNA生物专家小组协商决定是否授予1%的含量上限豁免。这一豁免政策自2003年起适用于美国，2014年12月，日本农林水产省宣布这一豁免政策还将适用于澳大利亚、加拿大、巴西和欧盟。

**2. 日本环境省和日本农林水产省有关环境中的低水平混杂政策**

日本的环境法规对未经批准的活体转基因生物也实行零容忍政策。这些法规专门针对种植种子，与不用于释放到环境中的产品无关，如饲料谷物。

**3. 日本支持但不实施国际食品法典委员会的低水平混杂政策**

2008年7月，国际食品法典委员会颁布了《国际转基因食品低水平混杂的食品安全评估准则》（作为《食品中重组DNA植物材料低水平混杂情况下的食品安全评估》附录）。然而，日本的低水平混杂政策并未完全遵守这一国际公认的标准，这在日本厚生劳动省的食品政策中尤为明显，因为国际食品法典委员会附录允许超出“零”的容忍标准。

## （十）其他监管要求

对于耐除草剂转基因作物，除了获得商业化种植的监管审批，还需在日本进行相关的化学品注册。由于日本国内不会进行转基因粮食作物的商业化种植，因此即便在完成转化体审批后，可能也无法完成相关的化学品注册。转基因作物在日本国内种植的期望很低，因此，即使获得了转基因作物环境释放批准，也可能无法完成相关的化学品注册。

## （十一）知识产权

总体来说，日本对知识产权提供强有力的法律保护。日本的知识产权保护范围涵盖基因工程农作物，包括但不限于基因、种子和品种名称（见《特定领域发明实施指导准则——第二章：生物发明》）。日本特许厅（JPO）是日本的知识产权主管机构。

## （十二）《卡塔赫纳生物安全议定书》批准

2003年11月，日本批准了《卡塔赫纳生物安全议定书》，同时还颁布了《通过活体转基因生物使用法规保护和可持续利用生物多样性的法律》。

## （十三）国际公约/论坛

日本也积极参与《生物多样性公约》下的“获取和利益分享”（ABS）。日本生物技术产业协会还为该行业提供研讨会，并编制相关指导准则，但关注焦点逐渐转向医药行业。

## 三、销售

### （一）公共/私营部门意见

日本的审批对于美国农民很重要。毫不夸张地说，日本监管决策可以极大地影响美国农民生产产品所采用的生产技术。此外，出口到日本的货物中如果被发现存在未经批准的转基因成分，则会导致增加额外的成本高昂的出口检验要求，甚至贸易中断。为了解决这个问题，生物技术工业组织（BIO，主要由生物技术研发者组成的组织）呼吁在美国商业化种植转基因作物之前要先获得日本批准。

### （二）市场接受度研究

如前文所述，尽管日本对含有转基因材料的产品执行标识要求，但其仍然是世界人均进口转基因产品的第一大国。食品安全委员会在2014年开展的最新调查显示，人们对转基因食品的担忧程度是对18种影响食品安全的物质中最低的，这些物质包括有毒微生物、农药残留、食品添加剂、霉菌毒素、从食品包装中洗脱出的化学物质、二噁英、镉等重金属、河豚和野蘑菇中的天然毒素等。这可能侧面表明消费者逐渐了解转基因食品，或媒体负面报道和消费者群体运动减少产生了影响，同时还与日本生活合作社联会成员接受含有转基因材料的食品产品有关。

2008年之前，因为要求在产品加贴转基因或非受控条件下标识，食品制造商一直避免使用转基因作物生产食品。在2008年谷物价格上涨后，一些企业，包括日本生活合作社联会，开始采用更便宜的非身份保持产品（即非受控条件下产品），这些产品大多为转基因产品。日本生活合作社联会甚至开始自愿为产品加贴标识，尽管日本并未提出相关的法律要求。自那以后，拥有2 500万名成员的日本生活合作社联会组织内并未发生任何重大的公众抵制运动。近年来，食品加工业对转基因配料的接受度保持稳定，近70%的食用玉米是非受控条件下产品或转基因产品，应用范围变得更广泛。

有一项行业调查显示，加贴转基因标识或提供相关信息使消费者对含有转基因成分的食品的接受度有所增加。在了解转基因技术的益处之前，40%的受访者接受含有转基因成分的食品，而向公众提供转基因作物技术相关的重要信息后，接受含有转基因成分的食品的消费者比例增至60%。提供给公众的重要信息包括：只有经过严格科学审查的转基因产品才可在市场上出售；在经过20年的转基因作物生产之后，并未发现任何负面的健康影响；日本用于食品和饲料的转基因产品消费比国内水稻消费量更高；在日本，转基因作物广泛用于食用油、玉米淀粉、甜味剂和饲料，这有助于保障日本的食品安全。这一调查结果表明，针对农业生物技术对于食品生产和安全、环境保护及消费者益处的重要性进行持续的风险交流，是提高消费者接受度的关键。

尽管并非所有的消费者完全相信科学信息而接受转基因食品，但积极的采用转基因标识可能有助于增加特定消费者对转基因食品的市场接受度。

饲料用途约占日本玉米消费量的68%，且几乎所有的饲料用玉米均含有转基因成分，采用非转基因饲料的乳业市场对非转基因饲料玉米的需求有限。

# 第二部分　动物生物技术

## 一、生产与贸易

### （一）产品研发

日本的大多数动物基因改造研究都以人类医学和医药目的为重点。与植物生物技术类似，动物领域的研究主要由高校和政府/公共研究机构进行，私营企业鲜有参与，这可能与公众对现代生物技术的消极态度有关。

尽管如此，日本的转基因蚕已经接近商业化应用阶段。此外，日本对动物克隆的兴趣似乎有所消退。截至2016年3月，日本采用受精卵细胞克隆技术生产了625头牛，采用体细胞核移植（SCNT）技术生产了415头牛、638头猪以及5只羊。所有研究活动均在公共研究机构进行。自20世纪90年代末以来，相关活动稳步减少，在采用受精卵细胞克隆技术生产的625头牛中，有61头是在1998年一年之内生产的，而在采用体细胞核移植技术生产的415头牛中，有98头是在1999年一年之内生产。

### （二）商业化生产

目前，日本没有商业化生产用于农业生产目的的转基因动物或克隆动物。

### （三）进出口

目前，日本没有转基因动物或克隆动物相关的进出口。

### （四）贸易壁垒

目前还没有发现日本存在相关的贸易壁垒。

## 二、政策

### （一）监管框架

转基因植物的相关法规也适用于转基因牲畜动物和昆虫的商业化生产。由于日本在2003年批准了《卡塔赫纳生物安全议定书》，日本农林水产省颁布的《通过活体转基因生物使用法规保护和可持续利用生物多样性的法律规范》将适用于转基因动物的生产或环境释放。在日本厚生劳动省的监管下，《食品卫生法》将涵盖转基因动物的食品安全方面。

### （二）新育种技术

与植物生物技术一样，动物生物技术领域的研究主体也是公共部门，可从政府获得财政支持。新育种技术是前文所述的跨部门战略创新促进项目下农业领域“创造下一代农林渔业技术”项目的主要支持领域之一。在动物生物技术领域，日本农林水产省正积极促进相关研究，将 CRISPR/Cas9 技术用于养殖低攻击性金枪鱼以促进渔业养殖的发展。

### （三）标识与可追溯性

转基因动物的标识要求与植物相同。对于克隆动物衍生产品，日本制定了特殊的标识要求，要求在标识上标明为克隆产品。目前尚未发现日本有任何加贴克隆标识的商品。

### （四）国际公约/论坛

由于日本在 2003 年批准了《卡塔赫纳生物安全议定书》，因此处理转基因技术研发的动物也必须遵循相同的法规。

## 三、销售

因为目前日本市场尚未有转基因动物产品的销售，公众对转基因或克隆动物肉制品的接受度还不明确。

# 第七章 韩国农业生物技术年报

Seung Ah Chung，Pete Olson

**摘要：**2016 年 2 月，韩国修订了《食品卫生法》，扩大了强制性转基因标识的覆盖范围，将可检测转基因成分的所有食品纳入其中。韩国食品和药品安全部（MFDS）正在制定的《转基因食品标识指南》，为执行新修订的《食品卫生法》标识要求制定了具体细则。《食品卫生法》的标识要求于 2017 年 2 月 4 日起施行。韩国转基因作物研发遭遇挫折，当地农民和非政府组织表达了强烈的担忧，这已经阻碍了韩国首个转基因水稻产品进入风险评估阶段的进程。从贸易政策来看，自 2016 年 7 月在美国华盛顿州发现转基因小麦之后，韩国开始对所有从美国进口的小麦和小麦粉进行检测，以确定是否含有未获批准的转基因转化体。相关检测结果表明，目前尚未发现任何未获批准的转基因转化体。

**关键词：**韩国；农业生物技术；转基因食品标识；转基因水稻

韩国严重依赖进口食品（大米除外）和饲料谷物。由于消费者对生物技术持有负面情绪，只有很少的食品含有转基因成分，但大多数牲畜饲料都采用转基因玉米和大豆粕。2015 年和 2016 年，美国和巴西是韩国的前两大转基因谷物出口国。

2016 年 2 月 3 日，韩国食品和药品安全部修订了《食品卫生法》，扩大了强制性转基因标识的覆盖范围，将可检测到转基因成分的所有食品都纳入标识范围，而之前的制度只要求对产品含量最高的 5 种成分中含有转基因的进行转基因标识。这是在立法议员、非政府组织（要求实施类似于欧盟的标识标准）与当地食品行业（反对扩展标识）经过长时间的争论探讨后，韩国食品和药品安全部才制定出的修订方案。但不可检测的食品不要求加贴转基因标识，食用油和糖浆继续享有强制性转基因标识豁免权。这一修正案于 2017 年 2 月 4 日起施行。此外，韩国食品和药品安全部正在制定《转基因食品标识指南》，以便于指导生产者满足这些新的要求。

自 2016 年 7 月在美国华盛顿州发现转基因小麦转化体之后，韩国食品和药品安全部开始测试所有从美国进口的小麦和小麦粉，以确认是否含有 MON71800 和 MON71700 转化体。韩国农业、食品和农村事务部（MAFRA）也对用作饲料的小麦进行检测。

韩国转基因谷物与转基因动物的进口受《活体转基因生物法》的管理。2012 年 12 月，韩国贸易、工业和能源部（MOTIE）首次对《活体转基因生物法》和实施条例进行了修订，并给出了复合性状转化体的定义。但修订法规仍未对用于食品、饲料和加工用途的转基因产品与转基因种子做出根本区分，未简化烦冗的风险评估过程，也未给出确切的意外混入定义。2014 年，韩国贸易、工业和能源部对执行指令、执行条例及联合通知进行了修改。尽管经修订的实施条例中做出了些许积极的改变，但烦冗的咨询审查过程或过度的数据要求等问题仍未完全解决。

由于公众对转基因食品仍然比较敏感，消费者更愿意接受转基因技术在非农业领域中的应用，比如医药领域。鼓励当地农民支持采用和广泛推广转基因技术被认为是增加消费者对转基因食品和牲畜产品的信心的关键。

2016 年，韩国农业、食品和农村事务部宣布了一项名为“2016 年农业、林业和食品科学技术推广”的计划。根据这一研发计划，韩国农业、食品和农村事务部将投资1 110 亿韩元用于农业生物资源研发项目，如用于提供生物器官的猪、采用克隆技术培育特殊用途狗（嗅探犬）的生产、干细胞生产技术及其他相关项目。

# 第一部分　植物生物技术

## 一、生产与贸易

### （一）产品研发

韩国转基因作物研发工作主要由各个政府部门、高校和私营企业主导进行。研究主要集中于第二代和第三代性状，如耐旱和抗病、营养富集、转化技术和基因表达。2016 年，韩国农村发展管理局（RDA）共批准了 371 个田间试验，它们都是由韩国农村发展管理局的指定评估机构和私营企业开展。

2015 年 5 月，韩国农村发展管理局发布了“下一代生物绿色 21 项目”一期的成果，该项目旨在研发并商业化推广基础技术。2011—2014 年，韩国农村发展管理局总共投资了 2 714 亿韩元，对包括辣椒和人参在内的 9 种作物进行基因组解码，并研发了抗炭疽病辣椒等产品。到 2020 年，韩国农村发展管理局将另外投资 3 000 亿韩元，对已经研发或即将研发出的技术进行商业化推广。

韩国农村发展管理局目前正在研发 17 种不同作物的 170 种转化体。这些作物包括富含白藜芦醇的水稻、富含维生素 A 的水稻、抗虫水稻、耐环境胁迫水稻、抗病毒辣椒、富含维生素 E 的豆类、抗虫豆类、耐除草剂本特草、抗病毒马铃薯和大白菜、西瓜、红薯和苹果。目前，韩国农村发展管理局已获得 3 种作物 6 个转化体的安全评估数据：4 个水稻、1 个辣椒、1 个大白菜转化体。当地一所大学在“下一代生物绿色 21 项目”支持下，研发了耐除草剂本特草，并于 2014 年 12 月提交给韩国农村发展管理局进行环境风险评估（ERA）。韩国农村发展管理局还研发了富含白藜芦醇（这是一种能够预防心脏病的多酚类活性物质）的水稻和抗病毒辣椒。2015 年，当韩国农村发展管理局宣布计划提交富含白藜芦醇的水稻的环境风险评估文件时，遭到了当地非政府组织和稻农的极力反对，他们担心转基因水稻的田间试验将污染常规稻田。为此，非政府组织每天在韩国农村发展管理局进行抗议，要求停止研发转基因水稻。迫于压力，韩国农村发展管理局决定不再将转基因水稻用于食品用途，仅在封闭环境下种植这种转基因水稻，同时限制将这种转基因水稻产生的白藜芦醇用于工业目的，如医药或化妆品领域。尽管韩国农村发展管理局做出了这些让步，但当地非政府组织仍继续要求暂停在韩国进行田间试验及转基因水稻生产活动。

来自政府研究机构的团队研发了耐旱和耐盐碱的转基因红薯，目的是克服荒漠化的影响。该研究机构成功地在中国库布齐沙漠和哈萨克斯坦（东北亚两个最大的半干旱地区）种植了红薯。2014 年，他们还与中国和日本研究人员合作解码红薯基因组，有望在中国、中东和非洲的荒漠化地区种植大量的转基因红薯。

韩国的私营企业也在进行转基因作物相关的研究。据估计，正在研发的品种大约 60 个，但大多数仍然处于实验室阶段。抗病毒辣椒研究取得了较大进展，研究人员正在编制相关的环境风险评估文件。

尽管进行了大量的研究工作，但是这些作物完成监管审批流程（最有可能是耐除草剂本特草或富含白藜芦醇的水稻）最早也需要五年时间，而商业化生产预计需要更长时间，且将完全取决于是否能够让韩国农民认识到生物技术的好处并采用这种技术。鼓励当地农民支持采用和广泛推广转基因技术被认为是增强消费者对转基因食品信心的关键。

### （二）商业化生产

韩国虽然在转基因作物的研发方面进行了大量的投资，但是目前还没有商业化生产任何转基因作物。

### （三）出口

由于并未商业化生产任何转基因作物，因此韩国不出口任何转基因作物。

### （四）进口

韩国进口的转基因作物和产品主要用于食品、饲料及加工目的，而不是用于繁殖。美国是韩国最大的转基因谷物和油籽供应国，巴西紧随其后，有时甚至超过美国。截止到 2016 年 8 月，美国仍是最大的供应国，其次是巴西和阿根廷。

**1. 玉米**

2015 年，韩国共进口了 1 030 万吨玉米，820 万吨用作饲料，210 万吨用于加工。韩国从美国进口了 350 万吨玉米，占总进口量的 34%，有 310 万吨用作动物饲料，剩下的 40 万吨玉米用于食品加工，其中 90%为转基因玉米。

进口的转基因玉米一般被加工成产品，比如高果糖玉米糖浆（HFCS）或玉米油，这两者均无需加贴转基因标识，因为其中的转基因蛋白质含量无法检测到。尽管当地非政府组织和消费者团体不断施压，但加工企业仍继续使用转基因玉米，因为这种玉米与常规玉米相比价格更为低廉，而且在国际市场上更容易买到。同时，生产面粉、粗面粉和玉米片的加工企业从不同国际供应商那里进口常规玉米。

**2. 大豆**

2015 年，韩国共进口了 130 万吨大豆，其中 3/4 用于榨油。巴西是韩国第一大大豆供应国，进口量达到 75 万吨。美国是韩国第二大大豆供应国，进口量达到 53 万吨，占总进口量的40%左右，其中28万吨用于榨油，25万吨用于食品加工/发芽。

作为国内生产的大豆粕的补充，韩国2015年进口了190万吨的大豆粕。但从美国进口量非常小，仅1 817吨，约占总进口量的0.1%。

大豆油无须加贴转基因标识，因为外源蛋白的含量几乎无法检测到。用于食品加工的大豆（如用于生产豆腐、豆酱和豆芽等产品）都是非转基因大豆。

表7-1中列出了转基因大豆和玉米的进口统计数据。这些数据与上面报告的数据略有差异，因为此表是以进口批准数而非结关数据为基础。然而，表7-1中含有的信息进一步说明，韩国进口的大部分活体转基因生物用于食品和饲料用途。表7-2证明了转基因谷物与常规谷物之间价格存在差异。

**表7-1　转基因大豆和玉米的进口统计数据***

单位：万吨

| 类别 | | | 2012年 | 2013年 | 2014年 | 2015年 | 2016年1～8月 |
|---|---|---|---|---|---|---|---|
| 大豆 | 食品（榨油） | 美国 | 41.8 | 24.2 | 44.5 | 27.3 | 21.4 |
| | | 美国以外 | 47.9 | 48.7 | 57.6 | 75.6 | 54.0 |
| | | 总计 | 89.7 | 72.9 | 102.1 | 102.9 | 75.4 |
| 玉米 | 食品 | 美国 | 4.2 | 5.7 | 70.6 | 35.4 | 34.5 |
| | | 美国以外 | 109.4 | 86.1 | 55.6 | 76.2 | 33.8 |
| | | 总计 | 113.6 | 91.8 | 126.2 | 111.6 | 68.3 |
| | 饲料 | 美国 | 237.5 | 19.6 | 433.7 | 299.4 | 203.8 |
| | | 美国以外 | 340.4 | 685.3 | 402.0 | 494.2 | 305.8 |
| | | 总计 | 577.9 | 704.9 | 835.7 | 793.6 | 509.6 |

数据来源：韩国生物安全资料交换所（KBCH）。

**表7-2　2008年食品用途的美国产非活体转基因和活体转基因作物的平均价格差异**

单位：美元/吨

| 作物 | 活体转基因 | 非活体转基因 | 价格差 |
|---|---|---|---|
| 玉米 | 329 | 386 | 57 |
| 大豆 | 564 | 768 | 204 |

数据来源：韩国生物安全资料交换所。

## （五）粮食援助

韩国不是粮食援助受援国。韩国根据当前的政治状况为朝鲜提供短期的粮食援助。韩国参与了东盟与中日韩大米紧急储备（APTERR）机制，该机制建立于2013年，旨在发生自然灾害的情况下为成员国提供大米援助。其中，韩国承诺提供15万吨的大米，到2016年为止已经提供了9万吨的大米。

## （六）贸易壁垒

### 1. Liberty Link大米（LLRice）

自从2006年在从美国进口的大米中发现了微量的LLRice之后，韩国政府便要求对从美国进口的大米进行强制性检测，以确认不含有LLRice，但在2013年，韩国食品和药品安全部取消了这一强制性检测要求，而是要求每年仅选择一个季度，对从美国进口的大米进行LLRice检测。2014年，韩国农业、食品和农村事务部还取消了提供美国农业部谷物检验、包装和堆料场管理局（GIPSA）发放的参与能力验证项目实验室声明，以及由这些实验室出具的非转基因证书的要求。截止到2016年韩国进出口贸易主管部门仅要求在装货前开展一次检测。

**2. MON71800和MON71700小麦转化体**

2013年5月和2016年7月在美国俄勒冈州及华盛顿州发现了转基因小麦转化体（MON71800和MON71700）后，韩国食品和药品安全部要求正对从美国进口的所有小麦或小麦粉开展强制性检测，以确认是否含有MON71800和MON71700小麦转化体。韩国农业、食品和农村事务部在美国发现转基因小麦之前，便已对进口小麦进行检测，而在转基因小麦事件之后，韩国农业、食品和农村事务部扩大了美国产饲料用途小麦的采样数，到2016年为止，并未检测到转基因小麦。

**3. 美国Event 32玉米转化体检测**

韩国食品和药品安全部要求对来自美国的玉米产品进行检测，以确认是否含有Event 32玉米转化体。其中，白玉米、甜玉米、糯玉米和爆米花等产品无须进行检测。

**4. 美国产番木瓜及其产品**

韩国食品和药品安全部不允许从美国进口番木瓜及其相关产品，因为它们尚未获得韩国食品和药品安全部的食用批准。

在审批方面，用于食品、饲料和加工用途的改性活生物体（LMO FFP）的风险评估程序正引起越来越强烈的担忧。特别是其中一些风险评估流程被认为是多余的，因为单一转化体的审批就涉及五个机构，且有时还缺乏科学依据。这种烦冗的协商过程效率低下，导致新转基因转化体的最终审批被延误。有关这一问题将在后文详细讨论。

韩国政府对加工的有机产品中意外混入转基因成分采取零容忍政策。2014年，韩国农业、食品和农村事务部为新的加工有机产品认证计划制定法规，仍采用了韩国食品和药品安全部的零容忍政策，如果发现有机产品中含有转基因材料，则将要求从产品标识中移除有机声明，此外，如果存在蓄意违规的情况，则国家农产品质量管理局（NAQS）可能介入调查。

## 二、政策

### （一）监管框架

2007年10月2日，韩国批准了《卡塔赫纳生物安全议定书》，2008年1月1日，韩国颁布了《活体转基因生物法》，该法律是实施《卡塔赫纳生物安全议定书》的主要法规，也是管理韩国生物技术相关事务的最高法律。

《活体转基因生物法》的颁布实施具有一段很长的历史。主管部门韩国贸易、工业和能源部（前韩国知识经济部）早在2001年初就起草了该法律及其实施细则，经过多次修改之后，于2005年9月发布了该法律草案供公众评议。虽然法律文本和下级法规在6个月后（2006 年 3 月）最终确定，但是法规直到 2008 年 1 月 1 日才实施。在经过多次尝试之后，于 2012 年 12 月对《活体转基因生物法》进行修订，做出了少量修改，包括修改复合性状转化体的定义。然而，从整体来看，法规修正案并未解决美国担忧的烦冗协商审查流程的问题，也未对用于食品、饲料和加工用途的活体转基因生物与用于繁殖的活体转基因生物做出区分。《活体转基因生物法》修正案于 2013 年 12 月 12 日开始施行。

**1. 政府主管部门及其职责**

韩国贸易、工业和能源部（MOTIE）：负责执行《卡塔赫纳生物安全议定书》的国家主管部门，还负责执行《活体转基因生物法》以及工业用活体转基因生物的研发、生产、进出口、销售、运输和存储相关事宜。

韩国外交部（MOFA）：《卡塔赫纳生物安全议定书》的国家联络点。

韩国农业、食品和农村事务部（MAFRA）：负责农业/林业/畜牧业活体转基因生物进出口相关的事宜。

韩国农村发展管理局（RDA，受韩国农业、食品和农村事务部监督）：负责转基因作物的环境风险评估、活体转基因生物的环境风险咨询，是韩国转基因作物的主要研发者。

动、植物和渔业检疫检验局（QIA，受韩国农业、食品和农村事务部监督）：负责在进口港对用于农业用途的活体转基因生物实施进口检验。

国家农产品质量管理局（NAQS，受韩国农业、食品和农村事务部监督）：负责饲料用途的活体转基因生物的进口审批。

韩国海洋事务与渔业部（MOF）：负责海上活体转基因生物贸易相关事宜，包括相关活体转基因生物的风险评估。

韩国国家渔业研究发展研究院（NFRDI，受韩国海洋事务与渔业部监督）：负责鱼类产品的进口审批，以及用于海洋环境的活体转基因生物的咨询。

韩国卫生福利部（MHW）：负责用于医疗和医药用途的活体转基因生物进出口，包括相关活体转基因生物的人类健康风险评估。

韩国疾病预防控制中心（KCDC，受韩国卫生福利部监督）：负责监督活体转基因生物的人类健康风险咨询。

韩国食品和药品安全部（MFDS，隶属于韩国总理办公室）：负责用于食品、医药和医疗器械用途的活体转基因生物进出口相关事宜；转基因作物的食用安全审批；执行含有转基因成分的未加工和加工食品的标识要求。

韩国环境部（MOE）：负责与用于环境修复或向自然环境中释放活体转基因生物的贸易相关事宜，包括相关活体转基因生物的风险评估，但不包括用于种植的农业活体转基因生物。

韩国国家生态研究所（NIE，受韩国环境部监督）：负责对活体转基因生物进行进口审批，以及活体转基因生物的环境风险咨询。

韩国科学、信息通信技术和未来规划部（MSIP）：负责用于测试和研究的活体转基因生物贸易相关事宜，包括相关活体转基因生物的风险评估事宜。

**2. 生物安全委员会的职责、成员组成**

按照《活体转基因生物法》第 31 条的规定，2008 年，在韩国总理办公室之下建立了生物安全委员会。根据 2012 年 12 月 11 日发布的《活体转基因生物法》修正案，生物安全委员会于 2013 年 12 月被转移到韩国贸易、工业和能源部之下。生物安全委员会主席从韩国总理变为韩国贸易、工业和能源部部长，这并不是为了降低生物安全委员会的地位，而是为了提高生物安全委员会的工作效率。生物安全委员会负责活体转基因生物进出口审查，具体职责如下。

（1）实施《卡塔赫纳生物安全议定书》相关事宜。

（2）制定和实施活体转基因生物安全管理计划。

（3）按照第 18 条和第 22 条的规定，重新审理未能获得进口许可的申请人的上诉。

（4）与活体转基因生物的安全管理、进出口等立法和通告相关事宜。

（5）与活体转基因生物可能导致的损害预防措施，以及为减少损害所能采取的措施。

（6）提交生物安全委员会主席或国家主管部门审核的材料。

生物安全委员会由 15～20 名成员组成，由韩国贸易、工业和能源部部长担任生物安全委员会主席，成员包括各部委的副部长。私营部门专家也可以成为生物安全委员会成员。生物安全委员会可以设立下属委员会和技术委员会。

生物安全委员会的另一个最重要职责是协调相关部委之间的不同立场。由于每个部委都在各自领域内拥有职权和职责，所以在有些问题上可能不容易达成共识。在这种情况下，可以请求担任生物安全委员会主席的韩国贸易、工业和能源部部长解决此类无法达成共识的问题。生物安全委员会举行会议的频率不确定，总体而言频率较低。2014 年 12 月举行的会议采用了文件流转而非面对面形式。

**3. 政治影响**

与农业生物技术相关的监管决策受到政治因素的影响，主要是来自声势浩大的反对生物技术的非政府组织的影响。遗憾的是，一些反对生物技术的非政府组织被任命为政府食品安全与生物技术风险审查委员会的成员，他们利用这一身份来对政府进行施压，要求政府制定更加严格的生物技术法规。《食品卫生法》修正案草案扩大强制性转基因标识的覆盖范围就是其中一个示例。

## （二）审批

无论是国内种植还是从国外进口的转基因作物，均必须接受食品安全评估和环境风险评估。其中，环境风险评估有时被称为饲料审批，但是审批的重点主要是针对环境的影响而非对动物健康的影响。

多家不同机构参与总体评估流程。其中，韩国农村发展管理局通过环境风险评估来审批饲料谷物中的新转基因转化体。但韩国农村发展管理局与其他三个部门就环境评估进行协商，它们是韩国国家生态研究所、韩国国家渔业研究发展研究院和韩国疾病预防控制中心。与此同时，韩国食品和药品安全部对含有转基因转化体的食用谷物进行安全评估，审查流程包括与韩国农村发展管理局、韩国国家生态研究所和韩国国家渔业研究发展研究院进行协商。

由于负责审查的机构之间存在职能重合的情况，尤其是韩国食品和药品安全部与韩国疾病预防控制中心，烦冗的数据要求导致了审批流程的混乱和不必要的延误。为了响应简化现有烦冗、重复的审批流程的持续请求，韩国发起了一项“联合环境咨询审查”的试点项目。韩国国家生态研究所和韩国国家渔业研究发展研究院组成了一个联合委员会，于2016年对一个转基因转化体进行了审查。然而，联合审查的结果表明，在节约时间或数据收集效率方面所取得的效果有限。

韩国食品和药品安全部有三个审批类别，包括完全批准和两类有条件批准。完全批准授予商业化生产和进口供食用的转基因作物；有条件批准则适用于已经中止或者不是为了食用而商业化种植的转基因作物。

截至2016年10月，韩国食品和药品安全部已为164个转基因转化体授予了食品安全批准，包括144个作物、18个食品添加剂及2个微生物转化体。与此同时，韩国农村发展管理局为135个转基因转化体授予了饲料用途批准。有关获得批准的转基因转化体的列表请参见附录7。

虽然韩国还没有批准用于商业化生产的产品，但是当地一所大学2008年向韩国农村发展管理局提交了一份申请，要求批准种植一种用于景观美化的转基因草。这一申请最初由于数据不足而被驳回，但是这所大学在2010年10月又增加了相关数据重新提交了申请。然而，2012年这所大学撤销了申请，并在2014年底提交了一份新的申请。截至2016年，韩国农村发展管理局并未批准这一申请。

### （三）复合性状转化体审批

韩国食品和药品安全部对于符合以下条件的复合性状转化体，不要求进行全面的安全评估。

（1）复合叠加的单一性状已经分别获得批准。

（2）复合性状转化体中的特性、摄取量、可食用部分以及加工方法与常规非转基因转化体之间没有差别。

（3）亚种之间没有杂交。

2007年12月发布的《联合通知》规定复合性状转化体必须进行环境风险评估，且需要向韩国农村发展管理局提交以下文件。

（1）验证母本中插入的核酸所携带的性状是否有相互作用的信息。

（2）复合性状转化体特征相关的有用信息。

（3）对上述（1）和（2）进行评估的相关材料。

（4）研发者获得复合性状转化体中使用的母本转化体批准的确认函及已经提交的母本转化体信息审查协议。

韩国农村发展管理局将对提交的文件进行审查。如果母本品种中插入的核酸所携带的性状之间有相互作用或者发现了其他差异，则韩国农村发展管理局将要求进行环境风险评估。如果未发现相关情况，则不需要进行完全的环境风险评估。

韩国政府利用作物信息而非中间转化体信息来审查复合性状转化体。这意味着中间转化体不需要进行审查，除非它们被商业化。

复合性状转化体的审批流程逐渐受到争议。韩国农村发展管理局与韩国食品和药品安全部均允许在韩国批准了所有母本单一性状转化体之后提交复合性状转化体文件。考虑到复合性状转化体的审批在提交申请后至少需要花费3～6个月，甚至一年的时间，研发者不得不延迟经美国农业部批准的复合性状转化体的商业化推广进程，直至韩国政府完成其审批。

### （四）田间试验

2015年，韩国农村发展管理局授权对403个转基因转化体进行隔离条件下的田间试验。2016年1～11月，共有371项田间试验获得批准。韩国农村发展管理局每年将更新田间试验许可证。从性状来说，许多获批的田间试验主要针对抗环境胁迫相关的性状；从作物来说，大部分的田间试验都是针对具有不同性状的水稻，如抗环境应力、提高营养价值以及抗虫性，也有辣椒、大豆、大白菜和草的少量田间试验。

《活体转基因生物法》的实施准则——《联合通知》规定，用作种子的进口活体转基因生物必须进行国内田间试验。对于用于食品、饲料和加工用途的活体转基因生物，韩国农村发展管理局将审查出口国实施的田间试验的结果，但如果有必要，韩国农村发展管理局可能要求进行国内田间试验。

韩国农村发展管理局正在研发的转基因作物必须进行田间试验，且必须遵循《与农业研究相关的重组生物的研究和处理指导准则》。私营企业、高校等研发的转基因作物需遵守韩国卫生福利部发布的非强制性指导准则《重组生物研究指导准则》。《联合通知》还规定了当地生物技术研发者和实验室在研发过程中必须遵守的指导准则。

### （五）新育种技术

韩国尚未确定新育种技术（如基因组编辑）的监管状态，科学家和监管机构越来越关注韩国如何解决这一问题，韩国正密切关注其他国家的发展动态。

### （六）共存

如前文所述，韩国尚未种植转基因作物。因此，韩国的监管机构并未制定共存政策，但随着有机农业生产的逐年发展，这一问题必然将受到关注。

### （七）标识

随着2013年韩国政府进行重组，未加工的转基因农产品的标识权限从韩国农业、食品和农村事务部转移到韩国食品和药品安全部。目前，韩国食品和药品安全部负责为加工和未加工产品编制转基因标识指导准则，并负责市场执行。

韩国执行转基因标识政策的目的是保障消费者知情权。然而，目前市场中很少有带有转基因食品标识的产品。与其他国家的情况类似，非政府组织继续对韩国政府施压，要求其扩大转基因标识要求范围。作为回应，韩国食品和药品安全部在2008年和2012年启动了转基因标识工作。然而，由于当地食品行业的反对，此类尝试并未取得成功。2013年，立法议员向韩国国会提交了三份有关《食品卫生法》的法律草案，要求扩大转基因标识的覆盖范围。2013年在美国俄勒冈州发现转基因小麦转化体的这一情况，更是助推了当地反生物技术运动的势头，这些团体开始要求韩国政府扩大转基因标识要求范围。韩国公民经济正义联盟（CCEJ）于2013年组建了“消费者权益中心”。该中心由韩国前农业部部长领导，目的是以保障消费者的知情权为由扩大转基因标识要求范围。该中心召开了多次会议来讨论转基因标识问题，并不断对韩国食品和药品安全部施压，要求其扩大转基因标识要求范围。该中心还要求韩国食品和药品安全部提供使用转基因谷物的食品制造商的名称及每个公司使用的转基因谷物的数量。韩国食品和药品安全部拒绝了这一请求，因为这些被认为是机密信息。2016年，该中心对韩国食品和药品安全部提起了诉讼，并最终胜诉。为此，韩国食品和药品安全部不得不透露了制造商的名称及每个制造商转基因谷物的数量。

2016年2月3日，立法议员与韩国食品和药品安全部对《食品卫生法》进行了再一次修订，废除了此前的三个未决法案。最新修订的《食品卫生法》扩大了强制性转基因标识覆盖范围，将含有可检测到的转基因成分的食品覆盖在内。根据现行制度，如果产品含量最高的5种成分中1种或多种含有转基因成分，韩国食品和药品安全部要求对产品进行转基因标识。在新修订的法规中，韩国食品和药品安全部取消了含量最高的5种成分限制，对含有可检测转基因成分的所有产品要求加贴转基因标识。但食用油和糖浆继续享有强制性转基因标识豁免。这一修正案于2017年2月4日起施行。

为了明确《食品卫生法》修正案中的转基因标识要求，韩国食品和药品安全部于2016年4月发布了《转基因食品标识标准》修订草案，并在2016年6月20日之前征求公众评议。在这一修订草案中，韩国食品和药品安全部提出了以下建议。

（1）由传统作物加工而来的产品，但还没有相应的转基因品种（如苹果、橘子等），不允许使用“非转基因”或“无转基因”标识。

（2）与传统同类产品相比，具有不同营养价值的产品（如高油酸转基因大豆）要求加贴转基因标识。

（3）明确规定，不含有外源蛋白或DNA的产品可免于加贴强制性转基因标识。

然而，由于当地非政府组织提出了许多反对意见，韩国食品和药品安全部于2016年6月重新发布修订草案，并将评议期延长至2016年7月20日。当地非政府组织继续敦促韩国食品和药品安全部采用欧盟类似的做法，将可检测和不可检测转基因成分的所有产品纳入强制性转基因标识的覆盖范围。此外，他们还要求韩国食品和药品安全部允许对不含有转基因的常规产品，使用“非转基因”或“无转基因”声明。如果韩国食品和药品安全部允许使用此类声明，那么用当地作物/水果/蔬菜制成的所有产品均可使用“非转基因”或“无转基因”声明，因为韩国并未商业化种植任何转基因作物。然而，韩国食品和药品安全部认为这类“非转基因”或“无转基因”声明将会误导消费者，因此禁止使用此类声明。《转基因食品标识标准》修订草案仍在审核当中。韩国食品和药品安全部于2019年7月11日发布《转基因食品标识标准》的修订内容并征询公众意见，本次意见征询的截止日期为2019年9月9日。

2016年8月和11月，《食品卫生法》的两项新法律草案（将使用转基因作物生产的所有产品纳入强制性转基因标识的覆盖范围）已经提交给韩国国会。

当地食品行业担心扩大转基因标识的覆盖范围将误导消费者，限制市场上产品的选择范围，并增加生产成本。例如，如果实施这一扩大的标识要求，食品制造商就不愿意使用这些配料来生产任何食品，超市会因为销售额下降而不愿意销售带有转基因标识的产品。当地食品行业还担心，因为缺乏科学可验证的措施，声称为非转基因的进口油和糖浆可能出现虚假标识或文件造假的情况，这些产品实际上可能由转基因作物加工而成。国内企业要求韩国食品和药品安全部将扩大转基因标识的要求延期执行，直至有科学方法能检测转基因成分含量，或建立了相关体系能防止加贴虚假标识的产品进入韩国。

2007 年 4 月，韩国农业、食品和农村事务部（前韩国食品农林渔业部）修订了《饲料手册》，要求含有转基因成分的零售包装动物饲料产品也必须加贴转基因标识。这一新的标识要求于 2007 年 10 月 11 日起执行。然而，强制性标识要求对转基因饲料谷物贸易没有产生太大影响，因为几乎所有的动物饲料产品都含有转基因成分。

2008 年针对美国牛肉的烛光抗议中，消费者团体得知韩国的一些玉米加工企业因为常规玉米短缺以及国际谷物价格上涨而首次引入转基因玉米后异常愤怒。这些消费者团体联合抵制使用转基因玉米配料的食品加工企业的产品。因此，21 家大型企业联合声明他们不会在产品中使用以转基因玉米为来源的配料。

**1. 散装谷物的转基因标识要求**

（1）供食用的完全由未加工转基因作物构成的商品应加贴“转基因商品”的标识（如“转基因大豆”）。

（2）含有部分转基因增强作物的商品应加贴“含有转基因商品”的标识（如“含有转基因大豆”）。

（3）可能含有转基因增强作物的商品应加贴“可能含有转基因商品”的标识（如“可能含有转基因大豆”）。

**2. 加工产品的转基因标识要求**

（1）含有的转基因玉米或大豆，但成分没有占到产品配料 100%，应加贴标识“转基因食品”或“食品含有转基因玉米或大豆”。

（2）可能含有转基因玉米或大豆的产品，应加贴标识“可能含有转基因玉米或大豆”。

（3）100%转基因玉米或大豆的产品应加贴标识“转基因”或“转基因玉米或大豆”。

**3. 意外混入**

韩国允许未加工的常规产品（如普通食用大豆）和加工产品中意外混入最高不超过 3%的获批转基因成分（有身份保持文件或政府证明书）。阈值 3%是按照加工食品进行转基因标识的阈值要求而确定的，转基因成分含量低于 3%的谷物和加工食品，还需要提交完整的身份保持文件或出口国政府认可的证明书，才能够免于转基因标识要求。

无论是否有意混入转基因成分，谷物中转基因成分超过 3%阈值都需要进行转基因标识。对加工食品中意混入转基因成分，韩国的法律法规又分成 3 种情况进行了详细规定。具体情况见表 7-3。

**表 7-3　食品混入转基因成分与标识要求**

| 产品类型 | 混入方式 | 要求 | 阈值 | 转基因标识 |
|---|---|---|---|---|
| 常规散装谷物 | 无意混入（即低水平混杂） | 有身份保持文件或政府证明书 | ≤3% | 否 |
| | | 没有身份保持文件或政府证明书 | | 是 |
| 加工产品 | 无意混入（即低水平混杂） | 有身份保持文件或政府证明书 | ≤3% | 否 |
| | | 没有身份保持文件或政府证明书 | | 是 |

（续）

| 产品类型 | 混入方式 | 要求 | 阈值 | 转基因标识 |
| --- | --- | --- | --- | --- |
| 加工产品中 5 种主要成分 | 有意混入 | 有身份保持文件或政府证明书 | ≤3% | 否 |
| | | 没有身份保持文件或政府证明书 | | 是 |
| 加工产品中非 5 种主要成分 | 有意或者无意混入 | 没有其他文件要求 | | 否 |
| 不含有外源 DNA 的加工产品 | | 没有其他文件要求 | | 否 |

**4. 无转基因和非转基因等标识的使用**

如果产品完全不含有转基因成分，则允许自愿加贴非转基因标识。由于采取零容忍政策，任何检测到含有转基因成分的产品将视为违反标识要求。因此，韩国食品和药品安全部不鼓励粘贴非转基因或无转基因标识，以防止此类标识的滥用。对于还没有商业化的相应的转基因产品，韩国食品和药品安全部也不允许使用这类声明。

进口商必须保留相关的文件来证明他们的非转基因声明。此类文件可以包括由韩国食品和药品安全部认可的检测实验室出具的检测证明书，其中应指明产品中不含有转基因成分。

## （八）监测与测试

2012 年，韩国环境部下属的国家环境研究所（NIER）开始监测韩国环境中进口活体转基因生物的意外释放情况。国家环境研究所从全国收集并测试了 626 个玉米、大豆、油菜和棉花样本，其中 42 个玉米、油菜和棉花样本确定为活体转基因生物。国家环境研究所查明，这些活体转基因植物是由食品、饲料和加工用途的进口活体转基因生物繁殖而来，可能是运输过程中意外释放到了韩国环境中。2013 年，国家环境研究所继续开展相关监测活动。自 2014 年起，韩国国家生态研究所取代国家环境研究所，成为指定的自然环境风险评估机构，负责继续监测韩国环境中进口活体转基因生物的意外释放。2015 年，韩国国家生态研究所确认了 51 个活体转基因生物样本。

## （九）低水平混杂政策

韩国并未制定低水平混杂政策。但是，韩国采用“意外混入”一词来执行强制性标识要求，且允许非活体转基因货物中最多含有 0.5%的未获批转基因生物。

## （十）其他要求

对于食品、饲料和加工用途的转基因作物，没有审批以外的其他额外注册要求。然而，对于以繁殖为目的的活体转基因生物，相关作物应完成种子审批流程。

## （十一）知识产权

韩国并未商业化种植转基因作物，但知识产权受到现行国内法规的保护。

## （十二）《卡塔赫纳生物安全议定书》批准

韩国于 2007 年 10 月 2 日批准了《卡塔赫纳生物安全议定书》，并于 2008 年 1 月 1 日颁布实施了执行该议定书的法律《活体转基因生物法》。2012 年 12 月，韩国政府发布了《活体转基因生物法》第一次修正案，并于 2013 年 12 月 12 日予以实施。韩国贸易、工业和能源部还修订了其实施条例，以便与 2013 年 12 月新修订的法案及 2014 年 7 月的《联合通知》保持一致。虽然这一修订旨在完善审批流程，但是韩国贸易、工业和能源部并未充分解决美国政府多年来一直关注的烦冗协商审查的问题。

为了消除国内行业和外贸合作伙伴对现行法律中“确实含有”原则的担忧，作为《活体转基因生物法》执行条例的一部分，韩国贸易、工业和能源部于 2013 年 4 月 30 日修改了用于食品、饲料和加工用途的活体转基因生物的进口审批申请表。新修订的申请表明确规定了用于食品、饲料和加工用途的活体转基因生物的“可能含有”原则，因此消除了出口商和国内进口商对行业实践与法规中规定的原则之间的差异的担忧。韩国允许出口商只在商业发票上提供获批在韩国使用的所有转基因转化体的列表，进口商则仅需在进口申请表上复制和粘贴相同的列表。

### （十三）国际公约/论坛

韩国积极参与国际食品法典委员会、《国际植物保护公约》（IPPC）、世界动物卫生组织（OIE）、亚太经合组织（APEC）等的相关会议。韩国趋向于在安全评估指导准则中遵循国际食品法典委员会的相关法规。

## 三、销售

### （一）公共/私营部门意见

韩国消费者对转基因食品总体上持反对态度，因此韩国人更愿意购买价格较高的非转基因食品。非政府组织和新闻媒体也强化了消费者对转基因食品的反对态度，将转基因产品称为“科学怪食”。

如前文所论述，2013 年在美国俄勒冈州发现转基因小麦转化体，这引起了韩国消费者和媒体的警觉，这被视为是美国转基因作物生产管理不善的结果。这一转化体也使得韩国公民经济正义联盟于 2013 年组建了“消费者权益中心”，以保障消费者的知情权为由要求扩大转基因标识范围。该中心召开了多次会议讨论转基因标识问题，并不断对韩国国会与韩国食品和药品安全部施压。为了消除消费者和使用者的担忧，韩国面粉加工行业协会暂停采购美国产小麦，直到韩国食品和药品安全部在一个月后发布了对自美国进口的小麦和小麦粉进行的第二次转基因检测结果。因为这些敏感问题，许多当地食品制造商非常不愿意使用转基因配料。事实上，早在 2008 年发生牛肉抗议活动后，21 家大型食品生产商，包括多家跨国企业，已宣布他们不会生产转基因食品。当地零售商也不愿意销售带有转基因标识的产品，他们不想因为销售转基因产品而被公众指责。2016 年在美国华盛顿州发现转基因小麦，这一情况使得人们更加坚信转基因作物研究和生产的管理中存在不足，进而认为未获批转基因转化体的意外释放现象可能继续发生。

韩国进口大量的转基因食品配料用于进一步加工制造植物油、玉米糖浆和其他目前不需要加贴转基因标识的产品，而公众似乎没有注意到这一事实。

## （二）市场接受度研究

韩国人对生物技术褒贬不一，公众对生物技术在人类和动物研究、生物医药和疾病治疗中的应用持积极态度，但对生物技术在食品生产中的应用持否定态度。

2008年7月，韩国消费者联盟对国会议员开展了调查，以了解立法议员对生物技术的认识。调查结果显示，执政的保守党大国民党（GNP）与反对党民主党（DP）相比更倾向于支持生物技术，但是整体而言两党都对生物技术持较消极的态度。50%以上的立法议员不愿意食用转基因食品，超过75%的立法议员表示应该对食用油执行转基因标识要求。然而，调查结果同时也发现60%的立法议员知道韩国监管机构对食品和饲料中使用的每一种转基因作物都进行了安全评估，因此这两种调查结果存在不相符的地方。

虽然韩国消费者明显不愿意食用转基因作物，但是调查发现，议员不太担心当地研发的转基因作物。只有7%的大国民党议员和24%的民主党议员认为韩国应该停止研发转基因作物。这是一个值得注意的调查结果，因为这表明增强消费者对转基因食品的信心的关键途径之一是研发韩国自己的转基因作物并商业化。如前文所述，虽然目前韩国正在大力开展转基因作物研发，但即使在最好的情况下，实现其商业化还需要几年的时间。

2015年11月，韩国生物安全资料交换所对全国600名消费者进行了第八次年度调查，以了解消费者对生物技术的态度。此次调查结果显示，消费者的意识仍然较高，但对生物技术的安全性保持担忧态度。其中，45%的受访者认为生物技术对人类有益，41%的受访者认为生物技术是中性的，13%的受访者认为生物技术没有益处，1%选择不知道。超过59%的受访者认为生物技术有利于治疗癌症等疾病，23%的受访者表示生物技术可能有助于解决食品短缺问题。在认为生物技术没有益处的受访者中，42.5%的人对生物技术的安全性持怀疑态度，45%的人认为使用生物技术来生产食品有违自然规律。调查结果再次证明，消费者更赞成在农业领域之外使用生物技术。超过82%和79%的受访者赞成在医疗和生物能源领域使用生物技术，而35%的受访者赞成在畜牧业领域使用生物技术，只有45%的受访者赞成在食品和农产品中使用生物技术。

关于活体转基因生物，35.2%的受访者认为它是受社会的欢迎，69%的受访者认为有必要开展研发活动，41%的人认为韩国有必要种植转基因作物，21%的人认为有必要从其他国家进口。也有27%的受访者认为韩国将在国内生产转基因动物。超过89%的受访者赞成加

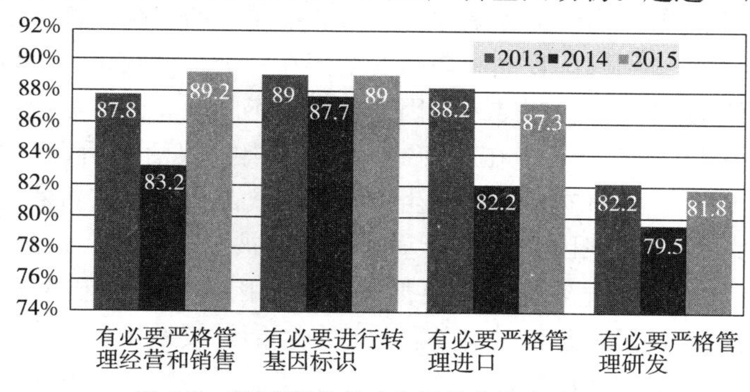


图7-1 韩国消费者对生物技术的态度调查

贴转基因标识及严格控制转基因产品的进口（图 7-1）。还有一个有趣的调查结果是，约17%的受访者表示对活体转基因生物感兴趣，感兴趣的原因是他们担心活体转基因生物的安全问题。受访者主要从电视获取活体转基因生物相关的信息，其次是互联网新闻。

# 第二部分　动物生物技术

## 一、生产与贸易

### （一）产品研发

韩国正积极开展动物基因工程研究，研发生产新的生物医药和生物器官的动物。韩国还使用生物技术来扩大高产动物数量，以便批量生产生物医药和器官。此类研究主要由不同的政府部门和私营企业，以及学术界主导进行。

2016 年，韩国农业、食品和农村事务部宣布了一项名为“2016 年农业、林业和食品科学技术推广”的计划，涵盖 7 个领域，包括高附加值农业生物资源。计划对农业生物资源研发投资 1 110 亿韩元，如生产生物器官的猪、采用克隆技术生产特殊用途的狗（嗅探犬）、干细胞生产技术及其他相关项目。2010 年，韩国农业、食品和农村事务部发布了韩国生命科学产业增长引擎的总体规划，这使得生物医药成为吸引大量投资的领域。韩国农村发展管理局于 2011 年 5 月 19 日启动的“下一代生物绿色 21 项目”也将生物医药和生物器官的研发列为三大重点领域之一。

韩国农村发展管理局下属的国家动物科学研究所（NIAS）着重于利用生物技术研发生物器官等新的生物材料、确保动物遗传资源的多样性、研发高附加值畜牧产品、利用畜牧资源研发可再生能源，其最终目标是成为“全球第 7 代畜牧技术之国”。国家动物科学研究所目前的研究涉及 2 种动物 24 种性状，包括猪的 17 种性状和鸡的 7 种性状，这些性状是针对生产高价值蛋白质和抗病毒物质，包括猪生产能够治疗贫血症、血友病和血栓的物质，鸡生产具有乳铁传递蛋白和抗氧化物质的鸡蛋。动物科学研究所还研发了用于生产生物器官的两种转基因小型猪。

韩国农村发展管理局正在研发 4 种不同性状的蚕，包括改变蚕丝颜色、生产能替代动物饲料中抗生素的免疫肽，以及生产人类医药产品。2012 年，韩国农村发展管理局成功地将一头转基因小型猪的心脏和肾脏移植到一只猴子身上。2014 年，他们再次成功地将一头转基因猪（名为“GalT KO＋MCP”）的心脏移植到一只猴子身上，这头转基因猪带有可抑制异常排斥和急性血管排斥的基因。然而，尽管付出了巨大努力，所有研究仍处于研发阶段，尚未进入风险评估程序。目前，韩国农村发展管理局还没有计划研发用于食品用途的转基因动物或克隆动物。

2013 年 7 月，韩国科学、信息通信技术和未来规划部宣布，未来五年将投资 9.2 万亿韩元支持科技研发，重点资助 30 项研发项目，包括高附加值的遗传资源技术。此外，该部在其他投资方面也会重点关注新生物医药研发，干细胞和基因组研究。依据此计划，2013 年 7 月，韩国农业、食品和农村事务部宣布了一项推广农业技术的中长期计划，研发生物材料和用于生产医药产品的转基因动物被列为四大主要研究领域的子项目之一。这四大研究领域分别是：提高全球竞争力；创造新的增长引擎；确保粮食的稳定供给；提高公众幸福感。为实现“创造新的增长引擎”这一目标，该部及下属的韩国农村发展管理局将继续采用动物生物技术来研发新的生物材料。

2013 年，来自多家韩国和美国大学的一支教授团队宣布其成功研发了一种名为“GI Blue”的克隆小型猪，这种克隆猪携带的基因可消除急性免疫排斥反应。这是向不同物种生物器官和器官栽植研发迈进的一步。

私营企业也正在研发能够生产高价值蛋白质药物的转基因动物。2014 年，韩国忠北大学宣布其研发了一种转基因克隆猪，其具有可控制特定蛋白表达时间的特性。这一技术将允许这种转基因猪大量生产用于治疗人类疾病的蛋白质。2012 年，一家医药公司宣布他们研发了 14 头转入了人类生长激素（hGH）基因的转基因猪，这些猪产的奶中有人类生长激素基因表达。这是向研发人类生长激素基因的医药产品迈近的一步。其他企业正在研发能够生产乳铁传递蛋白和胰岛素的转基因牛，用于人类疾病研究的荧光狗，以及据说能够产生治疗白血病药物的鸡和用于生产生物器官的小型猪。

2015 年 7 月，来自韩国和中国大学的一支教授团队宣布利用基因编辑技术研发了一种肌肉含量高于常规肌肉含量的超级猪。该团队通过基因编辑敲除了体细胞中一种抑制肌肉生长的基因 MSTN，然后应用核移植技术生产了这种克隆猪。该团队认为，畜牧行业可能更青睐高肌肉含量和高蛋白质的猪肉。

### （二）商业化生产

尽管科学家们开展了积极研究，但韩国还没有任何转基因动物的商业化生产，目前还不能预测何时能够实现商业化生产。对于食品用途，韩国科学家不愿意开展这方面的研究，因为他们担心消费者不接受转基因动物生产的肉制品。

### （三）出口

韩国不出口任何转基动物。

### （四）进口

韩国进口转基因小鼠和大肠杆菌用于研发目的。

## 二、政策

### （一）监管框架

《活体转基因生物法》及其实施法规适用于转基因动物的研发和进口。转基因生物生产的医药产品按照《医药事务法》的要求管理。目前韩国还没有制定针对转基因动物管理的具体法规。

### （二）新育种技术

韩国尚未确定新育种技术的监管状态。科学家和监管机构越来越关注韩国如何解决这一问题，韩国正密切关注其他国家的发展动态。

### （三）标识与可追溯性

韩国农业、食品和农村事务部负责转基因动物的标识和审批事宜，但尚未制定任何法规。韩国食品和药品安全部负责根据其转基因安全评估指导准则，对供人类食用的转基因动物和渔业产品开展安全评估。

### （四）知识产权

如前文所述，韩国并未商业化生产转基因动物，但是，知识产权受到现行国内法规的保护。

### （五）国际公约/论坛

尽管不是直接与转基因动物相关，但韩国正积极参与国际食品法典委员会、《国际植物保护公约》（IPPC）、世界动物卫生组织（OIE）、亚太经合组织（APEC）等的相关会议。韩国趋向于在安全评估指导准则中遵循国际食品法典委员会的相关法规。

## 三、销售

### （一）公共/私营部门意见

许多韩国人认为生物技术是21世纪经济发展的一个重要领域，支持者认为生物技术可以成为经济增长的引擎，并且公共卫生和环境领域取得了一定的成功。韩国将继续扩大生物材料、生物医药和生物器官、基因治疗等方面的技术研发投入。

尽管韩国政府支持生物技术研究，但是韩国公众对转基因作物和食品都持消极态度。而对于转基因肉类食品，预计韩国公众会更加担忧。因此，政府在生物技术研究领域的资金大部分投向了非农业项目，比如生物医药、干细胞研究、克隆和基因治疗。韩国人总体上对非农业生物技术持积极的态度，认为生物技术在国家的经济发展中将起到重要的作用。

### （二）市场接受度研究

韩国人对生物技术褒贬不一，他们赞成在人与动物研究、生物医药和疾病治疗领域中使用生物技术，但倾向于反对将生物技术应用于食品生产领域。目前尚无相关的市场研究信息。

# 第八章 印度农业生物技术年报

Santosh K. Singh，Jonn Slette

**摘要：**Bt 抗虫棉仍然是印度目前商业化种植的唯一一种转基因作物，印度仅批准进口转基因大豆和油菜籽加工而成的大豆油和菜籽油这两种转基因食品。虽然 2016 年印度政府在批准本地研发的转基因芥菜方面取得了一些进展，但整体来说，印度的政治局势阻碍了农业生物技术监管体系的发展。印度科学家在动物克隆方面取得了一些成功，但印度的动物生物技术研发处于初期阶段。

**关键词：**印度；农业生物技术；Bt 抗虫棉；转基因芥菜

2015 年，美国与印度之间的农业贸易总额约为 54 亿美元，虽然农产品贸易的差额大约为 3∶1，但对印度还是有利的。2015 年 9 月，印度批准由转基因大豆和油菜籽加工成的植物油进口。Bt 抗虫棉仍然是印度目前批准进行商业化种植的唯一一种转基因作物。自 2002 年以来，印度政府批准了 6 种 Bt 抗虫棉转化体和约 1 400 个 Bt 抗虫棉杂交种的商业化种植。印度并未商业化生产转基因动物，包括克隆动物和转基因动物及其衍生产品。

《1986 年环境保护法》（EPA，简称《环境保护法》）为印度制定对转基因植物、动物及其产品和副产品的生物技术监管框架（参见附录 8-1）奠定了基础。现行的印度法规规定，印度生物技术的最高管理机构——印度基因工程评估委员会（GEAC）必须在批准商业化生产或进口之前，对所有转基因食品、转基因农产品、转基因植物及其衍生产品开展评估。《环境保护法》的附录 2 概述了转基因产品进口的程序，包括用于研究的产品。2006 年《食品安全和标准法》提出了针对转基因食品，包括加工食品的具体规定。然而，该法案确定的主要食品安全监管机构——印度食品安全与标准管理局（FSSAI）仍在制定转基因食品管理相关的具体规定。因此，根据 1989 年《危险微生物/转基因生物或细胞的制造、使用、进出口和存储法》，印度基因工程评估委员会将继续负责管理含有转基因成分的加工食品。

在 2010 年至 2014 年初，印度的生物技术监管政策环境严重阻碍了产品申请。尽管一些新转化体的监管审批过程取得了进展，但仍然面临重重阻碍。2011 年，印度基因工程评估委员会为转基因作物田间试验引入了新的监管程序，要求申请人（研发者）在开展相关试验之前获得相关邦政府的无异议证明书（NOC）。这一决定阻碍了转基因作物的田间试验，因为大多数邦不愿意发放此类无异议证明书。

由印度人民党领导的全国民主联盟政府致力于在现行法规下建立一种更积极的功能性

监管流程，但由于内部政治势力的阻碍，并未取得实质性进展。因此在目前的管理下，印度几乎没有批准新的田间试验，也未批准新的转基因产品进口。此外，印度农业与农民福利部（MAFW）2015 年倡导的抵制 Bt 抗虫棉籽和转基因种子的激进行动，给印度的农业生物技术政策的制定造成了极大的不确定性。

尽管如此，印度总理纳伦德拉·莫迪（Narendra Modi）等许多高级政府官员继续表示支持采用包括生物技术在内的新型农业技术。2016 年，印度公共研究机构研发的转基因芥菜转化体的审批取得了进展。尽管进展缓慢且遭遇各种挫折，但大多数的当地生物技术利益相关者仍然持乐观的态度，他们相信印度政府将继续允许进行生物技术研究和田间试验。

# 第一部分 植物生物技术

## 一、生产与贸易

### （一）产品研发

#### 1. 转基因作物

多家印度种子公司和公共部门研究机构正在研发转基因作物，主要专注于研发抗虫、耐除草剂、营养增强和耐非生物胁迫（如耐旱、耐盐碱）等性状。印度政府知情人士称，目前有涵盖 70 种性状的 20 多种转基因作物正处于不同的研发阶段。由公共机构研发的作物包括香蕉、卷心菜、木薯、花椰菜、鹰嘴豆、棉花、茄子、油菜、芥菜、番木瓜、豌豆、马铃薯、水稻、甘蔗、番茄、西瓜和小麦。私营种子公司则更专注于研发卷心菜、花椰菜、鹰嘴豆、玉米、油菜、芥菜、秋葵、豌豆、水稻和番茄，以及复合性状转基因棉花。

2009 年 10 月 14 日，印度基因工程评估委员会建议批准 Bt 茄子的商业化种植，并转交给印度环境林业部（MOEF）做最后决定。2010 年 2 月 9 日，上一任团结进步联盟（UPA）政府领导下的印度环境林业部宣布暂停相关审批，直至长期研究结果证明印度政府的监管体系能够确保人类和环境安全。时隔六年多以后，印度基因工程评估委员会并未提出明确的 Bt 茄子审批路径。2016 年，印度基因工程评估委员会在批准印度德里大学研发的转基因芥菜品种方面取得了重大进展，该转基因芥菜品种中转入了 *barnase*、*barstar* 和 *bar* 基因。印度基因工程评估委员会建立了一个技术分委会来审查用于环境释放的转基因芥菜的安全性。2016 年 9 月 5 日，印度环境与森林部在其网站上发布了《食品和环境安全评估》（AFES）报告，并征询公众意见。随后，印度基因工程评估委员会将公众意见转达给环境林业部，但到目前为止，印度还未批准任何转基因芥菜品种。

#### 2. 新育种技术

印度一些机构已经启动基因组编辑等新育种技术的研发工作。印度科技部（MOST）生物技术局（DBT）成立了一个基因组编辑研究与应用工作组，目的是激励创新，并促进全基因组分析与工程技术领域的发展。

#### 3. 转基因技术在其他领域的应用

在印度，转基因技术被广泛用于生产供人类和动物用的生物药品。大多数此类产品

（超过 30 种）属于生物仿制药，包括胰岛素、乙型肝炎疫苗、人类生长激素、单克隆抗体等产品，这些产品使用细菌、酵母和细胞系等宿主系统进行生产。截至 2016 年，转基因植物尚未被用作宿主系统。包括生物仿制药在内的生物药品由印度药物管理总局（DCGI）（根据《药品和化妆品法》）、遗传操作审查委员会（RCGM）和印度基因工程评估委员会（根据 1989 年《危险微生物/转基因生物或细胞的制造、使用、进出口和存储法规》）共同管理。其中，遗传操作审查委员会负责审查申请及临床前研究，印度基因工程评估委员会将从环境角度审查申请，印度药物管理总局则负责管理临床试验和最终注册，并开展上市后监督和监测。

## （二）商业化生产

2002 年，Bt 抗虫棉获得批准进行商业化种植，它仍然是印度目前获批生产的唯一一种转基因作物。在 14 年的时间里，Bt 抗虫棉应用率达到 95%左右，因此印度棉花产量激增。2015 年，印度的棉花种植面积 1 190 万公顷，产量达到 2 640 万包（480 磅），而 2002 年仅为 760 万公顷，1 060 万包。至此，印度已成为世界第二大棉花生产国和出口国。截至 2016 年，印度政府批准了在不同农业气候区种植的 6 个转化体和 1 400 多个杂交种。大多数获批的 Bt 抗虫棉杂交种由两个孟山都转化体（MON531 和 MON15985）培育而成。

2015—2016 年，印度的生物技术产业收益总值估计达到 52 亿美元，其中生物制药产业占据主导地位，市场份额达到 62%，其次是生物服务产业占 18%和农业生物技术产业占 15%。预计未来包括疫苗、诊断和治疗相关的生物制药产品将继续占据主导地位，这主要是因为全球对低成本药物的需求极高。过去的几年，农业生物技术产业收益的增长速度有所减缓（Bt 抗虫棉种植基本上已经发挥出全部潜能），未来可能出现收益下降的现象，除非印度政府批准种植其他转基因作物（图 8-1）。

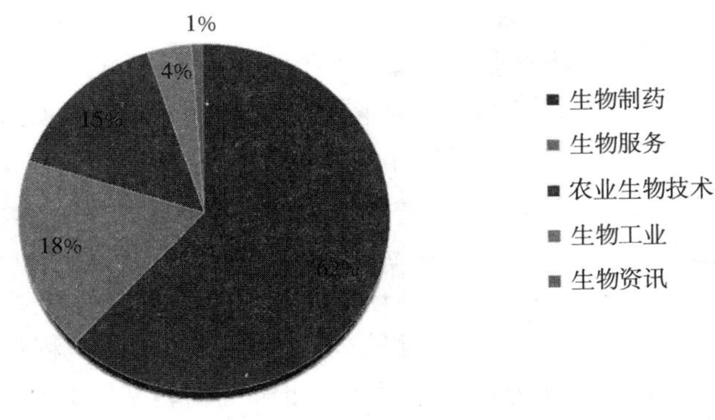


图 8-1　2015—2016 年印度生物技术产业收益（总计 52 亿美元）

资料来源：BioSpectrum，2016 年 9 月。

## （三）出口

印度是世界领先的棉花出口国之一，有时也出口少量的 Bt 抗虫棉棉籽和棉籽粉。2015 年，印度出口了约 480 磅棉花，但未打破 2011 年出口 1 300 磅的纪录。因为棉花相关产品中几乎不含有蛋白质成分，所以出口时一般不需要转基因声明相关文件。印度不向美国出口大量的棉花或棉籽粉。

### （四）进口

目前印度仅批准进口转基因大豆油以及转基因油菜籽油这两种转基因食品。印度进口大量的大豆油（2015 年为 350 万吨），主要供应国包括阿根廷（260 万吨）、巴西（70 万吨）和巴拉圭（13 万吨），同时进口少量的菜籽油，主要供应国为加拿大。其他转基因作物、加工产品或种子被禁止进口。

### （五）粮食援助受援国

印度不是美国的粮食援助受援国，在短期内也不太可能成为粮食援助受援国。

### （六）贸易壁垒

除转基因大豆和转基因油菜籽加工而成的大豆油和菜籽油外，印度的贸易政策明令禁止其他转基因产品的进口。2006 年 7 月 8 日，印度商业和工业部（MOCI）发布了一项通知，规定含有转基因成分的所有产品的进口必须获得印度基因工程评估委员会的事先批准。该指令还要求在进口时提供转基因声明。2006 年，印度环境林业部发布了《印度基因工程评估委员会转基因产品进口通关程序》。填写转基因产品进口申请的具体程序可参见本报告附录 8-2 部分。

业内人士报告称，印度基因工程评估委员会转基因产品进口的通关程序烦琐且不科学，抑制了转基因产品的进口。2007 年 6 月 22 日，印度基因工程评估委员会授予了抗草甘膦大豆加工而成的大豆油的永久进口许可。2014 年 7 月 17 日，印度基因工程评估委员会还批准了其他 4 个转化体加工而成的大豆油的进口许可。2015 年 9 月 3 日，印度基因工程评估委员会批准拜耳作物科学公司研发的耐除草剂大豆转化体 FG72 和耐除草剂油菜转化体 MS8×RF3 分别加工而成的大豆油和菜籽油的进口许可。

目前，印度尚未批准其他转基因食品的进口，包括散装谷物、半加工或加工食品。不过，印度基因工程评估委员会正在审查转基因玉米酒糟（DDGS）和转基因大豆粕的进口许可申请。

转基因种子和种植材料的进口也按照 2004 年 1 月起实施的《印度进口植物检疫令（PQO）》进行管理，其中对出于研究目的进口种质/转基因生物/转基因植物材料做出了规定。印度国家植物遗传资源局（NBPGR）是印度负责发放进口许可证的主管机构。

## 二、政策

### （一）监管框架

印度对转基因作物、动物和产品的监管框架以 1986 年《环境保护法》和 1989 年《危险微生物/转基因生物或细胞的制造、使用、进出口和存储法规》为基础，确定了六个主管部门对转基因生物及其产品的研究、研发、大规模使用和进口进行监管（表 8-1）。

**表 8-1 印度各部门/邦政府的职责**

| 主管部门 | 主要职责 |
| --- | --- |
| 印度环境林业部（MOEF） | 印度基因工程评估委员会所属部门，负责《环境保护法》《危险微生物/转基因生物或细胞的制造、使用、进出口和存储法规》的实施 |
| 生物技术局（DBT） | 为印度基因工程评估委员会提供指南和技术支持，对国内研发的转基因生物产品生物安全进行评估和批准 |
| 印度农业与农民福利部（MAFW） | 评估转基因作物开展田间试验的农艺性状表现，负责转基因作物品种的商业释放批准和商业化后的监测 |
| 印度食品安全与标准管理局（FSSAI） | 负责供人类食用的转基因作物和产品的安全评估和批准。由于印度食品安全与标准管理局尚未制定相关法规，目前仍由印度基因工程评估委员会代为履行职责 |
| 各邦政府 | 对生物技术研究机构的安全措施进行监管，评估转基因产品商业化可能产生的损害，批准本邦内已获印度基因工程评估委员会批准的转基因作物的田间试验和商业化种植 |
| 各邦政府的生物技术局、农业与农民福利部 | 通过各研究机构和邦农业大学支持农业生物技术的研发活动 |

2006 年 8 月 24 日，印度政府颁布了综合性的食品管理法规，即 2006 年《食品安全和标准法》，对转基因食品的管理做出了具体规定。根据该法案，印度食品安全与标准管理局是负责制定和实施食品（包括转基因食品）科学标准的唯一主管部门。然而，印度食品安全与标准管理局目前尚未具备足够的能力来履行这一职能，因此仍由印度基因工程评估委员会负责管理转基因食品。

1990 年，生物技术局制定了《重组 DNA 指南》，后于 1994 年进行了修订。1998 年，生物技术局发布了单独的转基因植物研究指南，其内容包括用于研究目的的转基因植物的进口和运输。2008 年，印度基因工程评估委员会通过了《开展封闭田间试验的指南和标准操作程序》。此外，印度基因工程评估委员会还通过了新的《转基因植物衍生食品安全评估指南》。

**1. 印度基因工程评估委员会自 2015 年底以来的运行情况**

在 2014 年 5 月组建现任政府以后，印度基因工程评估委员会第一次会议于 2014 年 7 月 17 日举行，会上批准了多个转基因作物转化体的田间试验。这遭到了由印度人民党领导的执政政府下属多个组织的强烈反对。

因此，印度基因工程评估委员会在 2014 年 9 月和 2015 年 2 月举行的会议上，并未审议任何新的转基因作物田间试验申请。自 2015 年 9 月以来，印度基因工程评估委员会一直在定期召开会议，但批准的田间试验大多是对以往许可（2015 年之前）进行更新。

**2. 最高法院案件僵局仍未打破**

2012 年 5 月 10 日，印度最高法院任命了一个由六名成员组成的技术专家委员会，负责在田间试验审批前，对所有转基因作物风险研究进行评估并给出建议。印度最高法院的这一做法是为了回应 2005 年提出的一份申诉，指责在未对生物安全问题进行适当科学评估的情况下便允许进行转基因作物田间试验（更多信息可参阅 GAIN 报告 IN8077）。2013 年 7 月 18 日，技术专家委员会的五名成员提交了最终报告，建议禁止转基因作物田间试验，直至现行监管体系的缺陷得到弥补。不过，第六名成员（一位农业科学家）提交了一份反对技术专家委员会建议的单独报告。2014 年 4 月 1 日，印度政府向最高法院提交了一份书面陈述，反驳技术专家委员会的五名成员所提交的报告。在 2014 年 4 月 22 日和 5 月 7 日举行的法庭听证会上，行业利益相关者也强烈反对技术专家委员会五名成员所提交的报告。截至 2016 年，此案并未举行进一步的听证会。

**3. 印度食品安全与标准管理局尚不具备管理转基因食品的相关能力**

2006 年颁布《食品安全和标准法》之后，印度环境林业部于 2007 年 8 月 23 日发布了一项通知，指明转基因产品加工而成的食品（即成品不是转基因活生物体）不要求从印度基因工程评估委员会获得在印度的生产、销售、进口和使用许可。由于加工食品不会释放到环境中，因此 1986 年《环境保护法》并未将加工食品视为环境安全问题。

虽然从法律角度来看，印度食品安全与标准管理局对印度的转基因食品拥有监管权限，但其尚未制定具体的法规来批准转基因食品。为此，印度卫生和家庭福利部要求印度基因工程评估委员会继续根据 1989 年《危险微生物/转基因生物或细胞的制造、使用、进出口和存储法规》管理转基因加工食品。这样一来，印度环境林业部发布的有关加工食品的通知被延迟执行，而印度基因工程评估委员会继续负责管理转基因加工食品的进口事宜。在颁布新的法规之前，1986 年《环境保护法》仍是印度转基因食品监管体系的基础。

**4. 《国家生物技术监管法案》仍面临不确定性**

2007 年 11 月 13 日，印度科技部发布了《国家生物技术战略》，其中建议建立印度国家生物技术监督管理局（NBRAI），以进一步加强监管框架，并为生物安全通关提供单一窗口机制。2013 年 4 月 22 日，生物技术局向议会提交了《国家生物技术监管法案》及《国家生物技术监督管理局建立方案》草案供其审批。随后，法案被转交给议会科技、环境与森林常务委员会。但随着第 15 届下议院的解散，《国家生物技术监督管理局建立方案》草案于 2014 年 5 月失效。截至 2016 年，全国民主联盟政府还未向议会提出生物技术相关的议案。在议会批准《国家生物技术监管法案》之前，印度仍按照 1986 年《环境保护法》和 1989 年《危险微生物/转基因生物或细胞的制造、使用、进出口和存储法规》对生物技术进行监管。

## （二）审批

Bt 抗虫棉是印度批准种植的唯一一种转基因作物（表 8-2）。

**表 8-2　印度批准的 Bt 抗虫棉转化体**

| 基因（转化体） | 研发者 | 用途 |
|---|---|---|
| *cry1Ac*（MON531）① | 美合孟山都生物技术公司 | 纤维/种子/饲料 |
| *cry1Ac* 和 *cry2Ab*（MON15985）② | 美合孟山都生物技术公司 | 纤维/种子/饲料 |
| *cry1Ac*（转化体 1）③ | JK Agri Genetics 公司 | 纤维/种子/饲料 |
| *cry1Ab* 和 *cry1Ac*（GFM 转化体）④ | Nath Seeds 公司 | 纤维/种子/饲料 |
| *cry1Ac*（BNLA1） | 中央棉花研究所 | 纤维/种子/饲料 |
| *cry1C*（MLS 9124 转化体） | Metahelix 生命科学公司 | 纤维/种子/饲料 |

资料来源：印度政府印度转基因研究信息系统（IGMORIS）。

注：①来自孟山都公司的基因；
②来自孟山都公司的复合性状基因转化体；
③来自印度理工学院卡拉普分校的基因；
④来自中国的融合基因。

## （三）复合性状转化体

印度一般将复合性状转化体视作新转化体进行管理，包括由已获批的转化体杂交得到的复合性状转化体。

## （四）田间试验

印度基因工程评估委员会负责根据遗传操作审查委员会的建议对转基因田间试验进行审批。2008 年 6 月，印度基因工程评估委员会批准了《受监管转基因植物的指南和标准操作程序》。印度基因工程评估委员会采纳了“基于转化体”的 Bt 抗虫棉审批体系，审查转化体/性状的效果，关注生物安全，尤其是环境和健康安全。

任何转化体获得商业化应用批准之前，必须在印度农业研究理事会（ICAR）或国家农业大学（SAU）的监督下，通过至少为期两个作物年的田间试验，开展广泛的农艺性状评估。产品研发者也可以在开展生物安全试验的同时开展农艺性状试验，也可以在基因工程评估委员会提出环境释放建议和印度政府最终授权后单独开展农艺性状试验。

2011 年初，一些邦政府反对未经其许可就批准进行转基因作物田间试验。2011 年 7 月6 日，印度基因工程评估委员会修改了田间试验授权程序，要求申请人（技术研发者）在开展田间试验之前获得相关邦政府出具的无异议证明书。此前已获得批准的申请也需要在开展田间试验之前从相关邦政府获得无异议证明书。市场人士报告称，2014—2015 和 2015—2016 年度，仅有少数邦（旁遮普邦、哈里亚纳邦、德里、拉贾斯坦邦、古吉拉特邦、马哈拉施特拉邦、卡纳塔克邦和安得拉邦）为转化体田间试验发放了无异议证明书，一些邦仅限开展非粮食作物（棉花）田间试验。

由于新增的获得邦政府许可（无异议证明书）的要求，使得 2015—2016 年度田间试验批准仅限于少数转化体（鹰嘴豆和棉花），并且批准于 2015—2016 和 2016—2017 年度进行田间试验的，大多是对 2015 年之前已获批准的更新。

## （五）新育种技术

印度尚未明确界定植物和其他生物体基因组编辑等新育种技术的监管状态，目前这一问题仍在讨论当中。然而，所有转基因生物均按照 1986 年《环境保护法》和 1989 年《危险微生物/转基因生物或细胞的制造、使用、进出口和存储法规》进行管理。这些法规给出了基因技术和基因工程的定义，具体如下。

（1）基因技术是指包括自克隆、基因删除以及细胞杂交等在内的基因工程技术的应用。

（2）基因工程是指通过采用相关技术，将通常不会出现或不会自然出现在相关生物体或细胞中的遗传物质，经体外或细胞外产生后插入到上述细胞或生物体中。也指将一个细胞并入宿主细胞而形成遗传物质新组合，它们自然地发生（自克隆）或删除和除去部分遗传物质对生物体或细胞进行修饰而成。

因此，关于新育种技术监管体系的决定将基于1989年《危险微生物/转基因生物或细胞的制造、使用、进出口和存储法规》中的上述定义做出。在2013年召开的南亚生物安全大会上，印度启动了关于新基因技术监管的初步讨论。2014年10月9～10日于斋蒲尔召开的“新植物育种分子技术——技术研发与监管国际会议”也就此问题展开了磋商。然而，截至2016年并未发现印度政府在新育种技术（包括基因组编辑等）监管方面采取任何举措。

### （六）共存

印度政府并未制定转基因和非转基因作物共存问题相关的法规。2007年1月10日，印度基因工程评估委员会决定不允许在印度香米种植区进行多点转基因作物田间试验，尤其是在旁遮普邦、哈里亚纳邦和北安查尔邦等地理标志邦。

### （七）标识

2006年3月，印度卫生和家庭福利部发布了1955年《防止食品掺假法规》修正案草案，要求将标识扩大到涵盖“转基因食品”。印度食品安全与标准管理局正就该修正案草案与不同利益相关者展开磋商，以根据2006年《食品安全和标准法》审议标识方案，但截至2016年尚未就转基因食品的标识问题做出任何决定。

2012年6月5日，印度消费者事务、食品和公共分配部（MOCAFPD）消费者事务局（DCA）发布了关于修订2011年《法定计量（包装商品）法规》的通知［G. S. R. 427（E）号］，该通知于2013年1月1日起生效，其中规定“含有转基因食品的所有包装均应在主要展示面上部标注‘转基因’字样”。消费者事务局指出，转基因标识要求是为了确保消费者的知情权。但目前消费者事务局尚未真正执行标注该标识要求，而且由于印度食品安全与标准管理局仍在制定转基因食品标识法规，消费者事务局对转基因标识要求的未来状态还不确定。

### （八）监测与测试

由于出入境港口缺乏相关的检测设施，印度在进出口过程中并未积极检测转基因性状。目前印度尚未公布截获含有未经批准的转化体的进口货物的情况。对于市场中发现的疑似未经批准的转基因食品，印度食品安全与标准管理局和邦政府食品安全主管部门可抽样进行检测，由具有检测能力和条件的政府或私营食品检测实验室进行。一旦发现含有未经批准的转化体，将对进口商提起刑事诉讼。

印度并未定期监测大田作物，以检测未经批准的转化体。然而，印度农业部将对获批的转基因作物转化体（棉花）开展为期三年的监测活动，以评估相关转基因作物农艺性状表现和环境影响。

### （九）低水平混杂政策

印度对进口货物中含有未经批准的转基因食品和作物转化体实行零容忍政策。贸易政策规定，如果在进口货物中含有任何未经批准的转化体，则进口商将面临处罚。

## （十）其他监管要求

一旦转化体获批商业化应用，申请人可以根据《2002年国家种子政策》和各邦其他相关的种子法规在各邦注册和销售种子。在转基因作物获批商业化释放后，印度农业部将与各邦农业部门对大田农艺性状进行3～5年的监测。

## （十一）知识产权

2001年，印度颁布了《植物品种保护和农民权利法》，以保护新的植物品种，包括转基因植物。植物品种保护和农民权利管理局（PPVFRA）于2005年成立，截至2016年已通报注册了114种作物品种，包括Bt抗虫棉杂交种。

## （十二）《卡塔赫纳生物安全议定书》批准

2003年1月17日，印度批准了《卡塔赫纳生物安全议定书》，并制定了执行该议定书的法规（参见附录8-3）。印度环境林业部建立了生物安全资料交换所（BCH），以促进转基因活生物体相关的科学、技术、环境和法律信息的交换。印度基因工程评估委员会负责批准转基因产品的贸易，包括种子和食品。印度对转基因活生物体的越境转移一直主张实施严格赔偿和补救制度，这可能使得Bt抗虫棉棉籽向相邻国家的转移过程更加复杂。

## （十三）国际公约/论坛

在国际食品法典委员会的讨论中，印度支持对转基因食品执行强制性标识要求，只要食品和食品配料中含有转基因生物，就要求提供强制性声明。

## （十四）相关问题

印度农业与农民福利部打算规范棉花性状许可费/转基因作物许可指南，2015年12月7日，印度农业与农民福利部通过了《棉籽价格管控法令》（CSPCO），旨在规范棉籽的最高售价（MSP），包括特许权使用费或性状价值，规定许可指南及所有转基因技术许可协议的格式。2016年3月8日，印度农业与农民福利部发布了一项通知，将2016—2017作物年的Bollgard Ⅰ棉籽价格上限设定为635卢比/包（每包棉籽中含有450克Bt抗虫棉棉籽和120克常规抗虫棉棉籽），其性状价值为零；Bollgard Ⅱ棉籽价格上限设定为800卢比/包，性状价值为49卢比/包。

随后农业与农民福利部在2016年5月18日发布《许可指南和转基因技术协议格式2016》通知，建立了技术强制许可体系并制定了合同条款，规定了许可中需要支付的特许权使用费上限。2016年5月24日，由于不同利益相关者对该通知的广泛影响表达了担忧，印度政府撤销了这一通知，并发布了《许可指南和转基因技术协议格式草案》，在90天的时间内征询所有利益相关者的意见。

业内专家报告称，2015年《棉籽价格管控法令》将阻碍商业发展，也不利于农业生物技术部门的创新、长期研发和投资。《棉籽价格管控法令》不利于现有的技术提供商，同时也会阻碍未来的创新者。转基因作物的研发，需要适当的知识产权保护，为此类投资创造一些获得回报的机会。干预性状费用和许可协议将扭曲相关激励措施，阻碍创新，不利于印度采用新技术来增加收入和提高印度农业的全球竞争力。

不同行业利益相关者就2015年《棉籽价格管控法令》和2016年3月发布的价格通知向印度法院提出了申诉，认为这一法令违反了宪法，超出了《基本商品法》授予印度农业部的职权范围。不同利益相关者，包括美国政府、其他国家和国际组织，已向农业与农民福利部提交了相关意见。截至2016年印度农业与农民福利部正在审核相关意见，并与利益相关者展开了一些磋商。业内人士报告称，印度农业与农民福利部可能撤销许可指南草案，并依据2001年《植物品种保护和农民权利法》相关条款出台许可法规。

# 第二部分 动物生物技术

## 一、生产与贸易

### （一）产品研发

除了在动物克隆方面取得了一些成功之外，印度的动物生物技术仍处于起步研发阶段。2009年2月6日，印度国立乳业研究所（NDRI）的科学家利用先进的人工引导克隆技术研发了第一头克隆母水牛牛犊，但在出生后不久就死了。随后，在2009年6月6日和2010年8月22日又研发了两头克隆母水牛牛犊，2010年8月26日研发了一头克隆公水牛牛犊。尽管第二头克隆母水牛牛犊在出生后两年后也死了，但剩下的一头克隆母水牛牛犊和公水牛牛犊得以存活下来。2013年1月25日，剩下的那头克隆母水牛与一头经后裔测验的公水牛产下了一头小牛犊。2014年12月27日，利用人工引导克隆技术，第一头克隆母水牛产下了第二头小牛犊，这是印度国立乳业研究所研发的第八头克隆牛犊。2012年3月9日，印度克什米尔农业科技大学（SKUAST）斯里那加分校的科学家声称其利用相同的克隆技术研发了一头绒山羊。印度国立乳业研究所的科学家指出，克隆研究仍处于试验阶段，克隆技术规范用于商业化生产可能还需3～5年的时间（图8-2）。

图8-2 克隆水牛

a. 克隆母水牛 b. 克隆公水牛

印度的大多数动物生物技术研究集中在重要家畜、家禽和海洋物种的基因组学上，以期发现耐热/耐寒、抗病和重要经济价值基因。牛基因组学项目着重于挖掘耐热、抗病以及决定产犊间隔、哺乳期长短和产奶量等经济特征因素的基因。正在进行的基因组学研究将通过传统育种或基因工程或基因组编辑等方法将重要性状融合，用于未来的育种研究中。

印度的大多数动物生物技术研究由印度农业研究理事会、印度科学与工业研究理事会（CSIR）、邦农业大学及生物技术局赞助的其他公共研究机构进行。

有报道称，印度一家公司已从一家英国公司获得了转基因公蚊的研究许可，这种转基因公蚊携带有一种自我限制性基因，能够导致后代死亡，进而帮助受到登革热和基孔肯雅热病毒等蚊媒传染病影响的地区控制蚊虫数量。这家印度公司正向政府部门申请开展实验室研究和受控条件试验许可。

### （二）商业化生产

截至2016年，印度不生产转基因动物，包括不进行克隆动物或转基因动物衍生产品的商业化生产。

### （三）进出口

目前，印度不允许进口也不出口任何转基因动物、克隆动物或其衍生产品。

### （四）贸易壁垒

转基因植物产品面临的贸易壁垒也适用于转基因动物产品。

## 二、政策

### （一）法规政策

1986年《环境保护法》对转基因动物和动物产品的研发、商业化应用和进口做出了规定。印度大多数的动物生物技术研究仍处于初期阶段，甚至还没有任何转基因动物用于研究目的。但是，动物克隆和基因组研究不在《环境保护法》的管辖范围内。动物克隆相关的研究仍在进行当中，印度目前尚未制定克隆动物商业化生产或销售的相关法规。

### （二）新育种技术

印度尚未明确界定新育种技术（如动物基因组编辑）的监管状态，因为这些领域并没有持续的动物生物技术研究。

### （三）标识与可追溯性

印度尚未制定任何转基因动物及其产品（包括克隆动物）标识或可追溯性相关法规，也未就这一问题展开重大政策讨论。

## （四）知识产权

印度尚未制定动物生物技术或转基因动物知识产权法规。

## （五）国际公约/论坛

作者并未发现印度在国际场合中对动物生物技术（包括转基因动物、基因组编辑和克隆）表明任何立场。

# 附录8-1　印度现有生物技术监管部门——职能/构成

附表8-1　印度现有生物技术监管部门——职能/构成

| 委员会 | 成员 | 职能 |
| --- | --- | --- |
| 印度基因工程评估委员会（GEAC）：印度环境林业部（MOEF）下属的职能部门 | 主席：印度环境林业部部长助理。<br>联合主席：由生物技术局提名。<br>成员：相关机构和部门代表，即工业发展部（MOID）、生物技术局、原子能部（DAE）代表。<br>专家成员：印度农业研究理事会总干事，印度医学研究理事会（ICMR）总干事，印度科学与工业研究理事会总干事，卫生服务总干事，植物保护顾问，植物保护、检疫和存储主管，中央污染控制委员会主席，以个人身份加入的少数几个外部专家。<br>成员秘书：印度环境林业部官员 | 审查转基因产品的商业化应用，并提出建议；从环境安全的角度，批准涉及研究和工业生产中大规模使用转基因生物和重组体的活动；就转基因作物/产品通关相关的技术事宜征询遗传操作审查委员会的意见；批准转基因食品/饲料或其加工产品的进口；对违反1986年《环境保护法》中转基因相关规定的行为采取处罚措施 |
| 遗传操作审查委员会（RCGM）：生物技术局（DBT）下属的职能部门 | 生物技术局、印度医学研究理事会、印度农业研究理事会、印度科学与工业研究理事会代表，以个人身份加入的其他专家 | 从生物安全角度，制定生物工程产品的研究和使用监管程序指南；在多点田间试验之前，负责监测和审查所有正在开展的转基因研究项目；对试验地点进行考察，确保采取充足的安全措施；为转基因研究项目所需的原材料进口发放许可证；审查向印度基因工程评估委员会提交的转基因产品进口申请；为转基因作物研究项目组建监测与评估委员会；就委员会关注的主题建立分委会 |
| 重组DNA顾问委员会（RDAC）：生物技术局（DBT）下属的职能部门 | 生物技术局及其他公共部门研究机构的科学家 | 关注国家和国际层面生物技术的进展；为转基因生物研究与应用的安全性编制指南；根据印度基因工程评估委员会的需求编制其他指南 |
| 监督与评价委员会（MEC） | 印度农业研究理事会、邦农业大学及其他农业/作物研究机构的专家，以及生物技术局代表 | 监测和评估试验地点，分析数据，检查设施，并就转基因作物/植物的安全性和农艺性状表现向遗传操作审查委员会/印度基因工程评估委员会提出审批建议 |

（续）

| 委员会 | 成员 | 职能 |
|---|---|---|
| 机构生物安全委员会（IBC）：研究机构/组织层面的职能部门 | 机构负责人、从事生物技术工作的科学家、医学专家及生物技术局被提名人 | 为转基因生物研究、使用和应用的监管流程指南编制手册，以确保环境安全；授权和监测多点田间试验阶段之前所有正在开展的转基因研究项目；授权用于研究目的的转基因生物的进口；与区和邦一级生物技术委员会进行协调 |
| 邦生物技术协调委员会（SBCC）：隶属于有生物技术研究的邦政府的职能部门 | 邦政府首席秘书，环境、卫生、农业、商业、森林、公共工程、公共卫生部门秘书，邦污染控制委员会主席，邦微生物学家和病理学家，其他专家 | 定期审查生物工程产品加工机构的安全和控制措施；开展检查，通过邦污染控制委员会或卫生局对违规行为采取处罚措施；为邦一级损失评估机构，如果转基因生物释放造成损害，负责评估整个邦内损失并现场采取控制措施 |
| 区级委员会（DLC）：区政府开展生物技术研究的职能部门 | 区级负责人，工厂检查员，污染控制委员会代表，首席医务官，区农业官员，公共卫生部门代表，区微生物学家/病理学家，市政公司专员，其他专家 | 监督研究和生产机构的安全管理；调查rDNA指南遵守情况，并向邦生物技术协调委员会或印度基因工程评估委员会报告违规行为；为区一级损失评估机构，如果转基因生物释放造成损害，负责评估区内损失并现场采取控制措施 |

资料来源：印度政府生物技术局和印度环境林业部。

# 附录8-2　印度转基因产品进口程序和申请表格式

**附表8-2　印度转基因产品进口程序和申请表格式**

| 项目 | 审批机构 | 管理法规 | 申请表编号 |
|---|---|---|---|
| 用于研发的转基因生物/转基因活生物体 | IBSC/遗传操作审查委员会（RCGM）/印度国家植物遗传资源局（NBPGR） | 1989年《危险微生物/转基因生物或细胞的制造、使用、进出口和存储法规》，1990年和1998年生物安全指南，印度国家植物遗传资源局（NBPGR）发布的2004年《印度进口植物检疫令》和2004年种质进口指南 | GEAC申请表Ⅰ |
| 有意释放（包括田间试验）的转基因生物/转基因活生物体 | IBSC/遗传操作审查委员会（RCGM）/印度基因工程评估委员会（GEAC）/印度农业研究理事会（ICAR） | 1989年《危险微生物/转基因生物或细胞的制造、使用、进出口和存储法规》，1990年和1998年生物安全指南 | GEAC申请表ⅡB |
| 作为转基因食品/饲料的转基因活生物体 | 印度基因工程评估委员会（GEAC） | 提供生物安全与食品安全研究，遵守1989年《危险微生物/转基因生物或细胞的制造、使用、进出口和存储法规》；1990年和1998年生物安全指南 | GEAC申请表Ⅲ |

（续）

| 项目 | 审批机构 | 管理法规 | 申请表编号 |
| --- | --- | --- | --- |
| 转基因活生物体衍生的转基因加工食品 | 印度基因工程评估委员会（GEAC） | 在进口商提供以下信息的基础上授予一次性基于转化体的审批：Ⅰ．获批在出口国/原产国进行商业化生产的作物物种基因/转化体列表；Ⅱ．获批在生产国以外的国家消费相关产品；Ⅲ．在原产国开展食品安全研究；Ⅳ．出口国/原产国提供的分析/成分报告；Ⅴ．进口后进一步加工的详细信息；Ⅵ．出口国/原产国饲料/食品商业化生产、销售和使用的详细信息；Ⅶ．衍生产品的基因/转化体审批的详细信息 | GEAC 申请表Ⅳ |
| 含有转基因生物衍生配料的加工食品 | 印度基因工程评估委员会（GEAC） | 如果加工食品中含有上述第Ⅱ类和第Ⅲ类的衍生配料，且已获得印度基因工程评估委员会的批准，则除了入境/港声明之外，无须获得进一步的批准。如果未获得印度基因工程评估委员会的批准，则须遵循上述第Ⅲ类中提及的程序 | GEAC 申请表Ⅳ B |

# 附录 8-3　印度履行《卡塔赫纳生物安全议定书》各条款的情况

附表 8-3　印度履行《卡塔赫纳生物安全议定书》各条款的情况

| 条款 | 规定 | 现状 |
| --- | --- | --- |
| 第 7 条 | 拟直接用作食物、饲料用于加工的转基因活生物体首次越境转移，采用提前知情同意程序 | 通知主管部门（印度基因工程评估委员会）；印度国家植物遗传资源局对限制使用的转基因活生物体进行边境监管；启动相关项目，提高生物技术局和印度环境林业部识别转基因活生物体的能力 |
| 第 8 条 | 通知——出口缔约方应在首次有意越境转移属于第 7 条第 1 款规定的转基因活生物体之前，通知或要求出口者确保以书面形式通知进口缔约方的国家主管部门 | 制定 1989 年《危险微生物/转基因生物或细胞的制造、使用、进出口和存储法规》；建立主管部门 |
| 第 9 条 | 对收到通知的确认——进口缔约方应按规定在收到通知后 90 天内以书面形式向发出通知者确认已收到通知 | 通知联络点；建立监管机构（印度基因工程评估委员会） |
| 第 10 条 | 决定程序——进口缔约方所做决定应符合第 15 条的规定 | 建立监管机构（印度基因工程评估委员会） |
| 第 11 条 | 关于拟直接用作食物或饲料或用于加工的转基因活生物体的程序 | 1989 年《危险微生物/转基因生物或细胞的制造、使用、进出口和存储法规》；印度对外贸易总局（DGFT）第 2 号通知（RE-2006）/2004—2009 年 |
| 第 13 条 | 简化程序，确保以安全方式从事转基因活生物体的有意越境转移 | 1989 年《危险微生物/转基因生物或细胞的制造、使用、进出口和存储法规》 |
| 第 14 条 | 双边、区域及多边协定和安排 | — |

（续）

| 条款 | 规定 | 现状 |
| --- | --- | --- |
| 第 15 条 | 风险评估 | 生物技术局有关植物研究的生物安全指南；封闭田间试验指南；转基因植物衍生产品安全评估指南 |
| 第 16 条 | 风险管理 | 生物技术局研究指南 |
| 第 17 条 | 无意中造成的越境转移和应急措施 | 1989 年《危险微生物/转基因生物或细胞的制造、使用、进出口和存储法规》 |
| 第 18 条 | 处理、运输、包装和标志 | 1989 年《危险微生物/转基因生物或细胞的制造、使用、进出口和存储法规》，相关指南仍有待制定 |
| 第 19 条 | 国家主管部门和国家联络点 | 印度环境林业部被指定为主管部门和国家联络点 |
| 第 20 条 | 信息交流与生物安全资料交换所 | 组建了生物安全资料交换所（http://www.indbch.nic.in） |
| 第 21 条 | 机密资料 | — |
| 第 22 条 | 能力建设 | 生物技术局、印度环境林业部、美国贸易发展署与美国国际研发署赞助的 SABP 持续开展能力建设活动 |
| 第 23 条 | 公众意识和参与 | 印度环境林业部和生物技术局建立了有关生物技术进展和监管体系的具体网站，包括印度转基因研究信息系统、印度基因工程评估委员会、生物技术局等网站 |
| 第 24 条 | 非缔约方（缔约方与非缔约方之间进行的转基因活生物体的越境转移） | 针对所有进出口事宜制定 1989 年《危险微生物/转基因生物或细胞的制造、使用、进出口和存储法规》 |
| 第 25 条 | 非法越境转移 | — |
| 第 26 条 | 社会-经济因素 | 社会经济分析是决策的一部分 |
| 第 27 条 | 赔偿责任和补救 | 正在开展全国磋商 |

资料来源：印度环境林业部及生物技术产业来源。

# 第九章 南非农业生物技术年报

Dirk Esterhuizen，Justina Torry

**摘要：** 由于受到严重干旱的影响，南非转基因作物种植面积从2014年的290万公顷下降到了2015年的230万公顷，但转基因玉米在玉米种植总量中的占比仍然保持在89%。此外，南非仍然是世界第九大转基因作物生产国，也是截至2016年非洲最大的转基因作物生产国。2015年，南非政府新批准了包括耐旱玉米在内的三个全面释放的转化体。由于南非政府的批准步伐缓慢，导致存在审批不同步的问题，因此美国不允许将转基因玉米出口到南非。南非发生干旱时，需进口约300万吨玉米来满足当地需求。

**关键词：** 南非；农业生物技术；转基因玉米；非同步审批

南非是农林渔业产品的净出口国，其2016年的出口总额达到90亿美元。荷兰、英国和纳米比亚是南非农林渔业产品的三大出口目的地，出口额分别占出口总额的9%、8%和6%。2016年，南非对美国出口的农林渔业产品总额达到2.9亿美元，较上一年增长了7%，占南非农业出口总额的3%。新鲜水果（6 300万美元）、坚果（4 400万美元）和葡萄酒（3 000万美元）是出口到美国的主要产品。

南非进口的农林渔业产品主要来自阿根廷、斯威士兰、泰国和中国，进口额分别占进口总量的10%、9%、5%和5%。2016年，南非从美国进口额增长25%，达到3亿美元，这主要由于小麦和高粱进口额增长，达到南非农林渔业产品进口总额的5%。小麦（4 400万美元）、高粱（2 000万美元）和坚果（1 900万美元）是2016年南非从美国进口的主要产品。

南非的农业高度商业化，主要以第一代生物技术和高效植物育种技术为基础。南非从事生物技术研发已有30多年，一直是非洲生物技术领域的领先国家。然而受到干旱的影响，南非转基因作物的生产面积从2014年的290万公顷减少到2015年的230万公顷左右。尽管如此，南非仍然是世界第九大转基因作物生产国，也是截至2016年非洲最大的转基因作物生产国。南非的大多数农民采用了植物生物技术并从中获益。2015年，转基因玉米种植面积约占南非生物技术总种植面积的78%，而转基因大豆占22%，转基因棉花低于1%。南非约有89%的玉米、95%的大豆以及所有棉花种植中都采用了转基因种子。非洲节水玉米（WEMA）项目于2017年在南非首次提供抗虫耐旱的复合性状转基因玉米。

由于南非政府的批准进程缓慢，美国仍然不允许本国企业将转基因玉米出口到南非。

尽管目前南非商业化种植的所有转基因玉米均在美国研发，但由于南非和美国转基因审批方面并不同步，美国商业化的转基因玉米很多还未获得南非批准。目前，南非可以从阿根廷、巴西和巴拉圭进口转基因玉米。

南非制定了国家生物技术战略政策框架，旨在为生物技术研究创造激励因素，促进生物技术的应用。该战略还将保证严格的生物安全监管体系，尽量减少生物技术的使用对环境的破坏，同时实现南非的可持续发展目标。1997 年《转基因生物法》提供了一个监管框架，帮助主管部门对涉及转基因产品可能引起的潜在风险开展科学评估。《转基因生物法》还要求申请人在申请释放许可证之前向公众通知。除了《转基因生物法》之外，生物技术也受环境与健康相关立法的监管。

# 第一部分　植物生物技术

## 一、生产与贸易

### （一）产品研发

目前在南非商业化种植的所有转基因品种最初均在美国研发，在南非经过一段时间的田间试验后获得执行委员会（EC）的批准。根据《转基因生物法》，南非建立了由七个政府部门代表组成的执行委员会。执行委员会将根据《转基因生物法》审查提交的所有转基因申请，并通过个案和谨慎原则，确保在考虑到环境安全和人类与动物健康的前提下做出合理的决策。如果转基因申请获得批准，转基因生物注册处将签发许可证。许可证可以用于封闭使用、田间试验或商业商品贸易（进口或出口）。大多数许可证于 2015 年和 2016 年签发，其中转基因玉米进口许可证主要面向阿根廷和巴西。由于南非在 2015—2016 年遭受了旱灾，玉米产量下降了近 40%，南非不得不进口约 300 万吨玉米。

自 2013 年以来，南非批准了 7 家公司的 37 个田间或临床试验许可，其中 3 个转化体获得了全面释放的批准。表 9-1 汇总了自 2013 年以来批准试验许可的情况。

**表 9-1　南非自 2013 年以来批准试验释放的转基因事件**

| 公司 | 转化体 | 作物/产品 | 性状 |
|---|---|---|---|
| 孟山都公司 | MON87460 | 玉米 | 耐旱 |
| | MON87460×MON89034 | 玉米 | 耐旱，抗虫 |
| | MON87460×MON89034×NK603 | 玉米 | 耐旱，抗虫，耐除草剂 |
| | MON87460×NK603 | 玉米 | 耐旱，耐除草剂 |
| | MON87460×MON810 | 玉米 | 耐旱，抗虫 |
| | MON89034×MON88017 | 玉米 | 抗虫，耐除草剂 |
| | MON87460×MON89034×MON88017 | 玉米 | 耐旱，抗虫，耐除草剂 |
| | MON810×MON89034 | 玉米 | 抗虫 |
| | MON810×MON89034×NK603 | 玉米 | 抗虫，耐除草剂 |

（续）

| 公司 | 转化体 | 作物/产品 | 性状 |
| --- | --- | --- | --- |
| 拜耳作物科学公司 | Twinlink×GlyTol | 棉花 | 抗虫，耐除草剂 |
| | GlyTol×TwinLink×COT102 | 棉花 | 抗虫，耐除草剂 |
| | GLTC | 棉花 | 抗虫，耐除草剂 |
| 先锋公司 | TC1507×MON810 | 玉米 | 抗虫，耐除草剂 |
| | TC1507×MON810×NK603 | 玉米 | 抗虫，耐除草剂 |
| | PHP37046 | 玉米 | 抗虫 |
| | DP-32138-1 | 玉米 | 雄性育性，花粉不育 |
| | PHP37050 | 玉米 | 抗虫，耐除草剂 |
| | TC1507×NK603 | 玉米 | 抗虫，耐除草剂 |
| | 305423×40-3-2 | 大豆 | 改变脂肪酸组成，提高油品质，耐除草剂 |
| | 305423 | 大豆 | 改变脂肪酸组成，提高油品质，耐除草剂 |
| | PHP36676 | 玉米 | 抗虫，耐除草剂 |
| | PHP36682 | 玉米 | 抗虫，耐除草剂 |
| | PHP34378 | 玉米 | 抗虫 |
| | PHP36827 | 玉米 | 抗虫 |
| Wits 公司 | ALVAC | 疫苗 | HIV |
| 先正达公司 | Bt11×1507×GA21 | 玉米 | 抗虫，耐除草剂 |
| | Bt11×MIR162×GA21 | 玉米 | 抗虫，耐除草剂 |
| | Bt11×MIR162×TC507×GA21 | 玉米 | 抗虫，耐除草剂 |
| | Bt11×GA21 | 玉米 | 抗虫，耐除草剂 |
| | GA21 | 玉米 | 耐除草剂 |
| | Bt11 | 玉米 | 抗虫 |
| 陶氏益农公司 | MON89034×1507× NK603 | 玉米 | 抗虫，耐除草剂 |
| | DAS-40278-9 | 玉米 | 耐除草剂 |
| | NK603×DAS-40278-9 | 玉米 | 耐除草剂 |
| | MON89034×1507×NK603×DAS-40278-9 | 玉米 | 抗虫，耐除草剂 |
| Triclinium 公司 | VPM1002 | 疫苗 | 结核 |
| | AIVAC-HIV | 疫苗 | HIV |

资料来源：南非农业、林业和渔业部。

**1. 农业研究委员会生物技术平台**

农业研究委员会生物技术平台（ARC-BTP）建立于2010年，是农业研究委员会的战略重点。生物技术平台的作用是创建农业部门基因组学、定量遗传学、标记辅助育种和生物信息学应用所需的高通量资源和技术。生物技术平台的重点是成为一家研究和服务驱动型机构，为高技能研究人员提供培训环境。该平台可为农业研究委员会及非洲的合作者、公司、科学委员会和研究人员提供技术支持和服务。

农业研究委员会的转基因研究重点是蔬菜、观赏植物和本地作物。农业研究委员会已经确定和实施了相关研究项目，目的是研发更适合南非条件的新栽培品种。

**2. 斯泰伦博斯大学葡萄酒生物技术研究所**

斯泰伦博斯大学葡萄酒生物技术研究所（IWBT）是南非唯一一家专注于研究葡萄和葡萄酒微生物学的研究机构，与南非的葡萄酒和鲜食葡萄业有着密切合作。

葡萄酒生物技术研究所的研究主题是了解葡萄酒相关的生物学，包括葡萄、葡萄酒酵母和葡萄酒细菌的生态学、生理学、分子和细胞生物学，以促进优质葡萄和葡萄酒的可持续、环保和高效生产。葡萄酒生物技术研究所不断将生物、化学、分子和数据分析科学领域的最新技术整合起来，设立了三个项目。第一个项目侧重于更好地了解和利用葡萄酒相关微生物的生物多样性，关注酵母菌的生理、细胞和分子表征，以及葡萄酒酵母菌株的遗传改良。第二个项目关注乳酸菌和其他细菌，包括它们对葡萄酒的影响、代谢表征和遗传改良。第三个项目关注葡萄品种的生理、细胞、分子生物学特征和遗传改良。

葡萄酒是南非出口到美国的主要农产品之一，年产值约达到 3 000 万美元。

**3. 南非甘蔗研究所**

南非甘蔗研究所（SASRI）品种改良计划是通过研究来促进甘蔗品种的研发和应用，满足加工商和种植者对甘蔗蔗糖含量、产量、抗病虫害、农艺和加工特性的要求。目前，研究项目中已经采用了现代生物技术，包括以下内容。

（1）通过基因改造提高甘蔗的耐旱性。

（2）克服甘蔗的转基因沉默现象。

（3）通过遗传改良提高甘蔗的抗病性。

（4）通过转基因技术提高氮利用效率。

（5）转基因种质中长期保存战略。

（6）耐咪唑烟酸除草剂甘蔗中的 ALS 突变基因的特征和分离。

（7）组织特异性转基因表达。

## （二）商业化生产

**1. 玉米**

玉米是南非的主要农田作物，用作食品（主要是白玉米）和动物饲料（主要是黄玉米）。1997 年，南非的第一个玉米转化体（抗虫）获得批准，从那以后，转基因玉米种植面积持续稳定地增长。表 9-2 和图 9-1 列出了南非 2011—2016 年转基因玉米的种植情况。转基因玉米种植面积占整个南非玉米种植总面积的百分比从 2005—2006 年度的 28%增长到 2015—2016 年度的 89%。由于受到干旱灾害的影响，2015—2016 年度的玉米种植总面积有所减少，转基因玉米种植面积百分比保持在 90%左右。2015—2016 年度的白玉米种植面积达到 101. 5 万公顷，其中约有 90%或 91. 4 万公顷种植了转基因种子。黄玉米种植面积达到 93. 2 万公顷，其中约 88%种植了转基因种子。2015—2016 年度的转基因玉米种植面积约 170 万公顷，单一抗虫和耐除草剂性状各占 20%左右，复合性状（抗虫和耐除草剂）约占 60%（见表 9-3）。

**表 9-2　2011—2016 年南非转基因玉米的种植情况**　　单位：万公顷

| 年度 | 类别 | 白玉米 | 黄玉米 | 合计 |
|---|---|---|---|---|
| 2011—2012 | 总种植面积 | 163.6 | 106.3 | 269.9 |
| | 转基因 | 112.6 | 74.7 | 187.3 |
| | 占比 | 69% | 70% | 69% |
| 2012—2013 | 总种植面积 | 161.7 | 116.4 | 278.1 |
| | 转基因 | 131.6 | 105.5 | 237.1 |
| | 占比 | 81% | 91% | 85% |
| 2013—2014 | 总种植面积 | 157.2 | 113.9 | 271.1 |
| | 转基因 | 132.3 | 104.1 | 236.4 |
| | 占比 | 84% | 91% | 87% |
| 2014—2015 | 总种植面积 | 144.8 | 120.5 | 265.3 |
| | 转基因 | 132.4 | 105.5 | 237.9 |
| | 占比 | 91% | 88% | 90% |
| 2015—2016 | 总种植面积 | 101.5 | 93.2 | 194.7 |
| | 转基因 | 91.4 | 82.1 | 173.5 |
| | 占比 | 90% | 88% | 89% |

数据来源：美国农业部对外农业局南非部。

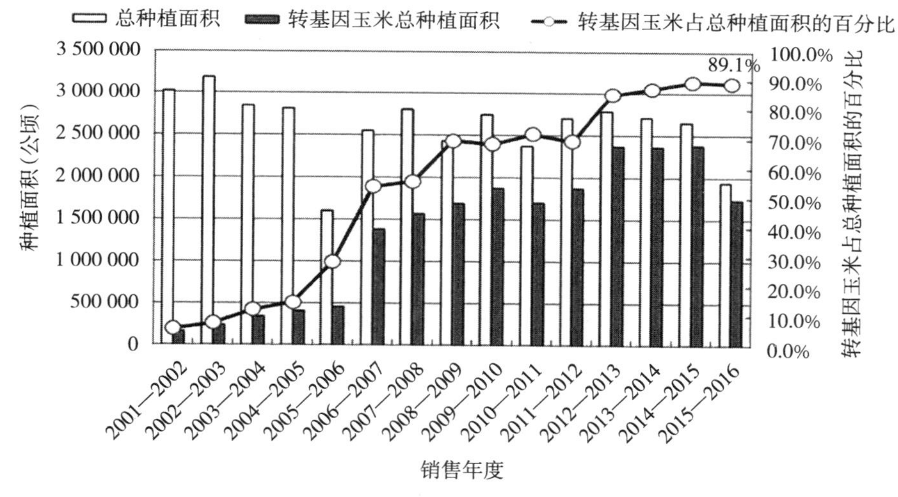


图 9-1　南非自 2001 年以来转基因玉米的种植面积

**表 9-3　2011—2016 年南非种植的不同性状转基因玉米作物的百分比**

| 年度 | 性状 | 不同玉米中占比（%） | | |
|---|---|---|---|---|
| | | 白玉米 | 黄玉米 | 全部玉米 |
| 2011—2012 | 抗虫 | 46 | 44 | 45 |
| | 耐除草剂 | 10 | 21 | 14 |
| | 复合性状 | 44 | 35 | 41 |

（续）

| 年度 | 性状 | 不同玉米中占比（%） | | |
|---|---|---|---|---|
| | | 白玉米 | 黄玉米 | 全部玉米 |
| 2012—2013 | 抗虫 | 37 | 30 | 34 |
| | 耐除草剂 | 11 | 19 | 15 |
| | 复合性状 | 51 | 51 | 51 |
| 2013—2014 | 抗虫 | 31 | 26 | 29 |
| | 耐除草剂 | 12 | 23 | 17 |
| | 复合性状 | 56 | 51 | 54 |
| 2014—2015 | 抗虫 | 35 | 22 | 29 |
| | 耐除草剂 | 10 | 27 | 17 |
| | 复合性状 | 55 | 52 | 54 |
| 2015—2016 | 抗虫 | 19 | 22 | 20 |
| | 耐除草剂 | 15 | 25 | 20 |
| | 复合性状 | 66 | 53 | 60 |

数据来源：美国农业部对外农业局南非部。

南非单位面积玉米产量呈现增长趋势（图 9-2），从 1990 年到 2010 年，南非的平均玉米产量几乎翻了一番，这种增长趋势还将继续。导致这一趋势的主要原因包括：采用了更高效的耕作方法，玉米生产中留出的边际土地减少，采用了更优质的栽培品种以及应用了生物技术。

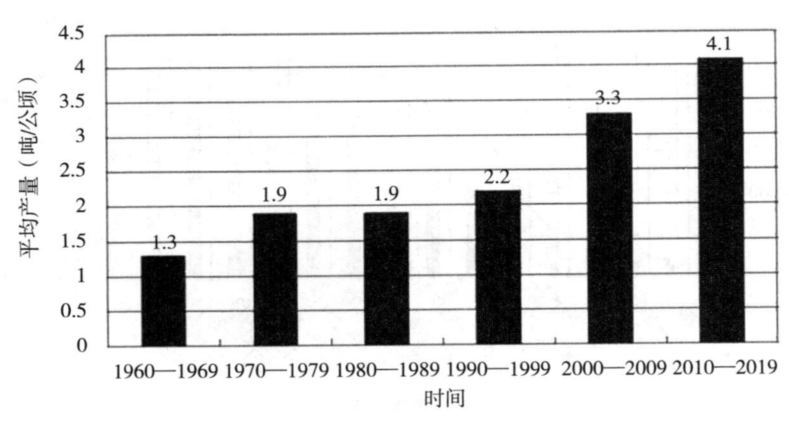


图 9-2　南非的平均玉米产量趋势

**2. 大豆**

2014—2015 年度，南非种植了 130 万公顷的油料作物，与 2013—2014 年度的 120 万公顷相比增长了 8.3%。油料作物种植总面积的增长趋势（图 9-3）主要受到大豆种植面积增加的驱动。2014—2015 种植季，大豆种植面积达到 68.73 万公顷，创历史新高，其中约有 90%是转基因大豆。然而由于受到干旱的影响，2015—2016 年度的大豆种植面积下降了 27%，仅为 50.28 万公顷，其中约有 95%为转基因大豆。

南非在过去几年投资了约 10 亿兰特用于提高大豆加工能力，以代替大豆粕进口。目前，南非榨油能力增加了约120万吨，达到每年220万吨的产能。由于大豆压榨能力提高，以及农民越来越倾向于使用大豆作为玉米的轮作作物，2016—2017年度大豆种植面积增长39%，达到70万公顷，使干旱发生前油料作物种植面积增长趋势得以保持。

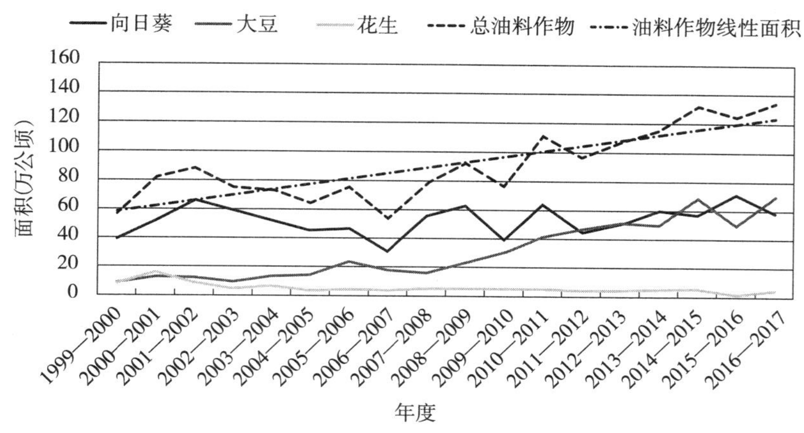


图9-3 自1999年以来南非油料作物种植面积变化趋势

**3. 棉花**

Bt抗虫棉是非洲撒哈拉以南地区商业化种植的第一种转基因农作物。早期种植者是南非夸祖卢-纳塔尔省的小型农户，他们从1998年就开始种植。棉花种植面积从2014—2015年度的15 230公顷减少到2015—2016年度的8 350公顷，主要是由于棉花价格下跌。南非种植的所有棉花都是转基因品种。

## （三）出口

南非是非洲的玉米出口大国，大部分玉米都销往非洲其他国家。2013—2014年度，南非的玉米出口量达到200万吨，其中近100万吨出口到邻国：博茨瓦纳、津巴布韦、莱索托、莫桑比克、斯威士兰和纳米比亚。

## （四）进口

南非并不是玉米进口大国，但是由于受到干旱的影响，南非在2014—2015年度不得不进口200万吨玉米，主要来自阿根廷（110万吨）和巴西（50万吨）。此外，南非在2015—2016年度进口约300万吨玉米和25万吨大豆，以补充当地产量。

由于存在审批不同步问题，美国仍然不允许国内企业将转基因玉米出口到南非。目前，南非可以从阿根廷、巴西和巴拉圭进口转基因玉米。

## （五）粮食援助

尽管受到干旱的影响，南非并不是粮食援助的受援国，且预计其未来将再次成为农产品净出口国。对莱索托、斯威士兰、赞比亚和津巴布韦的所有国际粮食援助通常都要通过南非主要港口德班港，为了确保含有转基因商品的货物通过南非，转基因生物注册办公室要求必须采取以下几项措施，包括：提前通知，以便采取适当的控制措施；来自受援国的信函中声明接受粮食援助货物并且表明其中含有转基因生物成分。

### （六）贸易壁垒

南非对食品和饲料中混入未经授权的转化体容忍阈值仅为1%，且南非审批程序所需时长超过出口国，授权速度的差异导致产品在南非境外获得批准却不允许进入南非境内。这种审批不同步的问题有导致严重贸易中断的风险。

## 二、政策

### （一）监管框架

早在1979年，南非政府就成立了基因工程委员会，由一群杰出的南非科学家组成，担负着政府科学顾问的使命，并且为食品、农业和医药领域基因工程的发展铺平了道路。1989年，在基因工程委员会的建议下，南非开展了第一个开放的转基因生物田间试验。1994年1月，也就是南非第一次民主选举前几个月，基因工程委员会被授予了法定权力，有权向任何部长、法定机构或政府机构提出有关转基因生物产品进口和释放的任何形式的立法或控制措施建议。因此，基因工程委员会负责起草南非《转基因生物法》。1996年，《转基因生物法》草案公布并向公众征求意见，该草案于1997年被议会审核通过。然而，《转基因生物法》直到1999年12月才正式生效。在这个过渡时期内，基因工程委员会继续承担转基因产品的主管监管责任，并且在其主持下授予孟山都公司转基因棉花和转基因玉米种子商业化许可证。此外，还针对各种转基因生物田间试验发放了178个许可证。《转基因生物法》生效后，基因工程委员会立即解散，并被按照《转基因生物法》建立的执行委员会取代了工作。

**1. 1997年《转基因生物法》**

1997年《转基因生物法》及其附属法规由南非农业、林业和渔业部负责实施。依据《转基因生物法》，南非建立了决策机构（执行委员会）、顾问机构（顾问委员会）和行政机构（转基因生物注册处），目的是：①提供措施以促进负责任地研发、生产、使用和应用转基因产品；②确保涉及使用转基因产品的所有活动都以对环境、人类以及动物的健康不造成危害的方式实施；③注重事故预防和废物有效管理；④为预防转基因产品相关活动的潜在风险制定共同的预防措施；⑤确定风险评估的必要要求和标准；⑥建立涉及转基因产品使用的具体活动的通知程序。

2005年，南非政府修订了《转基因生物法》，使之与《卡塔赫纳生物安全议定书》保持一致，并于2006年再次进行修订，解决涉及的一些经济和环境问题。修订后的《转基因生物法》于2007年4月17日公布，于2010年2月在执行法规公布后生效。修订后的《转基因生物法》没有之前的前言，其中包括了立法的基本宗旨，即在促进转基因产品发展的同时满足生物安全需求。

《转基因生物法》的修正案明确规定，科学的风险评估是决策制定的先决条件，并且授权执行委员会依照《国家环境管理法》确定环境影响评估是否必要。该修订案还允许在决策过程中考虑社会经济因素，并使这项考虑因素成为决策过程中的特别重要的因素。

修订案还制定了至少8条针对事故和意外越境转移的新规定。这些规定是因为全球范围发生的多起涉及未获批转基因产品污染事故。新规定对“事故”作了重新定义，定义中包括两类情形：一是转基因产品的意外越境转移；二是南非境内的意外环境释放。

总之，《转基因生物法》及其修订案的制定和实施为南非提供了决策制定工具，使主管部门能够对涉及某一转基因产品的任何活动可能导致的潜在风险进行科学的个案评估。

(1) 执行委员会。执行委员会就转基因产品相关事宜向南非农业、林业和渔业部部长提供建议，但其更重要的职责是作为决策机构批准或拒绝转基因申请。执行委员会还负责选取具备科学领域专业知识的人员加入执行委员会，以便提供建议。执行委员会由南非不同政府部门的代表组成，其中包括：农业、林业和渔业部，水利和环境事务部，卫生部，贸易与工业部，科技部，劳动部，艺术和文化部。

在做出有关转基因申请的决定之前，执行委员会必须征询顾问委员会的意见。顾问委员会主席作为代表加入执行委员会。执行委员会的决策须在所有成员达成一致的前提下做出，如果未能达成一致意见，提交的申请将遭到拒绝。为此，执行委员会的所有代表必须具备生物技术和生物安全领域的专业知识。

(2) 顾问委员会。顾问委员会由10位科学家组成，他们由南非农业、林业和渔业部部长任命，但执行委员会可就顾问委员会成员的任命提出意见。由于公众抗议顾问委员会的一些成员同时是支持转基因生物的游说团体成员或者曾是基因工程委员会成员，因此顾问委员会的成员在2016年发生了一些变化。

顾问委员会的职责是为执行委员会提供有关转基因申请的建议。顾问委员会获得分委会成员的进一步支持，这些分委会成员具备不同学科的专业知识。顾问委员会与分委会成员负责对所有申请进行食品、饲料和环境影响方面的风险评估，同时负责向执行委员会提交建议。

(3) 转基因生物注册处。转基因生物注册处负责人由南非农业、林业和渔业部长任命，负责《转基因生物法》的日常管理。转基因生物注册处按照执行委员会的指示和条件履行职责。转基因生物注册处还负责审查所有申请，以确保满足《转基因生物法》；签发许可证；修订和撤销许可证；保留相关记录；监测用于封闭使用的所有设施和试验释放场址。图9-4给出了南非的转基因申请流程。

**2. 影响南非转基因产品的其他法规条例**

(1)《国家环境管理生物多样性法》。2004年《国家环境管理生物多样性法》(简称《生物多样性法》)旨在保护南非的生物多样性不受特定的威胁，并且将转基因产品列为此种威胁之一。《生物多样性法》第78条规定，如果转基因产品可能对任何本地物种或环境造成威胁，那么环境事务部部长有权根据《转基因生物法》拒绝发放全面或试验释放许可证。

根据《生物多样性法》，南非还建立了国家生物多样性研究所。该协会负责监测和定期向环境事务部部长报告已经释放到环境中的转基因产品的影响。《生物多样性法》

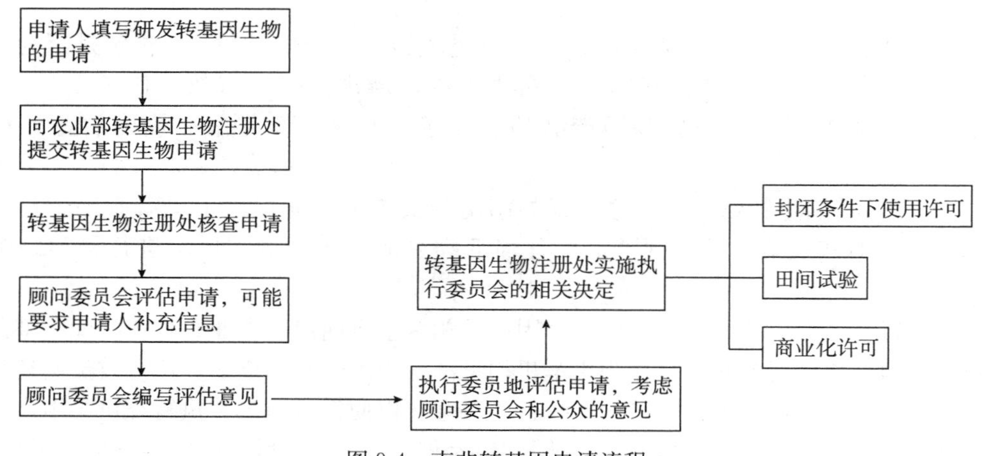


图 9-4　南非转基因申请流程

资料来源：南非农业、林业和渔业部。

还要求报告对非靶标生物和生态的影响、本地生物资源以及用于农业物种的生物多样性。

（2）《消费者权益保护法》。2004 年颁布的卫生法规基本上遵循了《食品法典》的科学原则。这些法规要求仅在特定情况下对转基因食品进行强制性标识，包括存在过敏原或动物蛋白的情况，以及转基因食品产品与非转基因同等产品存在显著差异的情况。这些法规还要求对转基因食品产品的增强特征（比如“更有营养”）的声明进行验证。但这些法规未就“产品是非转基因产品”的声明做出相关规定。

2009 年 4 月 24 日，南非总统签署并颁布了新的《消费者权益保护法》。但是，该法律的实施被延误了一段时间，因为私营部门对法律中的许多规定的依据以及法律执行方式的不确定性产生了热议。新的《消费者权益保护法》规定南非食品饮料行业中的几乎所有产品标识都要改变。

2011 年 4 月 1 日，南非贸易与工业部颁布了法规，将《消费者权益保护法》（68/2008）付诸实施。该法规在法律启动的 6 个月后（即 2011 年 10 月 1 日）生效。该法律的主要目的是保障消费者权益。然而，新批准的《消费者权益保护法》规定所有含有转基因材料的产品都必须加贴标识［第 24（6）条］：生产、供应、进口或包装任何规定产品的所有人员必须按照相关法规规定的方式和形式，在产品包装上列出相关通知，指明产品中含有的任何转基因材料或成分。

根据《消费者权益保护法》的规定：①所有含有 5%以上转基因成分的食品（不论是否在南非生产）都必须带有“包含至少 5%的转基因生物”的声明，该声明必须采取显著和容易识别的方式和字体大小；②含有不到 5%的转基因生物的产品应标明“转基因成分低于 5%”；③如果不能检测出产品中是否存在转基因，则产品必须要标明“可能含有转基因成分”；④如果转基因成分低于 1%，可以标明“不含有转基因生物”。

南非贸易与工业部作出强制性的转基因标识规定，目的是保障消费者的知情权，从而能够做出有关食品的明智选择或决策，并不是基于人体健康、安全或质量方面的考虑。

2012年5月，南非工商总会（BUSA）与《消费者权益保护法》专员组织了一次会议，讨论《消费者权益保护法》当前面临的相关挑战。此外，还打算启动未来的对话与合作，以解决现行法规的相关局限性，包括转基因标识相关的规定。

南非工商总会代表向《消费者权益保护法》专员提出了以下有关转基因标识的问题：①没有必要将转基因标识问题纳入《消费者权益保护法》中，因为卫生部颁布的第R25号《食品、化妆品和消毒剂法》（1972年第54号法）中已经涵盖了这一问题；②遵守现行的转基因标识法规将增加食品成本，且将对消费者的食品安全造成负面影响；③现行法规提及了《转基因生物法》（1997年第15号法）第1条中界定的“转基因生物”。当前根据《转基因生物法》获得商业批准的“转基因生物”包括玉米、大豆和棉花。其中并不包含下游产品，因此现行法规可能不适用；④相关法规界定模糊，造成了解释不清的问题。为了建立合规机制，不同行业对相关法规的解释存在一定差异；⑤当前南非仅有少数几个实验室，所以无法承受来自农场及遍布整个价值链的每批产品的测试压力。

《消费者权益保护法》专员对此做出的回复是：承认现行转基因法规定义和解释方面的固有挑战以及达成最终草案。为此，执行委员会正与卫生部，农业、林业和渔业部，贸易与工业部及科技部联合编制更完善的转基因标识指南文件。随后成立了一个任务组来解决转基因标识法规相关的冲突和混乱。2014年7月25日，任务组举行了一次研讨会，与利益相关者协商确定转基因标识的最终修订案。然而，截至2016年并未发布新的转基因标识法规，相关问题仍未得到妥善解决。

## （二）审批

表9-4中汇总了根据1997年《转基因生物法》在南非批准全面释放的所有转化体。这意味着这些转化体可用于商业种植或允许进出口用作食品和饲料。自1997年以来，南非批准了22个全面释放的转化体，包括玉米、大豆和棉花三种作物。此外，南非还批准了三种动物疫苗。2015年，南非批准了3个新转化体的商业化，即孟山都公司期待已久的MON87460耐旱玉米，以及英特威和诗华动物保健品公司的两种动物疫苗。

**表9-4　南非批准全面释放的转化体**

| 公司 | 转化体名称 | 作物/产品 | 性状 | 批准年份 |
|---|---|---|---|---|
| 英特威动物保健品公司 | Innovax-ND | 疫苗 | | 2015 |
| 诗华动物保健品公司 | Vectromune HVT NDT & Ripens | 疫苗 | | 2015 |
| 孟山都公司 | MON87460 | 玉米 | 耐旱 | 2015 |
| 英特威动物保健品公司 | Innova×ILT | 家禽疫苗 | | 2014 |
| 先锋公司 | TC1507×MON810×NK603 | 玉米 | 抗虫，耐除草剂 | 2014 |
| 先锋公司 | TC1507×MON810 | 玉米 | 抗虫，耐除草剂 | 2014 |

（续）

| 公司 | 转化体名称 | 作物/产品 | 性状 | 批准年份 |
| --- | --- | --- | --- | --- |
| 先锋公司 | TC1507 | 玉米 | 抗虫，耐除草剂 | 2012 |
| 先正达公司 | Bt11×GA21 | 玉米 | 抗虫，耐除草剂 | 2010 |
| 先正达公司 | GA21 | 玉米 | 耐除草剂 | 2010 |
| 孟山都公司 | MON89034×NK603 | 玉米 | 抗虫，耐除草剂 | 2010 |
| 孟山都公司 | MON89034 | 玉米 | 抗虫 | 2010 |
| 孟山都公司 | Bollgard Ⅱ×RR flex（MON15985×MON88913） | 棉花 | 抗虫，耐除草剂 | 2007 |
| 孟山都公司 | MON88913 | 棉花 | 耐除草剂 | 2007 |
| 孟山都公司 | MON810×NK603 | 玉米 | 抗虫，耐除草剂 | 2007 |
| 孟山都公司 | Bollgard RR | 棉花 | 抗虫，耐除草剂 | 2005 |
| 孟山都公司 | Bollgard Ⅱ line 15985 | 棉花 | 抗虫 | 2003 |
| 先正达公司 | Bt11 | 玉米 | 抗虫 | 2003 |
| 孟山都公司 | NK603 | 玉米 | 耐除草剂 | 2002 |
| 孟山都公司 | GTS40-3-2 | 大豆 | 耐除草剂 | 2001 |
| 孟山都公司 | RR lines 1445 &1698 | 棉花 | 耐除草剂 | 2000 |
| 孟山都公司 | Line 531/Bollgard | 棉花 | 抗虫 | 1997 |
| 孟山都公司 | MON810/Yieldgard | 玉米 | 抗虫 | 1997 |

表 9-5 中汇总了允许进口用作食品和饲料的转化体。这些转化体针对 6 种作物，即玉米、大豆、菜籽、棉花、水稻和油菜籽。2016 年，有 4 个新的转化体获得进口批准，可以用作食品和饲料。

**表 9-5 允许进口用作食品和饲料的转化体**

| 公司 | 转化体名称 | 作物 | 性状 | 批准年份 |
| --- | --- | --- | --- | --- |
| 杜邦先锋公司 | DP4114 | 玉米 | 抗虫，耐除草剂 | 2016 |
| 孟山都公司 | NK603×T25 | 玉米 | 耐除草剂 | 2016 |
| 先正达公司 | MZHG0JG | 玉米 | 耐除草剂 | 2016 |
| 杜邦先锋公司 | DP73496 | 油菜 | 耐除草剂 | 2016 |
| 孟山都公司 | MON87460×MON89034×NK603 | 玉米 | 耐旱，抗虫，耐除草剂 | 2015 |
| 先正达公司 | Bt11×MIR162 | 玉米 | 抗虫，耐除草剂 | 2015 |
| 孟山都公司 | MON87460×MON89034×MON88017 | 玉米 | 非生物抗性，抗虫，耐除草剂 | 2015 |
| 先正达公司 | GA21×T25 | 玉米 | 耐除草剂 | 2015 |
| 先正达公司 | SYHT0H2 | 大豆 | 耐除草剂 | 2014 |
| 先正达公司 | Bt11×59122×MIR604×TC1507×GA21 | 玉米 | 抗虫，耐除草剂 | 2014 |
| 先正达公司 | Bt11×MIR604×TC1507×5307×GA21 | 玉米 | 抗虫，耐除草剂 | 2014 |
| 先正达公司 | Bt11×MIR162×MIR604×TC1507×5307×GA21 | 玉米 | 抗虫，耐除草剂 | 2014 |

（续）

| 公司 | 转化体名称 | 作物 | 性状 | 批准年份 |
|---|---|---|---|---|
| 先正达公司 | MIR162 | 玉米 | 抗虫 | 2014 |
| 孟山都公司 | MON89034×MON88017 | 玉米 | 抗虫，耐除草剂 | 2014 |
| 孟山都公司 | MON87701×MON89788 | 大豆 | 抗虫，耐除草剂 | 2013 |
| 孟山都公司 | MON89788 | 大豆 | 耐除草剂 | 2013 |
| 陶氏益农公司 | DAS-44406-6 | 大豆 | 耐除草剂 | 2013 |
| 陶氏益农公司 | DAS-40278-9 | 玉米 | 耐除草剂 | 2012 |
| 巴斯夫公司 | CV127 | 大豆 | 耐除草剂 | 2012 |
| 陶氏益农公司/孟山都公司 | MON89034×TC1507×NK603 | 玉米 | 抗虫，耐除草剂 | 2012 |
| 先正达公司 | MIR604 | 玉米 | 抗虫 | 2011 |
| 先正达公司 | Bt11×GA21 | 玉米 | 抗虫，耐除草剂 | 2011 |
| 先正达公司 | Bt11×MIR604 | 玉米 | 抗虫，耐除草剂 | 2011 |
| 先正达公司 | MIR604×GA21 | 玉米 | 抗虫，耐除草剂 | 2011 |
| 先正达公司 | Bt11×MIR604×GA21 | 玉米 | 抗虫，耐除草剂 | 2011 |
| 先正达公司 | Bt11×MIR162×MIR604×GA21 | 玉米 | 抗虫，耐除草剂 | 2011 |
| 先正达公司 | Bt11×MIR162×GA21 | 玉米 | 抗虫，耐除草剂 | 2011 |
| 先正达公司 | Bt11×MIR162×TC1507×GA21 | 玉米 | 抗虫，耐除草剂 | 2011 |
| 先锋公司 | TC1507×NK603 | 玉米 | 抗虫，耐除草剂 | 2011 |
| 先锋公司 | 59122 | 玉米 | 抗虫 | 2011 |
| 先锋公司 | NK603×59122 | 玉米 | 抗虫，耐除草剂 | 2011 |
| 先锋公司 | 356043 | 大豆 | 耐除草剂 | 2011 |
| 先锋公司 | 305423 | 大豆 | 高油酸含量，耐除草剂 | 2011 |
| 先锋公司 | 305423×40-3-2 | 大豆 | 高油酸含量，耐除草剂 | 2011 |
| 陶氏益农公司 | TC1507×59122 | 玉米 | 抗虫，耐除草剂 | 2011 |
| 陶氏益农公司 | TC1507×59122×NK603 | 玉米 | 抗虫，耐除草剂 | 2011 |
| 拜耳作物科学公司 | LLRice62 | 水稻 | 耐除草剂 | 2011 |
| 拜耳作物科学公司 | LLCotton25 | 棉花 | 耐除草剂 | 2011 |
| 孟山都公司 | MON863 | 玉米 | 抗虫 | 2011 |
| 孟山都公司 | MON863×MON810 | 玉米 | 抗虫 | 2011 |
| 孟山都公司 | MON863×MON810×NK603 | 玉米 | 抗虫，耐除草剂 | 2011 |
| 孟山都公司 | MON88017 | 玉米 | 抗虫 | 2011 |
| 孟山都公司 | MON88017×MON810 | 玉米 | 抗虫 | 2011 |
| 陶氏益农公司/孟山都公司 | MON89034×TC1507×MON88017×59122 | 玉米 | 抗虫，耐除草剂 | 2011 |
| 孟山都公司 | MON810×NK603 | 玉米 | 抗虫，耐除草剂 | 2004 |

（续）

| 公司 | 转化体名称 | 作物 | 性状 | 批准年份 |
|---|---|---|---|---|
| 孟山都公司 | MON810×GA21 | 玉米 | 抗虫，耐除草剂 | 2003 |
| 先锋良种公司 | TC1507 | 玉米 | 抗虫，耐除草剂 | 2002 |
| 孟山都公司 | NK603 | 玉米 | 耐除草剂 | 2002 |
| 孟山都公司 | GA21 | 玉米 | 耐除草剂 | 2002 |
| 先正达公司 | Bt11 | 玉米 | 抗虫 | 2002 |
| 赫斯特·先灵艾格福公司（AgrEvo） | T25 | 玉米 | 耐除草剂 | 2001 |
| 先正达公司 | Bt176 | 玉米 | 抗虫 | 2001 |
| 赫斯特·先灵艾格福公司（AgrEvo） | Topas19/2，MS1RF1，MS1RF2，MS8RF3 | 油菜籽 | 耐除草剂 | 2001 |
| 赫斯特·先灵艾格福公司（AgrEvo） | A2704-12 | 大豆 | 耐除草剂 | 2001 |

注：本表中不包括之前已获得全面释放批准的转化体；这些转化体可作为食品或饲料进口。

## （三）复合性状审批

南非规定对于聚合了2种已经批准的性状（比如耐除草剂和抗虫）的植物需要进行额外的审批。这一要求意味着企业需要对复合性状转化体重新开始审批，即使单个性状已经获得批准。执行委员会在其2012年召开的第一次会议上再次确认，每个复合性状均必须按照《转基因生物法》进行单独的安全评估。截至2016年南非已经批准了8个复合性状转化体（耐除草剂和抗虫）的商业化，包括6个玉米和2个棉花复合性状转化体。

## （四）田间试验

南非确实允许对转基因作物进行田间试验，1997年《转基因生物法》对此做出了相关规定。表9-1汇总了已经批准进行封闭田间试验的转化体。根据《转基因生物法》规定，所有开展转基因活动的设施均必须在转基因生物注册处进行注册。每个设施均必须向转基因生物注册处提交单独的申请，且此类申请中必须包含如下内容：①设施负责人的姓名；②设施地图，指明设施内的不同单元；③位置图，清楚地指明设施所在位置，包括其地理坐标；④对设施内活动进行科学的风险评估；⑤拟议的风险管理机制、措施和策略。

在收到申请后，转基因生物注册处将提请顾问委员会审核并提出建议。在设施完成注册后，转基因生物注册处将向申请人提供注册证明和相关指导准则。在提交续申请之前，设施注册的有效期为三年。

## （五）新育种技术

目前，南非的所有非人类基因组改造均依据1997年《转基因生物法》进行管理。然而，就在2015年，南非科技部委托南非科学院编制一份关于新转基因技术监管影响的专家报告，已于2017年3月完成。这项研究认为新技术可能更精准，建议降低监管要求或分不同程度进行监管。南非科技部正在研究是否需要修订法规。

### （六）共存

在南非，共存问题不是一个必须要纳入特定指导准则或法规的问题。政府将获批的转基因大田作物交由农民管理。截至2016年南非还没有制定国家有机物标准。

### （七）标识

2011年4月1日颁布的南非《消费者权益保护法》规定的转基因产品强制标识被搁置。由于这一问题具有模糊性和复杂性，食品链中利益相关者的强烈批判导致贸易与工业部成立了一个任务组来解决转基因标识法规相关的问题。2014年7月25日，任务组举行了一次研讨会，与利益相关者协商确定转基因标识的最终修订案。然而，截至2016并未发布新的转基因标识法规，相关问题仍未得到妥善解决。

因此，目前南非转基因产品的唯一标识要求出自《食品、化妆品和消毒剂法》。该法律要求仅在特定情况下对转基因食品进行强制性标识，包括存在过敏原动物蛋白的情况，以及转基因食品产品与非转基因同等产品存在显著差异的情况。这些法规还要求对转基因食品产品的增强特征（比如“更有营养”）的声明进行验证。但这些法规未就非转基因产品标识做出相关规定。

### （八）监测与测试

在南非，经批准的转基因商品须根据1997年《转基因生物法》有关许可制度的规定进口。这一许可制度仅适用于活体转基因生物和加工商品，除非出于健康方面的考虑，否则通过许可的产品不再受监管。然而，南非并不对转基因进口或非转基因进口产品进行常规的转基因检测以避免未经批准的转化体入境。

### （九）低水平混杂政策

南非实施1%的低水平混杂阈值政策，但是，如果产品被研磨或以其他方式加工，则通常不存在进口问题。

### （十）其他监管要求

转基因种子获得全面释放批准后，南非并不要求进行额外的种子登记。种子认证也是自愿性的，应根据育种者或种子所有人的要求进行认证，但《植物改良法》中列出的特定品种除外。

### （十一）知识产权

南非的生物技术公司实际上遵循的是与美国相同的收费程序。这一政策总体上有效，因为南非签署了世贸组织《与贸易有关的知识产权协议》（TRIPS）。业内人士称，农民每年都必须购买棉花和玉米的新种子。农民签署一年期的许可协议，技术费包含在每袋种子的价格中。大豆收费相对而言比较困难，技术研发者试图在农民交货时收取技术费。因为大豆是自由传粉，所以不需要每年购买种子，因而这一费用可能难以收取。而且农民往往会使用农田中用于饲料的大豆作为种子，所以它们可能永远不会进入商业循环。这一问题不仅南非存在，其他国家也同样存在，主要是因为大豆的本身特点所致。

### （十二）《卡塔赫纳生物安全议定书》批准

南非已经签署和批准了《卡塔赫纳生物安全议定书》。执行议定书的主要责任已经从环境事务部转移给了农业、渔业和林业部。议定书的执行必须要循序渐进，因此，农业、渔业和林业部将分阶段实施该议定书，优先处理最重大的问题。南非在农业、渔业和林业部转基因生物监管局的领导下，已经按照议定书的规定修改了《转基因生物法》。

### （十三）国际公约/论坛

南非是以下协定或公约的签署成员国：世贸组织《卫生和植物检疫措施实施协定》（WTO-SPS）；食品法典委员会；联合国粮农组织《国际植物保护公约》（FAO-IPPC）。

作为《国际植物保护公约》的成员国，南非承诺：在国家和国际层面采取有效的措施，防止植物和植物产品病虫害的进口和分销；改进病虫害防治方法；建立必要的法律、技术和行政措施来实现公约目标。

## 三、销售

### （一）公共/私营部门意见

2016年11月1日，人类科学研究理事会（HSRC）发布了有关南非生物技术公众认知的最新报告。该报告特别调查了南非人对生物技术的认识、对生物技术的态度、生物技术在日常生活中的使用、生物技术信息的来源以及对生物技术管理的看法。

报告指出，一半以上的南非人认为生物技术对经济有利，许多人支持购买转基因食品。调查显示，48%的南非人知道他们正在吃转基因食物，49%的人认为这样做是安全的。2004年开展的第一次调查显示，仅有21%的公众熟悉“生物技术”一词，仅有13%的受访者知道自己正在食用转基因食品，最新的结果显示，这两项调查的比例显著上升至53%和48%。

人类科学研究理事会表示，这些变化意味着自2004年第一次调查以来，由于教育水平的提高，信息获取的增加以及生物技术在公共讨论中重要性的提升，公众意识也发生了重大转变。南非人支持购买转基因食品的态度出现积极转变。出于健康因素考虑表示愿意购买转基因食品的公众比例从59%增加到77%。出于成本因素考虑表示愿意购买比例从51%增加到73%，而出于环境因素考虑表示愿意购买比例从50%增加到68%。然而，南非公众强烈支持加贴转基因食品标识。

大约1/2的公众知道南非允许合法种植转基因作物。这主要适用于玉米，而公众对于转基因棉花和转基因大豆作物的意识很低。公众认为，生物技术的管理应受到商业农民、科学家和相关环境团体的影响，但最不应受到国际公司、公众、媒体和宗教组织的影响。

尽管调查显示公众对生物技术的理解和认识有了重大改善，但这种认识水平与经济状况、人口结构和教育水平大致相关。如果与发达国家生物技术研究的公众认知进行比较，这项研究的结果清楚地表明，南非公众整体对生物技术研究的了解程度较低，但对生物技术，特别是转基因食品表现出浓厚的兴趣。

### （二）市场接受度研究

从生产方面来看，南非农民可以分为两类：商业农民和维持生活的农民。转基因产品对于这两类农民都有广泛的吸引力，估计 89%的玉米、95%的大豆及所有棉花种植均采用了转基因种子。每一类农民都认为转基因作物需要的投入少而产量高。事实上，维持生活的农民认为一些转基因作物比传统品种或常规杂交品种更容易管理。

从消费者方面来看，南非每年的商业玉米消费量超过 100 万吨，其中约 1/2（主要是白玉米）供人类食用，黄玉米主要用作动物饲料。1996 年以来，对玉米食品的商业需求平均每年增长 1.5%，而对玉米饲料的商业需求平均每年增长 2%（图 9-5）。预测未来的玉米需求将继续增长。

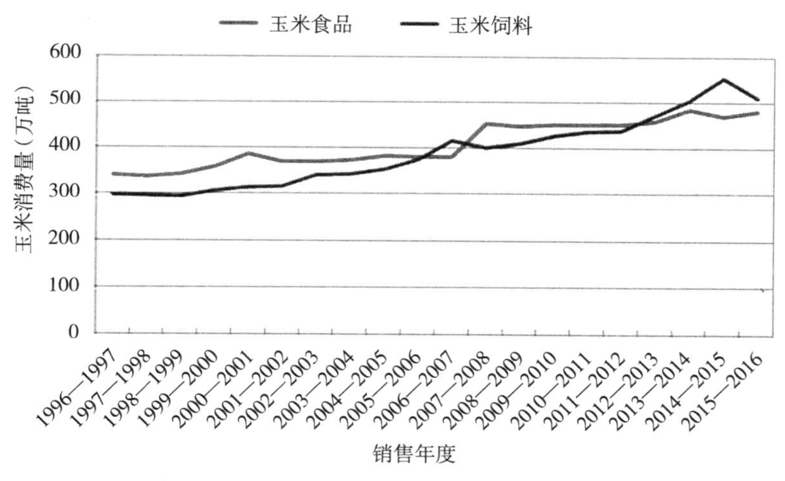


图 9-5　南非自 1996 年以来食品和饲料市场商业玉米消费情况

# 第二部分　动物生物技术

动物生物技术也在 1997 年《转基因生物法》的覆盖范围内，任何申请都必须要获得执行委员会的批准。然而，南非在目前还没有收到动物生物技术的申请。南非农业、林业和渔业部生物安全管理局正积极制定有关动物生物技术的风险评估框架。

# 第十章

# 俄罗斯农业生物技术年报

美国海外农业局莫斯科工作人员，Robin Gray

**摘要：** 2016 年 7 月 3 日，俄罗斯通过了第 358-FZ 号联邦法案，禁止在俄罗斯境内种植转基因植物和养殖转基因动物。此法案还规定要加强对转基因生物及产品加工和进口的监管，并规定了违反该联邦法案的处罚措施。

**关键词：** 俄罗斯；农业生物技术；358-FZ 法案；种植；禁令

在过去的几年里，俄罗斯公众围绕植物和动物生物技术的应用问题展开了激烈的讨论，政府也审议了多项有关这一问题的联邦立法草案。最终，俄罗斯于 2016 年 7 月 3 日通过了“关于修订俄罗斯联邦有关加强基因工程活动国家监管的若干立法”，法案禁止在俄罗斯境内种植转基因植物和养殖转基因动物，要求加强对转基因生物及其产品加工和进口的国家监管，并规定了违反该联邦法案行为的处罚措施。

第 358-FZ 号联邦法案通过后，俄罗斯转基因产品监管部门便着手修订法规条例。按照法案要求，需在 2017 年 7 月 1 日之前完成所有法规修订工作，包括在规定的处罚措施生效后，修订现行的有关转基因食品和饲料注册的法规文件。俄罗斯政府第 839 号决议规定以 2017 年 7 月 1 日作为制定转基因作物种植注册的截止日期。俄罗斯联邦兽医与植物检疫监督局（VPSS）负责转基因作物种植的计划性注册及饲料用途的转基因作物的实际注册工作。第 358-FZ 号联邦法案做出的规定使得制定转基因作物种植注册的工作停止，事实上也暂停了饲料用途的转基因新品种的注册工作。

目前，俄罗斯和欧亚经济联盟（EAEU）已经注册了食品用途的 12 种玉米品种、8 种大豆品种、1 种水稻品种及 1 种甜菜品种。俄罗斯还注册了 2 种食用的马铃薯品种。此外，俄罗斯注册了饲料用途的 11 种玉米品种和 8 种大豆品种。饲用的转基因作物注册有效期仅为 5 年，其中 2 种玉米品种于 2016 年 12 月到期。这些玉米品种已经申请进行重新注册，但考虑到饲用的转基因品种注册实际处于暂停状态，重新注册结果尚不得而知。

反对转基因食品的运动也刺激了立法主管部门修订转基因食品标识法规。欧亚经济联盟《食品标识的技术法规》对转基因食品标识做出了相关规定，这些法规只有欧亚经济联盟成员国同意后才能实施。截至目前，尚未实施任何新的办法。

俄罗斯媒体频繁报道消费者对转基因产品的担忧。一些食品企业自愿在产品上加贴“不含转基因生物”的标识，也更偏好采购非转基因原材料。但企业自愿加贴非转基标识的前提是必须自行开展检测，以确保不含有转基因成分，政府主管部门在这方面并不加以监管。这些产品通常比可能含转基因成分的同类产品更昂贵。

目前没有俄罗斯在转基因动物和克隆领域开展研究的相关信息。第 358-FZ 号联邦法案禁止在俄罗斯境内养殖转基因动物。

# 第一部分　植物生物技术

## 一、生产与贸易

### （一）产品研发

目前并没有俄罗斯转基因作物研发的相关信息。在禁止种植转基因作物之前，俄罗斯科学家开展了一些转基因作物的实验研究，但都未进入田间试验阶段。虽然田间试验未遭到禁止，但需要得到农业部品种测试委员会的特别许可，截至 2016 年已不再授予许可。

鉴于俄罗斯当前的经济形势和联邦政府紧缩预算，未来几年俄罗斯不太可能资助转基因作物研发工作。2015 年俄罗斯联邦预算法案批准削减 10 亿卢布的“技术现代化和创新发展”子项目预算，减至 21.5 亿卢布①。该子项目涵盖了包括农业生物技术在内的所有创新项目。尽管没有准确的联邦政府预算总支出数据，但 2016 年总支出的削减影响了科技创新的进一步投入。目前，尚不清楚俄罗斯私营企业对农业生物技术研究的投资情况。2015 年中，俄罗斯斯科尔科沃创新中心获得授权开展农业生物技术领域的研究。但到 2016 年为止，该中心还在建设中，何时启动还未得知②。

### （二）商业化生产

俄罗斯不允许种植任何转基因作物。

由于没有批准转基因作物种植的法律机制，俄罗斯实际上禁止种植转基因作物。2013 年底，俄罗斯政府通过了第 839 号决议“关于在 2014 年 7 月 1 日之前制定转基因作物的种植注册机制”。随后，该决议被推迟到 2017 年 7 月 1 日。2016 年 7 月 3 日，俄罗斯主要立法机构即俄罗斯联邦议会，通过了第 358-FZ 号联邦法案，禁止在俄罗斯境内种植转基因植物，养殖转基因动物。因而，2017 年 7 月 1 日执行的第 839 号决议失去了实际意义。

非法种植：2015 年 8 月 28 日，农业部的俄罗斯联邦兽医与植物检疫监督局副局长尼古拉·弗拉索夫博士通知俄罗斯出口商，根据有关信息俄罗斯出现了非法种植转基因油菜的情况。弗拉索夫要求俄罗斯联邦兽医与植物检疫监督局的实验室检查出口货物中转基因

① 对外农业局/莫斯科 GAIN 报告：Agricultural budget2015 _ 6-24-2015。

② 对外农业局/莫斯科 GAIN 报告：Russian Agricultural Policy and Situation Bi-Weekly Update 8 _ 6-2-2015。《关于斯科尔科沃创新中心的联邦法案修正案》在斯科尔科沃创新中心活动列表中加入了农业生物技术，修正案主要关于斯科尔科沃创新中心的产权和设施问题，仅有新增的一句中提及了农业生物技术，其中并未指明需要农业生物技术的具体研究领域。

油菜籽的情况。他还指出，俄罗斯联邦兽医与植物检疫监督局无权控制植物种子的流通，俄罗斯也没有立法来控制转基因作物的种植。随后，农业部授权品种测试委员会对在俄罗斯提交注册申请的植物种子进行转基因成分检测。

## （三）出口

2015年和2016年，俄罗斯大豆和玉米产量和出口量增长。2014年和2015年，俄罗斯分别出口了341.89万吨和369.88万吨玉米。2016年1～8月，俄罗斯出口了299.21万吨玉米，2015年同期仅为209.36万吨。俄罗斯不种植转基因作物，也没有检测非转基因玉米和大豆的方法和实验室，因此生产商和出口商不能将作物注册为非转基因作物，出口商也无法获得额外收益。随着远东地区大豆产量的增长，俄罗斯的大豆出口量从2014年的7.87万吨增长到2015年的38.25万吨。2016年1～8月，俄罗斯的大豆出口量达到近31.76万吨，而2015年同期为24.36万吨。所有大豆均被视为非转基因产品，但缺乏相关的认证。如果大豆粕由经过研磨的进口大豆加工而成，那么俄罗斯出口的大豆粕中可能含有转基因成分（表10-1）。

**表10-1　俄罗斯玉米、大豆和大豆粕出口情况**

| 产品名（海关编码） | 重量或价值 | 2011年 | 2012年 | 2013年 | 2014年 | 2015年 | 2016年1～8月 |
|---|---|---|---|---|---|---|---|
| 玉米（1005） | 重量（万吨） | 70.95 | 218.52 | 259.93 | 341.89 | 369.88 | 299.21 |
| | 价值（万美元） | 15 635.3 | 57 009.3 | 59 007.3 | 68 808.2 | 60 093.9 | 47 781.7 |
| 大豆（1201） | 重量（万吨） | 0.45 | 11.85 | 8.35 | 7.87 | 38.25 | 31.76 |
| | 价值（万美元） | 115.6 | 3 487.8 | 2 620.2 | 2 376.1 | 11 917.7 | 10 143.6 |
| 大豆粕（2304） | 重量（万吨） | 3.38 | 1.12 | 21.03 | 54.80 | 45.82 | 34.21 |
| | 价值（万美元） | 1 775.3 | 768.7 | 12 654 | 31 591.5 | 22 632.1 | 14 806.7 |

数据来源：全球贸易数据库。

注：由于俄罗斯不种植转基因作物，可以认为上表中出口的玉米和大豆都是非转基因产品，但这些产品没有通过非转基因认证，全部或部分采用进口大豆生产而成的大豆粕中可能含有转基因成分。

## （四）进口

俄罗斯允许进口转基因作物和含有转基因成分的加工产品，前提是它们已在俄罗斯完成了食品和饲料用途的检测和注册。俄罗斯目前允许食品和饲料用途转基因作物/品种/性状进行进口注册，但禁止进口转基因植物种子，并且用于加工的转基因品种进口注册也变得越来越困难。一方面是因为监管审查的加强，另一方面也因为注册负责机构正在进行重组。这些因素对美国与俄罗斯间的大宗作物，包括大豆、玉米和其他可能含有转基因成分的作物及加工产品的贸易产生了不利影响，

俄罗斯的海关不区分转基因产品与非转基因产品。进口到俄罗斯的大多数玉米和大豆以及相关加工产品中可能含有转基因成分，但不超过俄罗斯和欧亚经济联盟对转基因成分含量的要求。

俄罗斯大型综合畜禽养殖场的养殖量继续增长，这些农场使用复合饲料，因此俄罗斯

对蛋白质和高能量饲料（如玉米和大豆/大豆粕）的需求也在增加。俄罗斯正努力提高本国这些作物的产量。2015 年，俄罗斯的玉米产量创历史最高，达到 1 200 万吨，2016 年玉米产量超过 1 400 万吨。俄罗斯农民也持续增加大豆的种植面积，2016 年产量达到 300 万吨，占俄罗斯当前饲料行业需求的 60%～70%。但是，大豆一半生产自俄罗斯远东地区，而家禽养殖和畜牧业主要位于俄罗斯所属的欧洲地区。运输成本是一项重要的成本且存在物流障碍。尽管国内蛋白质和高能量饲料（如大豆和玉米）的生产量有所增加，但是俄罗斯仍继续进口大豆、玉米及相关加工产品。

俄罗斯欧洲部分的南部地区有一些地方主管部门和企业，包括别尔哥罗德州（俄罗斯主要的肉类生产地）已经宣布为无转基因地区，只购买非转基因饲料，但市场上越来越难找到非转基因饲料。这些地区本土的大豆产量增长了，但价格通常高于进口大豆。2008—2011 年和 2014—2015 年反对转基因食品的运动影响了一些加工企业的选择，这些加工企业为了满足消费者的偏好，首选经认证的非转基因产品。俄罗斯的主要大豆加工企业 Sodruzhestvo（主要加工进口大豆），在加里宁格勒州同时运行转基因和非转基因大豆加工设施。然而，从当前的经济环境来看，价格是影响采购的主要因素。

2016 年 6 月 29 日，俄罗斯总统弗拉基米尔·普京签署了第 305 号总统令，将对来自美国、加拿大、欧盟、澳大利亚、挪威、乌克兰、阿尔巴尼亚、黑山、冰岛和列支敦士登的某些食品的反制裁禁令延长至 2017 年底。但是，这一禁令并不包括玉米、大豆及其产品的进口。自 2016 年 2 月 15 日起，由于在进口作物中检查到受监管的杂草，俄罗斯暂时禁止从美国进口玉米（海关编码 1005）、甜玉米种子（海关编码 0712901101）和大豆（海关编码 1201）。2016 年夏季，俄罗斯联邦兽医与植物检疫监督局从进口自南美洲的大豆中也发现了未注册的复合性状转基因品种。2016 年秋季，大豆进口几乎陷入停滞状态（表 10-2）。

**表 10-2 俄罗斯进口自美国的可能含有转基因成分产品的情况**

| 产品名（海关编码） | 重量或价值 | 2011 年 | 2012 年 | 2013 年 | 2014 年 | 2015 年 | 2016 年 1～8 月 |
|---|---|---|---|---|---|---|---|
| 玉米（1005） | 进口总重量（万吨） | 11.30 | 4.12 | 5.53 | 5.27 | 4.38 | 2.69 |
| | 进口总价值（万美元） | 10 785.7 | 9 789 | 16 129.9 | 22 142.9 | 14 636.7 | 9 166.4 |
| | 自美国进口重量（万吨） | 0.45 | 0.65 | 0.62 | 0.40 | 0.34 | 0.04 |
| | 自美国进口价值（万美元） | 348.4 | 578.1 | 629.4 | 407.1 | 320.2 | 34.3 |
| 玉米粒和粗粉（110313） | 进口总重量（吨） | 18 017 | 17 822 | 14 343 | 5 350 | 232 | 53 |
| | 进口总价值（万美元） | 772 | 741.5 | 646.4 | 211.5 | 18.8 | 4.1 |
| | 自美国进口重量（吨） | 2 | 0 | 0 | 0 | 0 | 0 |
| | 自美国进口价值（万美元） | 0.6 | 0 | 0 | 0 | 0 | 0 |
| 玉米粉（110812） | 进口总重量（万吨） | 1.15 | 1.81 | 1.59 | 1.80 | 1.33 | 0.77 |
| | 进口总价值（万美元） | 774.3 | 1 135.1 | 1 210.7 | 1 149.5 | 724.3 | 397.8 |
| | 自美国进口重量（吨） | 221 | 78 | 6 | 0 | 0 | 0 |
| | 自美国进口价值（万美元） | 27 | 9.9 | 3.6 | 0.1 | 0.4 | 0.3 |

（续）

| 产品名（海关编码） | 重量或价值 | 2011年 | 2012年 | 2013年 | 2014年 | 2015年 | 2016年1～8月 |
|---|---|---|---|---|---|---|---|
| 大豆（1201） | 进口总重量（万吨） | 90.96 | 69.37 | 114.52 | 202.82 | 217.97 | 153.33 |
| | 进口总价值（万美元） | 50 562.2 | 44 091.6 | 67 578.3 | 115 075.8 | 94 179 | 64 203.8 |
| | 自美国进口重量（万吨） | 2.68 | 5.60 | 20.83 | 39.00 | 52.62 | 21.60 |
| | 自美国进口价值（万美元） | 1 583.6 | 3 183 | 12 198.5 | 21 529.4 | 21 984.9 | 8 154.1 |
| 大豆粉（120810） | 进口总重量（吨） | 1 342 | 1 340 | 873 | 344 | 277 | 94 |
| | 进口总价值（万美元） | 131.9 | 113 | 96.8 | 38.3 | 25.2 | 8.1 |
| | 自美国进口重量（吨） | 0 | 0 | 0 | 0 | 2 | 0 |
| | 自美国进口价值（万美元） | 0 | 0 | 0 | 0 | 0.2 | 0 |
| 大豆粕（2304） | 进口总重量（万吨） | 52.40 | 49.78 | 63.06 | 53.29 | 53.27 | 20.62 |
| | 进口总价值（万美元） | 25 049.8 | 28 005.5 | 40 384 | 33 437.9 | 25 761 | 8 577.7 |
| | 自美国进口重量（万吨） | 2.86 | 1.74 | 0.73 | 2.42 | 0.79 | 0.28 |
| | 自美国进口价值（万美元） | 1 388.4 | 1 190 | 480.1 | 1 567.3 | 441.8 | 103 |
| 大豆分离物（3504） | 进口总重量（万吨） | 5.19 | 5.22 | 5.46 | 5.87 | 4.62 | 2.46 |
| | 进口总价值（万美元） | 12 802.2 | 13 624.4 | 14 945.9 | 16 538.1 | 12 813.6 | 6 065 |
| | 自美国进口重量（吨） | 359 | 300 | 190 | 485 | 120 | 101 |
| | 自美国进口价值（万美元） | 115.9 | 125.2 | 120.3 | 461.8 | 67.6 | 55.3 |

数据来源：全球贸易数据库。

### （五）粮食援助

俄罗斯向一些国家提供谷物、面粉、植物油和油菜籽产品等粮食援助。由于俄罗斯不种植转基因作物，其粮食援助可能不包含转基因产品。俄罗斯不是粮食援助受援国。

### （六）贸易壁垒

俄罗斯禁止种植转基因作物，这阻碍了美国向其出口大豆、油菜、甜菜和玉米等种子。虽然俄罗斯对高效、耐旱品种以及这些作物的杂交品种需求非常高，但没有向这些种子开放市场。

## 二、政策

### （一）监管框架

#### 1. 政府主管部门

第358-FZ号联邦法案禁止在俄罗斯境内种植转基因作物和养殖转基因动物，但法案仅规定由联邦行政机构按照制定的程序来监测转基因作物及加工产品对人类、动物与环境的影响，并未明确主管部门。在联邦政府建立新程序之前，仍由原主管政府部门进行监管。

（1）俄罗斯联邦消费者权益及公民平安保护监督局。其主要履行以下职责：①负责食品用途的新转基因品种及含有转基因生物新食品的登记注册，包括首次进口到俄罗斯的产品；②根据俄罗斯和欧亚经济联盟法律，调查和管理转基因食品的流通情况；③对俄罗斯境内销售、生产和进口的转基因食品进行注册；④制定转基因食品法律；⑤监测转基因作物及其产品对人类和环境的影响。

自 2012 年 1 月 1 日建立关税联盟（即现在的欧亚经济联盟）以来，有效的转基因食品和食品添加剂使用证书和许可证指的是供欧亚经济联盟内使用的证书和许可证。

（2）俄罗斯联邦农业部。俄罗斯联邦农业部与经济发展部、科学与教育部共同参与制定农业生物技术政策。俄罗斯联邦农业部主要职责如下：①制定农业转基因作物和生物的总政策。根据 2013 年 9 月通过的第 839 号政府决议（于 2014 年 6 月进行了修订），在 2017 年 7 月 1 日之前，制定农业转基因作物应用的法规；②制定农产品动植物检疫状况的整体法规，包括消除/减轻转基因作物和生物对农业动物、植物、环境、初级农产品及加工食品的不良影响的法规。

（3）俄罗斯联邦兽医与植物检疫监督局。俄罗斯联邦兽医与植物检疫监督局隶属于农业部，主要职责如下：①负责饲料用途的新转基因品种及含有转基因生物的新饲料的登记注册，包括首次进口到俄罗斯的产品；②发放转基因饲料注册证书；③登记注册的转基因作物加工而成的饲料；④在生产和流通的不同阶段，对转基因作物加工而成的饲料和饲料添加剂的安全性进行调查；⑤根据 2013 年 9 月通过的第 839 号政府决议（于 2014 年 6 月进行了修订），在 2017 年 7 月 1 日之前，与农业部共同制定转基因作物（包括种植目的）与转基因动物应用和监测相关的法规；⑥与俄罗斯联邦消费者权利保护与福利局共同监测转基因作物、动物及其产品对人类和环境的影响。

（4）俄罗斯联邦工业和贸易部。参与制定生物安全相关的国家标准和技术规程；同时参与制定欧亚经济联盟的技术法规。

（5）俄罗斯联邦经济发展部。自 2012 年起，负责监测“俄罗斯联邦生物技术开发 2020 综合项目”的实施。

（6）俄罗斯科学院。2013 年 9 月 27 日，俄罗斯总统签署了关于俄罗斯科学院、重组国家科学院及修订法案的第 253-FZ 号联邦法案，拟在未来 3 年内将相互独立的俄罗斯科学院、俄罗斯医学科学院和俄罗斯农业科学院合并为俄罗斯科学院。新组建的俄罗斯科学院主要职能是协调基础科学研究及专业技术研究。到 2016 年，还没有关于俄罗斯科学院农业生物技术领域统一的计划或项目相关信息。农业生物技术领域的应用研究由研究所开展，他们之前分属于上述三个相互独立的科学院，现在隶属于俄罗斯联邦科研机构管理局，并正在进行重组。

（7）俄罗斯联邦科研机构管理局（FASO）。俄罗斯联邦科研机构管理局是在 2013 年俄罗斯科学院、俄罗斯医学科学院和俄罗斯农业科学院合并为俄罗斯科学院后组建，负责经营和管理这三个科学院及其下属研究所的资产。俄罗斯联邦科研机构管理局还负责资助这些研究所的研究工作，包括在重组之前从事农业生物技术研究的研究所：农业生物技术研究所、兽药与饲料质量和标准化中心、营养研究所、生物工程中心。由于这些研究所仍然处于重组阶段，目前还没有关于这些研究所在农业生物技术领域进行研究活动的有效信息。

此外，欧亚经济联盟取代了哈萨克斯坦、俄罗斯和白俄罗斯关税联盟，目前涵盖哈萨克斯坦、俄罗斯、白俄罗斯、亚美尼亚和吉尔吉斯斯坦。欧亚经济联盟为所有成员国制定和实施共同海关和技术法规。2015 年加入的亚美尼亚和吉尔吉斯斯坦有一个过渡期来适应欧亚经济联盟的技术法规。

**2. 法律法规**

目前，俄罗斯的农业生物技术政策根据欧亚经济联盟的决议、俄罗斯联邦法律、俄罗斯联邦政府决议，及俄罗斯监管部门和机构负责人的指令进行管理。

（1）欧亚经济联盟的决议。自 2010 年 7 月以来，关税联盟（现欧亚经济联盟）通过了多项影响农业和食品生物技术的技术法规，这些技术法规于 2013 年 7 月 1 日生效。所有技术法规均要求通过标识“转基因生物”告知消费者相关食品由转基因生物加工而成或使用了转基因生物，即使出售的食品中不含有转基因成分（DNA 或蛋白质）。欧亚经济联盟的技术法规适用于所有成员国，但亚美尼亚和吉尔吉斯斯坦等新成员国有一个过渡期。关税联盟技术法规汇总如下。

①关税联盟第 021/2011 号食品安全技术法规：2011 年 12 月通过，2013 年 7 月 1 日生效。该技术法规中“转基因生物”指的是“某一种或多种生物，非细胞、单细胞或多细胞结构，能够通过基因工程方法和包含基因工程物质（包括基因、基因片段或基因组合）来复制或转移与天然生物体不同的遗传物质”。该技术法规做出了如下规定：a. 仅可采用在欧亚经济联盟注册的转基因生物/转基因微生物加工食品（第二章第 9 段）；b. 如果生产商在食品加工过程中未使用转基因生物，则不超过 0.9%的转基因生物成分视为意外的、不可避免的混入，视为不含有转基因生物（第二章第 9 段）；c. 不允许在婴儿食品及孕妇、产妇食品中使用转基因生物（第 8 条第 1 段）。

②关税联盟第 022/2011 号食品标识技术法规：要求标识含有转基因生物的食品，确定标识的方式。转基因生物含量不超过 0.9%的产品无需标识，此类产品不视为转基因产品。食品生产商可自愿标识“不含转基因生物”，但必须通过私人实验室的检测并出具不含有转基因生物的证明文件，政府对这些检测不进行官方监管。食品包装的标识必须包含使用转基因生物制成的食品配料的信息。如果配料质量不超过产品质量的 2%，也必须添加转基因生物配料列表（见 4.10 条）。食品标识上标有不含有转基因成分或使用了转基因生物的配料等特别信息的，应提供相关证据。在欧亚经济联盟统一海关区域内，凡是经销此类食品的组织或私营企业家，应保留所标示的食品特性的证明文件。食品标识技术法规中还有一段特殊规定（见 4.11 条），即“食品中含有转基因成分的，需要进行特殊标识”。

③关税联盟第 015/2001 号谷物安全技术法规：2011 年 12 月通过，2013 年 7 月 1 日生效。该技术法规提出了运输过程中散装或零售包装谷物/油菜籽（饲料用途）的信息要求。第 4 条（安全要求，第 16 段）规定，运输的未包装谷物应附货运单据，以确保可追溯性，而且如果转基因成分超过 0.9%，还应提供转基因生物的信息。转基因谷物应提供如下信息：“转基因谷物”“使用转基因生物制成的谷物”或“含有转基因生物成分的谷物”，以明确转化体的独特识别信息。此外，在谷物/油菜籽的卫生要求中（有毒成分、霉

菌毒素、农药、放射性核素和有害生物的最大残留限量）规定，食品和饲料用途的谷物/油菜籽只能含有已经注册的转基因生物品种（根据欧亚经济联盟成员国国家法律进行注册），未注册的转基因谷物品种含量不得超过0.9%：“谷物中仅可含有根据欧亚经济联盟成员国国家法律注册的转基因生物品种。允许谷物中含有不超过0.9%的未注册的转基因生物品种成分”。第021/2011号食品安全技术法规中相同的标准（GOST R 52173—2003和GOST R 52174—2003）也适用。

④关税联盟第024/2011号油脂产品技术法规：2011年12月通过，2013年7月1日生效。该技术法规要求对商业化供人类食用的油脂产品进行标识，标识应包含转基因生物成分的信息。

⑤关税联盟第023/2011号果蔬汁及其产品技术法规：2013年7月1日生效。欧亚经济联盟果蔬汁及其产品技术法规禁止在婴儿食品（婴儿果蔬汁产品）中使用转基因生物，并要求对使用转基因方法加工而成的任何产品进行注册。

（2）俄罗斯联邦法律。

①2016年7月3日通过的第358号联邦法案“关于修订俄罗斯联邦关于完善基因工程活动国家监管的一些立法法案”。第358号联邦法案禁止种植转基因作物，将之前由于缺乏监管框架导致的实际禁令转化为具体的法律禁令。第358号联邦法案对以下联邦法案进行了修订：1996年7月5日通过的第86号联邦法案，1997年12月17日通过的第149号联邦法案，俄罗斯联邦行政违法规范，2002年1月10日通过的第7号联邦法案。这些修订特别禁止在俄罗斯境内种植转基因植物和养殖转基因动物，出于科学研究目的进行的转基因植物种植和转基因动物养殖活动除外。对违法官员的处罚金额为1万～5万卢布不等。法人的违规罚金则为10万～50万卢布不等。第358号联邦法案将于官方公布之日（2016年7月4日）起生效，违规处罚相关的条款将于2017年7月1日生效。第358号联邦法案提出“出于科学专业知识或研究目的进行的转基因植物种植和转基因动物养殖活动”可作为豁免情况。根据对转基因生物及其产品或加工产品对人类和环境影响的监测结果，政府有权禁止这些产品进入俄罗斯。

②1996年6月5日通过的第86-FZ号“关于转基因活动国家监管”联邦法案（2000年和2010年分别进行了修订）。这是俄罗斯有关转基因的基础性联邦法律，但该联邦法案没有提供具体实施措施。该联邦法案经过了多次修订，最后一次是根据2016年7月3日通过的第358号联邦法案对其进行修订，其中强调了国家在以下两个方面的作用：控制转基因生物向环境释放；监测转基因环境释放后对环境及人类健康的影响。相关修正案指明国家具有管理、监测及注册转基因生物及其产品（包括进口产品）的职责。这些修正案扩展了“转基因安全管控”的含义，强调根据转基因生物及其产品对环境和人类健康的影响的监测结果，行政权力的授权机构可禁止将转基因生物及其产品进口到俄罗斯。

③1999年3月30日通过的第52-FZ号“关于人口卫生流行病学福利”联邦法案。

④2000年1月2日通过的第29-FZ号“关于食品质量和安全”(联邦法案2001—2008年对其进行了修订)。

⑤1992年2月7日通过的第2300-1号“关于消费者权益保护”联邦法案（包括修正案）。2007年10月25日的修正案对由转基因材料制成的食品成分的强制性标识阈值设定

为 0.9%。在此之前，微量的转基因食品成分也需要标识。

⑥2002 年 1 月 10 日通过的第 7-FZ 号“关于环境保护”联邦法案（2011 年和 2016 年分别对其进行了修订），根据 2016 年 7 月 3 日通过的第 358 号联邦法案，对该联邦法案第 50.1 条进行了修订，增加了以下内容：“禁止种植或养殖通过基因工程方法进行了遗传修饰的植物和动物，它们含有不是自然（自发）过程引入的基因工程物质，专家检查和研究活动过程中种植和养殖此类植物和动物的情况除外”。

⑦1997 年 12 月 17 日通过的第 149-FZ 号“关于种子行业”联邦法案（根据 2016 年 7 月 3 日通过的第 358 号联邦法案对其进行了修订），“禁止将转基因植物种子进口到俄罗斯，但出于研究目的情形除外”，“禁止向俄罗斯境内进口或用于播种（种植）通过基因工程方法进行了遗传修饰的种子，它们含有不是自然引入的基因工程物质，专家检查和研究活动过程中种植和养殖此类植物和动物的情况除外”。

⑧俄罗斯联邦行政违法规范，根据第 358 号联邦法案对其第 6.3 条“违反俄罗斯联邦转基因活动领域的立法”进行了修订。违反俄罗斯联邦转基因活动领域的立法行为，包括使用未按照相关法律规定进行国家注册的转基因生物及其产品，或相关国家注册证书已经到期，或转基因生物使用不符合其注册用途，或未能遵守转基因生物规定的特殊用途条件（如特定类型产品的生产条件），将对官员施予 1 万～5 万卢布的罚金，对法人实体施予 10 万～50 万卢布的罚金。2014 年 12 月进行的修正案规定了违反强制标识要求的罚金：对个体企业家的罚金为 2 万～5 万卢布；对法人实体施予的罚金为 10 万～30 万卢布。该法案还授权俄罗斯联邦消费者权利保护与福利局起草这些案件的行政违法条款，并将这些案件移交至法院审议。

（3）俄罗斯联邦政府决议。

①2000 年 12 月 21 日通过第 988 号俄罗斯联邦政府“关于新食品、材料和货物国家注册”（包括修正案）决议，该决议授权注册转基因食品。

②2001 年 2 月 16 日通过第 120 号俄罗斯联邦政府“关于转基因生物国家注册及注册监管”决议，该决议强制执行转基因生物国家注册。

③2002 年 1 月 18 日通过第 26 号俄罗斯联邦政府“关于转基因饲料国家注册”决议。

④2006 年 7 月 14 日通过第 422 号俄罗斯联邦政府决议，该决议将转基因饲料的检测和注册职责从俄罗斯联邦农业部转移给俄罗斯联邦兽医与植物检疫监督局。

⑤2012 年 7 月 14 日通过第 717 号俄罗斯联邦政府“关于 2013—2020 年农业发展与农业和食品市场监管国家计划”决议，该计划概述了包括生物技术在内的农业科学发展主要方向，尽管农业生物技术并不是优先发展项目。

⑥2013 年 9 月 23 日通过第 839 号俄罗斯联邦政府“关于释放到环境中的转基因生物及使用此类转基因生物制成的产品国家注册”决议，该决议批准了转基因生物注册条例，要求各部委和联邦机构更新或制定启动注册的程序。

⑦2014 年 6 月 16 日通过第 548 号俄罗斯联邦政府“关于修订 2013 年 9 月 23 日通过的第 839 号俄罗斯联邦政府决议”，该决议将第 839 号俄罗斯联邦政府决议的执行日期从 2014 年 7 月 1 日推迟至 2017 年 7 月 1 日。

（4）政府机构的规章制度。

①俄罗斯联邦首席卫生医生“关于转基因食品卫生流行病学鉴定程序”的决议（2011年11月8日通过的第14号决议）。

②关于转基因食品、生物和微生物检测、鉴定和分析的标准与方法指南。这些方法和标准可能由不同组织制定，但通常由俄罗斯联邦工业和贸易部计量和技术管理局批准。

③2009年10月6日通过第466号俄罗斯联邦农业部关于批准俄罗斯联邦兽医与植物检疫监督局有关转基因饲料国家注册办法的部令。

根据2013年9月23日通过的第839号俄罗斯联邦政府决议，农业生物技术相关的政府机构应制定一套统一的转基因食品、饲料和作物（包括种植目的）注册和监测法规文件。然而，由于这项决议的执行日期推迟到2017年7月1日，这些法规文件的编制工作逐渐放缓。随着2016年7月3日通过第358号联邦法案，此类法规文件的编制工作更是陷入停滞状态。到2016年为止，还没有关于此类法规文件的信息。

此外，2016年和2017年联邦预算的紧缩及一些研究所的重组可能会阻碍这项法规文件的编制和通过。

**3. 食品和饲料用途转基因作物/产品注册**

（1）食品用途注册。俄罗斯联邦消费者权利保护与福利局负责俄罗斯和欧亚经济联盟食品用途的转基因作物和配料的注册工作。注册流程如下：①申请人向俄罗斯联邦消费者权利保护与福利局提交申请书和档案文件；②俄罗斯联邦消费者权利保护与福利局向俄罗斯医学科学院营养研究所下达安全评价任务，后者将与俄罗斯生物技术和微生物领域的其他科学研究所和实验室协调开展相关工作；③申请人与营养研究所签署食品安全评价协议；④根据营养研究所的评价意见，俄罗斯联邦消费者权利保护与福利局签发注册证书并注册产品。

安全评价的实验室检测需用12个月的时间，对于新的转基因作物，组织和编写文件还需要另外2～3个月的时间。食品和食品配料的注册需要的时间稍短，但只有食品所含转化体已经注册过了，该转基因产品才允许注册。自2006年以来，在俄罗斯联邦消费者权利保护与福利局注册的食品用途作物没有有效期的限制。有关食品用途已注册转基因作物或含有已注册转基因成分的食品配料的信息（俄语）可登录俄罗斯联邦消费者权利保护与福利局网站查询：http：//fp. crc. ru/gosregfr/。已注册产品的列表包含所有新的食品，不仅仅是转基因产品或含有转基因配料的产品。列表上有几百种不同的产品和名称，如果要寻找特定作物的食品，可以搜索作物名称和“转基因”三个字。

（2）饲料用途注册。自第358号联邦法案通过以来，饲料用途注册基本上暂停，这在很大程度上是由于以往隶属于俄罗斯联邦兽医与植物检疫监督局的研究所正在重组。然而，饲料用途转基因作物的注册程序保持不变。

植物饲料进口不再需要提供兽医证明书，但仍需要提供一封信函，信函中应说明饲料为非转基因饲料。如果饲料中每种未注册的转基因成分含量不超过0.5%，每种已注册的转基因成分含量不超过0.9%，则该饲料视为非转基因饲料。其中“已注册”指的是产品已经在俄罗斯注册，“未注册”指的是产品未在俄罗斯注册。饲料中的转基因成分含量按单独而非累加计算。例如，饲料含有两种注册的转基因成分组分，且每种含量都不超过0.6%，虽然两种成分含量之和接近1.2%，但该饲料仍视为非转基因饲料。出口前饲料无须进行非转基因身份验证。由生产商/出口商自行决定是否宣布饲料为非转基因饲料，但俄罗斯联邦兽医与植物检疫监督局还是要检查产品中转基因成分的含量。

如果饲料中含有转基因成分，且并未宣布为非转基因饲料，那么进口商必须提供一份证明书，证明饲料中的转基因成分已经在俄罗斯联邦兽医与植物检疫监督局注册。进口商还必须提供植物检疫证明书，尽管它与生物技术无关。饲料中的任何转基因成分都必须进行适当的注册。每种未注册的转基因成分含量不应超过0.5%。欧亚经济联盟的“饲料技术法规”尚未获得通过，但与现行的俄罗斯法规一样，草案规定未注册转基因成分的最高含量为0.5%。然而，已经通过的《谷物安全技术法规》规定，如果每种未注册的转基因成分含量不超过0.9%，则饲料（谷物/油菜籽）视为非转基因饲料。《谷物安全技术法规》于2013年7月1日起已经生效。

2009年10月6日通过的俄罗斯农业部第466号部令确认了俄罗斯联邦兽医与植物检疫监督局的饲料注册职责，第466号部令规定注册有效期为五年，审批对象为用作动物饲料，营养成分的植物、动物和微生物产品及其组分。该法规不允许在一个名称下注册多个类型的转基因饲料，也不允许在一个或多个不同的名称下多次注册相同的转基因饲料。申请人必须提交以下文件：①转基因饲料国家注册申请书；②转基因饲料来源信息、转基因饲料的潜在危害评估（与原基本饲料相比）、申请人有关降低风险的建议、转基因饲料建议用途的说明以及这种饲料在海外的注册和使用情况说明，用于转基因饲料生产的转基因植物种植技术相关信息、有关转基因饲料生产技术的数据、有关转基因饲料使用说明的草案；③如果转基因植物品种具有饲料用途，能提高生物量或饲料量，则必须附上俄罗斯品种登记处出具的证明书。

所有文件都必须采用俄文，或者由获得认证的公司翻译成俄文文本，文件应由公证处公证。俄罗斯联邦兽医与植物检疫监督局将根据转基因饲料安全专家委员会的评估结果对转基因饲料的注册做出决定。含有转基因生物的饲料注册程序和必要文件（俄语）可登录俄罗斯联邦兽医与植物检疫监督局网站查看（http：//www.fsvps.ru/fsvps/regLicensing）。该网站还公布了在2015年7月15日之前注册的转基因饲料列表。2015年7月15日之后注册的转基因饲料列表在其他网站公布。

如果要注册配方饲料，俄罗斯联邦兽医与植物检疫监督局会向特定申请人发放用于一定时期内单次运输的饲料注册证明。俄罗斯联邦兽医与植物检疫监督局只对采用已注册的转基因作物生产的饲料发放证明。证明不能转让给其他进口商。这项注册工作由俄罗斯联邦兽医与植物检疫监督局负责。

（3）转化体注册费。俄罗斯联邦消费者权利保护与福利局对所有检验和相关服务收取费用，包括食品用途转化体注册所需的综合研究。对于无限期的新产品审批，费用根据检验和研究的范围不同而变化，但平均约为450万卢布。无限期注册从2006年开始。含有已注册转化体的食品注册费用为2万卢布。

关于饲料用途转化体的注册，俄罗斯联邦兽医与植物检疫监督局通常只在转化体获得食品用途的批准后才注册，尽管在某些情况下，饲料用途注册可在食品注册之前进行。检验及五年有效期饲料用途转化体注册收取的平均费用约为450万卢布。转化体每五年的重新注册费用为380万卢布。进口含有已注册转基因成分的配方饲料的企业也需要将这些饲料注册为转基因饲料。注册证明书发放给进口这种饲料的企业，俄罗斯联邦兽医与植物检疫监督局要求含有已注册转基因成分的每一种饲料也必须进行注册。

**4. 俄罗斯主管部门围绕转基因作物展开的活动**

自第358号联邦法案（禁止在俄罗斯境内种植转基因植物，养殖转基因动物）实施以来，俄罗斯主管部门主要在以下几个方面开展活动。

（1）俄罗斯联邦兽医与植物检疫监督局鼓励其下属研究所和实验室提高对饲料、饲料成分及饲料原材料中转基因成分的检测能力。

（2）2016年夏季，俄罗斯联邦兽医与植物检疫监督局报告称未注册或未适当注册的饲料和饲料成分有所增加。

（3）根据第358号联邦法案中宣布的俄罗斯转基因政策新规，参与制定转基因植物、产品和配料注册和监测机制的部委和研究所包括科学与教育部、卫生部、俄罗斯联邦消费者权利保护与福利局和俄罗斯联邦兽医与植物检疫监督局下属的研究所，继续专注于法规修订工作。目前，相关部门正在制定多项有关食品和饲料用途转基因产品注册程序的修正案草案，但尚未通过任何修正案。此外，这些修正案文本或讨论进展通常不向公众公开。

（4）授权部委和机构继续专注于修订俄罗斯联邦转基因作物和微生物注册流通的法规文件，主要目的是加强对食品和饲料产品中转基因品种注册和控制的监管。此前实行的食品和饲料用途转基因品种注册机制，以及含有转基因生物的产品的注册机制仍有效。

（5）然而，新法规的工作将妨碍现有框架下的注册，尤其是饲料注册，因为俄罗斯联邦兽医与植物检疫监督局对注册过程中的目标和权限缺乏清晰的认识。此外，在三个相互独立的科学院（俄罗斯科学院、俄罗斯医学科学院和俄罗斯农业科学院）合并为俄罗斯科学院后，俄罗斯科研机构的重组使得新机制的制定工作更为复杂化。

## （二）审批

表10-3为1999—2016年俄罗斯批准和注册的转基因作物。

**表10-3　1999—2016年俄罗斯批准和注册的转基因作物**

| 序号 | 作物/转化体/性状 | 申请人 | 注册年份和期限 | |
|---|---|---|---|---|
| | | | 食品用途 | 饲料用途 |
| 1 | 玉米MON810，抗欧洲玉米螟 | 孟山都公司 | 2000—2003年，2003—2008年，2009年3月至无限期 | 2003—2008年，2008年9月—2013年8月，2013年8月—2018年9月 |
| 2 | 玉米NK603，耐草甘膦 | 孟山都公司 | 2002—2007年，2008年2月至无限期 | 2003—2008年，2008年9月—2013年8月，2013年8月—2018年9月 |
| 3 | 玉米MON863，抗玉米根虫 | 孟山都公司 | 2003—2008年，2008年8月至无限期 | 于2013年8月终止① |

① 饲料注册于2013年8月终止，孟山都公司没有更新饲料注册，因为这些种子已经停止种植。食品注册仍继续，因为这些种子仍在一些国家流通，食品中可能存在该玉米成分。

（续）

| 序号 | 作物/转化体/性状 | 申请人 | 注册年份和期限 | |
|---|---|---|---|---|
| | | | 食品用途 | 饲料用途 |
| 4 | 玉米Bt11，耐草丁膦和抗玉米螟虫 | 先正达公司 | 2003—2008年，2008年9月至无限期 | 2006年12月—2011年12月，2011年12月—2016年12月，2016年10月重新注册 |
| 5 | 玉米T25，耐草丁膦 | 拜耳作物科学公司 | 2001—2006年，2007年2月至无限期 | 2006年12月—2011年12月，2011年12月—2016年12月，2016年10月重新注册 |
| 6 | 玉米GA21，耐草甘膦* | 先正达公司 | 2007年至无限期 | 2007年11月—2012年11月，2012年11月—2017年11月 |
| 7 | 玉米MIR604，抗玉米根虫 | 先正达公司 | 2007年7月至无限期 | 2008年5月—2013年5月，2013年5月—2018年5月 |
| 8 | 玉米3272，含有在乙醇生产过程中分解淀粉的α-淀粉酶 | 先正达公司 | 2010年4月至无限期 | 2010年10月—2015年10月，2016年3月—2021年3月 |
| 9 | 玉米MON88017，耐草甘膦和抗玉米根虫 | 孟山都公司 | 2007年5月至无限期 | 2008年9月—2013年8月，2013年9月—2018年9月 |
| 10 | 玉米MON89034，抗鳞翅目害虫 | 孟山都公司 | 2014年12月至无限期 | 2013年3月—2018年3月 |
| 11 | 玉米MIR162，鳞翅目昆虫广谱抗性 | 先正达公司 | 2011年4月至无限期 | 2012年3月—2017年3月 |
| 12 | 玉米5307，抗玉米根虫 | 先正达公司 | 2014年4月至无限期 | 2014年4月—2019年4月 |
| 13 | 大豆40-3-2，耐草甘膦 | 孟山都公司 | 1999—2002年，2002—2007年，2007年12月至无限期 | 2003—2008年，2008年5月—2013年5月，2013年5月—2018年5月 |
| 14 | 大豆MON87701，抗鳞翅目害虫 | 孟山都公司 | 2013年5月至无限期 | 2013年7月—2018年7月 |
| 15 | 大豆MON89788，耐草甘膦+增产 | 孟山都公司 | 2010年1月至无限期 | 2010年5月—2015年5月，2015年10月—2020年10月 |
| 16 | 大豆A2704-12，耐草丁膦 | 拜耳作物科学公司 | 2002—2007年，2008年2月至无限期 | 2007年11月—2012年11月，2012年11月—2017年11月 |
| 17 | 大豆A5547-127，耐草胺磷铵盐 | 拜耳作物科学公司 | 2002—2007年，2008年2月至无限期 | 2007年11月—2012年11月，2012年11月—2017年11月 |
| 18 | 大豆FG72，耐异噁唑草酮和草甘膦 | 拜耳作物科学公司 | 2015年12月至无限期 | 2014年4月—2020年4月 |
| 19 | 大豆BPS-CV-127-9，耐咪唑啉酮 | 巴斯夫 | 2012年12月至无限期 | 2012年9月—2017年9月 |
| 20 | 大豆SYHT0H2，耐HPPD*+草铵膦除草剂 | 先正达公司（生产商：先正达公司/拜耳作物科学公司） | 2016年1月至无限期 | 2013年4月—2019年4月 |
| 21 | 水稻LL62，耐草胺磷铵盐 | 拜耳作物科学公司 | 2003—2008年，2009年1月至无限期 | |

（续）

| 序号 | 作物/转化体/性状 | 申请人 | 注册年份和期限 | |
|---|---|---|---|---|
| | | | 食品用途 | 饲料用途 |
| 22 | 甜菜 H7-1，耐草甘膦 | 孟山都公司/KWS | 2006 年 5 月至无限期 | |
| 23 | 马铃薯“Elizaveta”，抗科罗拉多薯虫 | 俄罗斯生物工程中心 | 2005 年 12 月至无限期** | |
| 24 | 马铃薯“Lugovskoy”，抗科罗拉多薯虫 | 俄罗斯生物工程中心 | 2006 年 7 月至无限期** | |

注：* 抑制对羟基苯丙酮酸双加氧酶（HPPD）的除草剂；

** 为俄罗斯注册食品用途的马铃薯品种“Elizaveta”和“Lugovskoy”，因为欧亚经济联盟不注册这两种马铃薯品种。

以上信息由相应申请人提供。然而，尚无法获得正在申请注册的信息。

## （三）复合性状审批

俄罗斯尚未制定复合性状的审批机制。2016 年春夏季，俄罗斯联邦兽医与植物检疫监督局加强了对采用进口大豆生产的饲料的全面检测，并定期检测未在俄罗斯注册的复合性状。这导致来自巴拉圭、巴西和阿根廷的大豆进口暂停，因为这些国家广泛生产复合性状的大豆。只有在俄罗斯制定复合性状品种注册制度后，这一问题才有望得到解决。到 2016 年为止，俄罗斯联邦消费者权利保护与福利局已经就复合性状（食品用途）注册提出了一些建议，但是俄罗斯联邦兽医与植物检疫监督局没有采纳这些建议。

## （四）田间试验

由于禁止种植转基因作物，俄罗斯研究人员不对转基因作物开展广泛的田间试验，尽管第 358 号联邦法案并不禁止进口转基因植物种子来开展实验室研究和试验。

## （五）新育种技术

没有关于创新植物生物技术研发的相关信息。现有资料表明，俄罗斯的生物技术研究仅限于植物保护、生长激素和微生物肥料的生物学方法。

## （六）共存

因为俄罗斯禁止种植转基因作物，所以没有这一方面的需求和相关规定。

## （七）标识

欧亚经济联盟有关食品安全和标识的技术法规对食品转基因成分含量的标识和消费者告知信息做出了规定。这些法规要求所有欧亚经济联盟成员国在转基因品种成分含量超过 0.9%的情况下，必须对产品进行转基因标识。根据 2014 年 12 月发布的《俄罗斯联邦行政违法规范》修正案，加强了对转基因食品标识违规行为的处罚力度。在俄罗斯，对个体企业家施予的罚金为 2 万～5 万卢布不等；对法人实体施予的罚金为 10 万～30 万卢布不等。欧亚经济联盟尚未通过饲料标识相关的技术法规。在俄罗斯出售的饲料不要求进行标识。然而，如果已注册品种转基因成分含量超过 0.9%，未注册品种成分含量超过 0.5%，则要求对饲料用途的转基因品种进行注册。

**1. 食品标识**

根据 2013 年 7 月 1 日生效的欧亚经济联盟技术法规，如果每种转化体含量超过 0.9%，那么在欧亚经济联盟成员国进口、生产或销售食品的所有组织均必须向消费者告知食品中存在转基因成分。2015 年，亚美尼亚和吉尔吉斯斯坦成为欧亚经济联盟的新成员国。这两个成员国在过渡期结束后也必须遵循欧亚经济联盟技术法规，包括食品标识技术法规。欧亚经济联盟食品安全和食品标识技术法规的附录中还规定了检测食品中转基因成分含量的方法。在欧亚经济联盟有关的食品安全和食品标识技术法规生效之前，俄罗斯联邦消费者权利保护与福利局使用的检测方法与之相同。

对于进口到俄罗斯的食品，俄罗斯联邦消费者权利保护与福利局有权进行抽样检测，来确定转基因成分的含量。为了验证自己的产品不含有转基因成分，生产商或出口商可以在独立实验室自行进行检验（可能是 IP 系统或 PCR 检验），但是，俄罗斯联邦消费者权利保护与福利局不接受这些检验的结果，这些出口前的检验是生产商/出口商的自愿行为。即使生产商/出口商声明其产品不含有转基因成分，俄罗斯联邦消费者权利保护与福利局仍然有权检验这些产品。此外，如果产品中转基因成分含量超过 0.9%，则可能会对相关企业提出欺诈索赔。通常，俄罗斯联邦消费者权利保护与福利局特别关注含有大豆或玉米成分的产品。

2016 年，欧亚经济联盟向世贸组织通报了《食品标识技术法规》修正案草案（食品标识上的“转基因生物”标识应采用相同的大小，并紧邻产品统一标识置于旁边）。然而，该草案尚未得到欧亚经济联盟的通过。

**2. 有机产品**

《国家有机产品生产标准》（GOST 56508—2015）自 2016 年 1 月 1 日起施行，自愿性有机认证程序（GOST 57022—2016）实际上于 2017 年 1 月 1 日起实行。

**3. 饲料标识**

到 2016 年为止，俄罗斯尚未要求在零售饲料包装上加贴转基因标识，但货运单据上应提供饲料成分，包括转基因成分含量的信息。欧亚经济联盟饲料技术法规仍在讨论之中，尚未获得通过。“欧亚经济联盟谷物安全技术法规”对货运单据上谷物和油菜籽及其产品转基因成分的相关信息做出了规定。

### （八）监测与检测

俄罗斯联邦消费者权利保护与福利局负责转基因食品监测/检测，俄罗斯联邦兽医与植物检疫监督局则负责用作饲料添加剂和配料的谷物和油菜籽的监测/检测。鉴于俄罗斯当前可能发生非法种植转基因作物的情况，俄罗斯农业部加强了对植物种子的监控。俄罗斯农业部于 2016 年 10 月 6 日发布了第 335 号部令，授权其下属的国家品种测试与保护委员会对向俄罗斯联邦提交注册申请的植物种子转基因成分含量做专业性鉴定。农作物品种玉米、大豆、甜菜、油菜籽、马铃薯、番茄和棉花，采用 PCR 方法进行转基因成分含量鉴定。申请人应提供额外的种子样本，用于测试新品种中转基因成分含量，其中玉米、大豆、油菜籽、甜菜和棉花籽需要样本100克，番茄样本5克，马铃薯样本10个块茎。样本应在每年12月10日之前提供。如果未能按时提供样本，则该次申请将被视为无效。国家品种测试与保护委员会计划在2017年1月25日之前完成对所有样本的转基因成分含量检测。行业分析师报告称，国家品种测试与保护委员会本身并没有任何设备来开展此类检测，检测将由前农业生物技术研究所开展，目前该研究所正在进行重组。为此，这一植物种子转基因成分含量检测要求可能会阻碍俄罗斯植物新品种的注册进程，如果不是因为这一要求，该注册过程可能仅需两年的时间。

### （九）低水平混杂政策

俄罗斯科学家参加了有关低水平混杂政策的国际研讨会，但俄罗斯尚未正式加入低水平混杂国际倡议组织。

根据俄罗斯和欧亚经济联盟法规，如果转基因成分含量不超过俄罗斯和欧亚经济联盟法规规定的水平，则进口食品可视为非转基因食品。即食品或食品配料中的已注册或未注册转基因品种成分含量不超过0.9%，饲料或饲料成分中的已注册转基因品种成分含量不超过0.9%，未注册转基因品种成分含量不超过0.5%。但是2016年，俄罗斯饲料监督管理部门提高了对饲料中转基因成分含量信息缺乏的重视。在发现了一些饲料中存在未注册转基因成分的情况后，俄罗斯联邦兽医与植物检疫监督局暂停了饲料进口。然而，这些阈值并不代表俄罗斯采纳或遵循统一的低水平混杂政策。

### （十）知识产权

由于俄罗斯并没有种植转基因作物的官方信息，也没有制定有关生物技术知识产权的法律法规。但是，如果在俄罗斯农田发现了非法种植转基因作物的情况，可能会被视为一个严重的问题。

### （十一）《卡塔赫纳生物安全议定书》批准

俄罗斯科学家认识到有必要在国际层面监测生物技术，包括《卡塔赫纳生物安全议定书》中提出的措施。然而，俄罗斯并未批准这一议定书，也不是议定书的缔约国。2015年1月，俄罗斯卫生部起草了一份加入《卡塔赫纳生物安全议定书》的联邦法案草案。这一日期与推迟执行的第839号俄罗斯联邦政府决议中确立的制定转基因作物种植注册机制的最后期限相同。然而，2016年7月3日通过的第358-FZ号联邦法案禁止在俄罗斯境内种植转基因作物，迫使生物技术科学界考虑修改生物技术相关的法规文件草案。为此，截至2016年11月，加入《卡塔赫纳生物安全议定书》的联邦法案尚未获得通过。

### （十二）国际公约/论坛

俄罗斯参加亚太经合组织农业生物技术高级政策对话、食品法典委员会会议和《国际植物保护公约》会议。2012年9月，俄罗斯参与了巴西罗萨里奥的全球低水平混杂倡议，2013年还参加了一些低水平混杂活动。

## 三、销售

### （一）公共/私营部门意见

俄罗斯消费者的反转基因情绪仍然可以影响玉米和大豆及其产品进口，特别是大豆和大豆制品。整体而言，饲料贸易受反转基因情绪的影响不大。

俄罗斯没有积极支持转基因技术的组织，只有少数农民组织和工会有兴趣增加俄罗斯的谷物和油菜籽生产量。另一方面，俄罗斯绿色和平组织和独联体国家“生物安全”联盟在反转基因运动中十分活跃。即便在转基因作物种植注册推迟三年后（从 2014 年 7 月推迟到 2017 年 7 月），俄罗斯的反转基因团体仍从事反转基因作物的运动。公众舆论普遍反映了对植物生物技术的消极态度。但是在俄罗斯人的优先购买选择中，产品价格是做出购买决定的基础。俄罗斯当前的经济形势（卢布波动、进口减少、高通货膨胀率、预算紧缩、消费者的购买力下降）导致生物技术研究与转基因品种研发资金减少。此外，目前的经济环境增加了消费者对廉价产品的需求，这意味着消费者在购物时不一定优先选择非转基因产品。

俄罗斯政府经常使用“环境干净”一词来形容国内农业生产，这使得俄罗斯公众认为国内生产的产品比一些进口产品更干净。

### （二）市场接受度研究

俄罗斯媒体经常报道消费者对转基因产品的担忧，然而自新的联邦法案通过以来，这些新闻报道有所减少。

值得注意的是，标识要求提高了含有转基因成分的食品价格，这是因为官方批准的检测方法成本高昂。在俄罗斯很少能看到转基因标识，但非转基因标识在乳制品、鸡蛋和家禽产品上经常出现。2012 年，莫斯科市政府停止加贴非转基因标识要求，莫斯科许多食品加工商也不再开展是否含有转基因成分的检测。但是，一些产品仍然加贴“不含转基因生物”标识出售。这是一种自愿性的促销标识，因为俄罗斯并没有制定有机食品标准。一些食品加工商仍然偏好购买非转基因产品，特别是大豆和大豆产品，但价格仍是食品加工商和消费者主要关心的因素。

# 第二部分　动物生物技术

## 一、生产与贸易

### （一）产品研发

俄罗斯开展了转基因动物研究，研究重点是动物对传染病免疫反应的克隆和基因改造。在俄罗斯科学院和俄罗斯农业科学院院士 Lev Ernst 教授去世后（2012 年 4 月），没有关于继续此项研究的信息。

### （二）商业化生产

增加牛的产量是俄罗斯政府的优先事项之一，俄罗斯联邦政府支持向牲畜生产商提供低利率贷款，包括系谱育种动物、精液和胚胎的进口贷款。此项支持不涵盖任何转基因动物或克隆动物研究。

### （三）出口

俄罗斯不出口任何转基因动物或克隆牲畜。

### （四）进口

没有关于转基因动物或克隆牲畜进口的任何官方限制信息，没有任何有关此类产品进口（即便是用于研究目的）的资料。

## 二、政策

俄罗斯“2020生物技术项目”即俄罗斯生物技术发展路线图仍然有效。尽管农业生物技术并不是“2020生物技术项目”的优先事项之一，但其中的生物技术章节讨论了植物和动物生产的理论、方法及成果实施问题。此外，“2013年俄罗斯农业发展国家计划”中提到利用生物技术开发提高饲料质量的生物添加剂——氨基酸、饲料蛋白质、发酵剂和维生素益生菌，但计划未提及转基因动物或动物克隆。

**图书在版编目（CIP）数据**

主要国家和地区农业生物技术发展．2016/中国农业生物技术学会，中国农业科学院生物技术研究所编译．—北京：中国农业出版社，2020.8
ISBN 978-7-109-23730-8

Ⅰ．①主… Ⅱ．①中… ②中… Ⅲ．①农业生物工程—研究报告—世界—2016 Ⅳ．①S188

中国版本图书馆 CIP 数据核字（2017）第 312292 号

---

中国农业出版社出版
地址：北京市朝阳区麦子店街 18 号楼
邮编：100125
责任编辑：程 燕 张丽四
文字编辑：冯英华
版式设计：杜 然 责任校对：沙凯霖
印刷：北京中兴印刷有限公司
版次：2020 年 8 月第 1 版
印次：2020 年 8 月北京第 1 次印刷
发行：新华书店北京发行所
开本：787mm×1092mm 1/16
印张：11.5
字数：260 千字
**定价：65.00 元**

---